U0319115

冶金工业出版社

普通高等教育"十四五"规划教材

磁性材料器件与应用

主编　孙可为　金　丹　任小虎
参编　孙昱艳

北　京
冶金工业出版社
2023

内 容 提 要

本书详细介绍了磁性器件基础知识、传统的磁性器件、新磁性材料器件及应用等。全书共分 5 章，第 1 章介绍了磁性器件的基础知识和基本概念，第 2、3 章介绍了电感器和变压器的设计及应用，第 4 章介绍了电机的原理及设计，第 5 章介绍了传统的和新型磁传感器的机理及应用。每章后都附有习题。

本书可作为高等工科院校电子材料与元器件专业、磁性材料及器件等相关专业的本科生及研究生教材，也可供磁性材料和器件研发、生产和应用的相关人员参考使用。

图书在版编目(CIP)数据

磁性材料器件与应用/孙可为，金丹，任小虎主编. —北京：冶金工业出版社，2023.5

普通高等教育"十四五"规划教材

ISBN 978-7-5024-9460-5

Ⅰ.①磁…　Ⅱ.①孙…　②金…　③任…　Ⅲ.①磁性材料—电子器件—高等学校—教材　Ⅳ.①TM271　②TB4

中国国家版本馆 CIP 数据核字（2023）第 052122 号

磁性材料器件与应用

出版发行	冶金工业出版社	电　　话	(010)64027926
地　　址	北京市东城区嵩祝院北巷 39 号	邮　　编	100009
网　　址	www.mip1953.com	电子信箱	service@mip1953.com

责任编辑　高　娜　美术编辑　吕欣童　版式设计　郑小利
责任校对　葛新霞　责任印制　窦　唯
三河市双峰印刷装订有限公司印刷
2023 年 5 月第 1 版，2023 年 5 月第 1 次印刷
787mm×1092mm　1/16；12.25 印张；292 千字；185 页
定价 45.00 元

投稿电话　(010)64027932　投稿信箱　tougao@cnmip.com.cn
营销中心电话　(010)64044283
冶金工业出版社天猫旗舰店　yjgycbs.tmall.com
（本书如有印装质量问题，本社营销中心负责退换）

前　言

目前，电子信息产业已成为国民经济第一大支柱产业，在构筑现代产业体系竞争中处于主导地位。电子材料和元器件是电子信息产业的重要组成部分，处于电子信息产业链的前端，是通信、计算机及网络、数字音视频等系统和终端产品发展的基础。磁性材料器件是电子材料和元器件的重要分支，对于电子信息产业的技术创新和做大做强起着重要的支撑作用。

本书从磁性器件所涉及的基础知识、基本理论入手，逐步拓展到对当前实际生活中的各种磁性器件的性能、设计和应用的阐述。本书涉及的内容既具有很强的工程性和实践性，又具备了足够的理论深度，充分做到了理论和实践相结合。其中，第1章介绍了磁性器件相关的磁路、磁芯、气隙和绕组的基本知识。第2章介绍了电感器的作用及原理、结构、性能参数和应用，气隙及引起的边缘磁通对电感的影响，电感器的温升，直流和交流电感器的设计。第3章介绍了变压器的结构和工作原理、运行分析、参数测定和功率变压器的设计。第4章介绍了直流电机的用途、原理、结构、磁路和电枢绕组，直流发电机和直流电动机运行原理和运行特性等。第5章介绍了霍尔磁传感器、磁阻传感器和SQUID磁传感器的物理基础、工作原理、主要特性及应用。本书配备了一定数量的例题，帮助读者深入掌握所学知识。采用案例学习方式，详细介绍了设计变压器和电感器的实际设计范例与过程。在每章末还提供了一定数量的习题，可帮助读者巩固所学内容。

本书由西安建筑科技大学孙可为、金丹、任小虎任主编，孙昱艳参编，其中第1章和第2章由孙可为编写，第3章由孙昱艳和任小虎共同编写，第4章由任小虎编写，第5章由金丹编写，全书由孙可为统稿。孙可为和金丹进行了全书的检查和校正。在编写过程中，西安建筑科技大学功能材料2019级学生提出了很多修改意见和建议。

本书的出版得到了西安建筑科技大学一流专业建设项目的支持，编写过程中，参考了有关资料和著作，在此一并表示感谢。

由于编者水平所限，加之磁性材料器件品类繁多，书中疏漏和不足之处，敬请读者批评指正。

编　者

2022 年 9 月 14 日于西安

目　　录

1 磁性材料器件基础

1.1 磁性材料分类及应用

磁性材料是应用广泛、品种繁多的重要功能材料。按应用类型，磁性材料又可细分为软磁材料、硬磁材料、旋磁材料、矩磁材料和压磁材料等。

1.1.1 软磁材料

软磁材料是指能够迅速响应外磁场变化，容易磁化也容易退磁的磁性材料，具有低矫顽力和高磁导率的特点。其主要功能是导磁、电磁能量的转换与传输，用于各种电能变换设备中，是磁性材料中应用领域最为广泛的类型。软磁材料按照成分可分为金属软磁材料和铁氧体软磁材料两大类。

软磁材料的具体分类及其应用情况如图 1-1 所示。金属软磁材料包括传硅钢片、坡莫合金、金属磁粉芯以及非晶/纳米晶软磁材料。

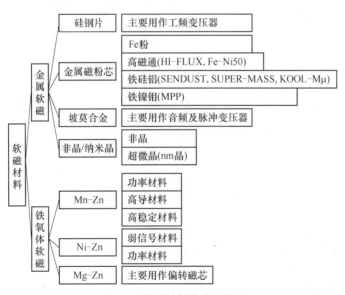

图 1-1　软磁材料分类及应用

硅钢片和坡莫合金是最早出现的金属软磁材料，具有磁导率高、饱和磁感应强度大、居里温度高等优点，在电力系统中应用十分广泛。但由于电阻率很低，采用该材料制备的磁性器件只适合应用于较低的频段，当频率升高以后，由于涡流损耗过大将无法应用。

纯金属或者合金软磁材料由于电阻率低，限制了其在高频域的应用。因此，可以将金属软磁材料打磨成细小的颗粒，然后与有机的绝缘介质进行混合，让绝缘介质包覆在金属软磁颗粒的周围，这样就构成了磁粉芯软磁材料，采用磁粉芯材料成型压制的磁芯具有很高的电阻率，也可应用到很高的频率范围内。但是，非磁性的有机绝缘介质类似于在软磁磁芯中开了许多的气隙，且由于退磁场的影响，磁粉芯磁芯的有效磁导率较低，因此在需要提供大感量的领域不太适用，但同样由于退磁场的影响，该类磁芯的抗饱和能力非常强，因此在大功率磁性器件以及大电流差模扼流圈中有广泛的应用。常用的磁粉芯有铁粉芯、坡莫合金粉芯、铁镍钼及铁硅铝粉芯。

非晶/纳米晶软磁材料是近几十年才发现并应用起来的一类软磁材料。非晶软磁实际上就是处于非晶态的金属软磁材料。通常情况下，金属及合金在从液体凝固成固体时，原子总是从液体的混乱排列转变成整齐的排列，即成为晶体。但是，如果金属或合金的凝固速度非常快，原子来不及排列整齐便被冻结住了，最终的原子排列方式类似于液体，是混乱的，这样就构成了非晶合金。与金属软磁材料相比，非晶软磁材料由于处于非晶态，其电阻率可以提高几个数量级，有利于应用在更高频段，但是其磁性能较金属软磁有一些降低。为了获得纳米晶软磁材料，需要先采用熔体快淬法制备出非晶条带，然后将非晶条带在一定条件下进行退火处理，使得已晶化的晶粒尺寸控制在 $10\sim20nm$ 的范围内，而且这些晶粒在形态上是弥散地分布在残余的非晶相中，这样才能够得到纳米晶软磁材料。无论是非晶还是纳米晶软磁材料，都具有磁导率高、饱和磁感应强度大、损耗低、居里温度高、电阻率较大等优点，但非晶/纳米晶软磁材料在制备时需加工成丝带结构且韧性较差，因此对其加工磁芯有很大的限制。此外，这类软磁材料的成本也较高，这也大大限制了其推广和应用。

软磁铁氧体软磁材料相比金属和非晶/纳米晶软磁材料而言，其磁导率、饱和磁感应强度以及居里温度都偏低。但是，它有一个突出的优点，就是电阻率高，因此可以在很宽的频域范围内应用。此外，铁氧体软磁材料的磁性能，包括磁导率、饱和磁感应强度、损耗等都可以在很大范围内进行调节，且铁氧体的制备工艺成熟、成本低廉、成型方便，这些突出的优点使得铁氧体软磁材料成为种类最多、应用最广的一类软磁材料。软磁铁氧体主要用作各种电感元件，如滤波器磁芯、变压器磁芯、天线磁芯、偏转磁芯以及磁带录音和录像磁头、多路通信等的记录磁头的磁芯等。按照成分，软磁铁氧体主要有锰锌铁氧体、镍锌铁氧体和镁锌铁氧体三大类。

1.1.2　硬磁材料

硬磁材料又称为永磁材料，是产生磁场的功能材料。硬磁材料的磁滞回线如图 1-2 所示，这类材料具有很高的剩磁和矫顽力，在磁化饱和后，依靠剩磁可对外提供磁场。在实际应用中，硬磁材料工作于深度磁饱和及充磁后磁滞回线的第二象限退磁部分。

按照成分，常用的永磁材料分为铝镍钴系永磁合金、铁铬钴系永磁合金、永磁铁氧体、稀土永磁材料和复合永磁材料。表 1-1 给出了各类硬磁材料的应用情况。

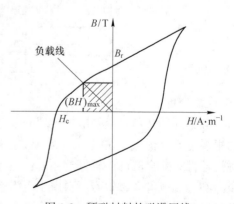

图 1-2　硬磁材料的磁滞回线

表 1-1 硬磁材料种类及应用

硬磁材料种类	应 用 领 域
铝镍钴系永磁合金	仪表工业中制造磁电系仪表、流量计、微特电机、继电器等
烧结钕铁硼	航空、航天、汽车、电子、电声、通信、仪器仪表、医疗设备及其他需用永久磁场的装备和设备中，特别适用于研制高性能、小型化、节能化设备的换代产品
黏结钕铁硼	电脑周边产品、办公自动化产品、数字家电及汽车工业中的各种微特电机。比如 HDD、CD-R、CD-RW 主轴马达，同步马达及各种 PW 步进马达
铁氧体	汽车电机（雨刮、摇窗、启动、暖风、冷凝、燃油泵及座椅电机）、扬声器、音响、喇叭、剃须刀、发电机、直流电机等
橡胶磁	小型马达、玩具、文具、冰箱、广告、宣传品及各种磁吸类产品等
塑磁	永磁直流电机、步进电机、仪表电机、打印机及复印机磁辊等

铝镍钴系永磁合金，铁、镍、铝元素为主要成分，还含有铜、钴、钛等金属元素。具有高剩磁和低温度系数，磁性稳定。20 世纪 30～60 年代应用较多，现多用于仪表工业中制造磁电系仪表、流量计、微特电机、继电器等。

铁铬钴系永磁合金，以铁、铬、钴元素为主要成分，还含有钼和少量的钛、硅元素。其加工性能好，可进行冷热塑性变形，磁性类似于铝镍钴系永磁合金，并可通过塑性变形和热处理提高磁性能。用于制造各种截面小、形状复杂的小型磁体元件。

永磁铁氧体主要有钡铁氧体和锶铁氧体，其电阻率高、矫顽力大，能有效地应用在大气隙磁路中，特别适于用作小型发电机和电动机的永磁体。永磁铁氧体不含贵金属镍、钴等，原材料来源丰富，工艺简单，成本低，可代替铝镍钴永磁体制造磁分离器、磁推轴承、扬声器、微波器件等。但其最大磁能积较低，温度稳定性差，质地较脆、易碎，不耐冲击振动，不宜作测量仪表及有精密要求的磁性器件。

稀土永磁材料主要是稀土钴永磁材料和钕铁硼永磁材料。前者是稀土元素铈、镨、镧、钕等和钴形成的金属间化合物，其磁能积可达铝镍钴永磁材料的 3～5 倍，永磁铁氧体的 8～10 倍，温度系数低，磁性稳定，矫顽力高达 800kA/m。主要用于低速转矩电动机、启动电动机、传感器、磁推轴承等的磁系统。钕铁硼永磁材料是第三代稀土永磁材料，其剩磁、矫顽力和最大磁能积比前者高，不易碎，有较好的力学性能，合金密度低，有利于磁性元件的轻型化、薄型化、小型和超小型化。但其磁性温度系数较高，限制了它的应用。

复合永磁材料是由永磁性粉末和作为黏结剂的塑性物质复合而成。常用的塑性黏结剂有橡胶和塑料，因此，对应的永磁复合材料分别叫作橡胶磁和塑磁。由于其含有一定比例的黏结剂，故其磁性能比相应的没有黏结剂的磁性材料显著降低。除金属复合永磁材料外，其他复合永磁材料由于受黏结剂耐热性所限，使用温度较低，一般不超过 150℃。但复合永磁材料尺寸精度高，力学性能好，磁体各部分性能均匀性好，易于进行磁体径向取向和多极充磁。主要用于制造仪器仪表、通信设备、旋转机械、磁疗器械及体育文化用品等。

1.1.3 旋磁材料

磁性材料的旋磁性是指在两个互相垂直的稳恒磁场和电磁波磁场的作用下，平面偏振的电磁波在材料内部虽然按一定的方向传播，但其偏振面会不断地绕传播方向旋转的现象。金属、合金材料虽然也具有一定的旋磁性，但由于电阻率低、涡流损耗太大，电磁波不能深入其内部，所以无法利用。因此，铁氧体旋磁材料旋磁性的应用，就成为铁氧体独有的领域，由于其应用在微波频段，因此又称为微波铁氧体。应用最广泛的旋磁铁氧体材料包括石榴石型、尖晶石型，以及应用于毫米波段的磁铅石型，而尖晶石型微波铁氧体主要是以 Mg 系、Ni 系、Li 系为主。

微波铁氧体大都与输送微波的波导管或传输线等组成各种微波器件，主要用于雷达、通信、导航、遥测等电子设备中。微波铁氧体器件种类很多，按功能分有：隔离器、环行器、开关、相移器、调制器、磁调滤波器、磁调振荡器、磁表面波延迟线等。图 1-3 是常见的环形滤波器和环形器进入 21 世纪后，随着蓝牙技术、卫星通信以及超宽带无线通信技术（UWB-Ultra wideband）等高新技术的研究和发展，不仅要求微波铁氧体器件的性能越来越好，还对其提出了体积上更小、性能上更稳定可靠等更多方面的要求，这就使微波铁氧体器件逐渐向小型片式化、无源集成旋磁基板方向发展。

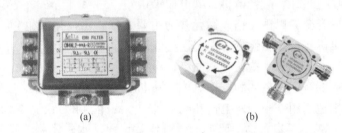

(a)　　　　　　　　　　　　　　(b)

图 1-3　基于旋磁材料的环形器滤波器和环形器
（a）滤波器；（b）环形器

1.1.4　矩磁材料

矩磁材料是指磁滞回线近似矩形的磁性材料，如图 1-4 所示。它的特点是，当有较小的外磁场作用时，就能使之磁化，并达到饱和，去掉外磁场后，磁性仍然保持与饱和时一样。与硬磁材料类似，该类型材料要求剩磁越高越好，剩磁越高，越接近于饱和磁化强度，其矩形度越好，但与硬磁材料不同的是，硬磁材料还要求矫顽力越大越好，而矩磁材料则希望矫顽力较小，以利于两种不同剩磁状态的转换。由于矩磁材料磁滞回线上有 $+B_r$、$-B_r$ 两个稳定状态，因此在计算技术中可用作磁性存储器，在自动控制中可作为开关元件、磁放大器等，在微波器件中用作固定相移量的锁式相移器等。对矩磁材料的总要求是磁滞回线为矩形，适宜的矫顽力，从正向磁化状态反转到反向磁化状态所需的磁化反转时间短，足够高的居里温度。目前，由于其他存储技术的快速发展，矩磁材料用于存储已逐渐减少。

矩磁材料包括铁氧体材料和矩磁合金。铁氧体如$(Mg,Mn)Fe_2O_4$ 系、$(Li,Mn)Fe_3O_4$ 系、$(Cu,Mn)Fe_2O_4$ 系、$(Mg,Ni)Fe_2O_4$ 系、$(Co-Fe)Fe_2O_4$ 系和 $(Ni,Zn,Cu)Fe_2O_4$ 系等铁氧体。矩磁合金如 Fe-Ni 系、Fe-Ni-Co-Mn 系、Fe-Ni-Mo 系等。其中以占 80% 的 Fe-Ni(Mo) 系的综合性能为最佳。

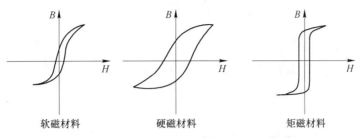

图 1-4 矩磁材料和软磁材料、硬磁材料的磁滞回线对比

1.1.5 压磁材料

压磁材料主要利用了磁性材料的磁致伸缩特性，压磁材料在磁场作用下，其长度发生变化，可发生位移而做功或在交变磁场作用可发生反复伸张与缩短，从而产生振动或声波，这种材料可将电磁能（或电磁信息）转换成机械能或声能（或机械位移信息或声信息），相反也可以将机械能（或机械位移与信息）转换成电磁能（或电磁信息），它是重要的能量与信息转换功能材料。它在声呐的水声换能器技术、电声换能器技术、海洋探测与开发技术、微位移驱动、减振与防振、减噪与防噪系统、智能机翼、机器人、自动化技术、燃油喷射技术、阀门、泵、波动采油等高技术领域有广泛的应用前景。

磁致伸缩材料主要分为以下三类：金属/合金磁致伸缩材料、铁氧体类磁致伸缩材料和稀土超磁致伸缩材料。过渡族金属 Ni、Fe、Co 及其合金机械加工性能好，磁致伸缩系数一般为 $(10 \sim 100) \times 10^{-4}\%$。铁氧体类磁致伸缩材料电阻率较高，适用于高频情况，但磁致伸缩系数和机电耦合系数偏低。当今世界具有较佳磁致伸缩特性和实用价值的稀土磁致伸缩材料是 Tb-Dy-Fe 系合金，又叫 Terfenol-D。它在低磁场驱动下产生的应变值高达 $0.15\% \sim 0.2\%$，是传统的磁致伸缩材料如压电陶瓷的 5～8 倍、镍基材料的 40～50 倍，因此被称为"稀土超磁致伸缩材料"，也被评为未来较有发展潜力的新材料之一。

1.2 磁路基础

各种磁性器件总是在磁场中工作。磁场的磁力线或磁通总是闭合的，磁力线（或磁通）经过的闭合路径称为磁路。本节讲述磁路相关的物理基础。

1.2.1 磁路相关的基本概念

1.2.1.1 磁动势

通有交流电流 i 的 N 匝线圈磁动势或磁通势为

$$F = Ni \tag{1-1}$$

工程使用的单位是安匝（A·t），但在国际单位制中磁动势的单位是安（A）。磁动势是磁路中的磁源，其作用与电路中的电动势类似。电动势是使电流 i 在电路中流动，而磁动势则是使磁通在磁路中流动。

1.2.1.2 磁场强度

磁场强度为

$$H = \frac{F}{l} = \frac{Ni}{l}(\mathrm{A/m}) \qquad (1\text{-}2)$$

式中，l 为磁路的长度；N 为线圈的匝数。

磁场强度 H 是计算磁场时所引用的一个物理量，也是矢量，通过它来确磁场与电流之间的关系。

1.2.1.3　磁感应强度（磁通密度）

磁感应强度 B 是表示磁场内某点的磁场强弱和方向的物理量。它是一个矢量，国际单位是特斯拉，简称特，符号为 T。它与电流（电流产生磁场）之间的方向关系可用右螺旋定则来确定。如果磁场内各点的磁感应强度的大小相等，方向相同，这样的磁场则称为均匀磁场。

磁感应强度 B 和磁场强度 H 的关系为

$$B = \mu H = \mu_{\mathrm{r}} \mu_0 H \qquad (1\text{-}3)$$

式中，μ 为磁导率；$\mu_0 = 4\pi \times 10^{-7}(\mathrm{H/m})$，为真空磁导率；$\mu_{\mathrm{r}} = \mu/\mu_0$ 为相对磁导率（相对于真空磁导率而言）。磁导率是衡量材料传导磁通能力的物理量，它描述材料被磁化的难易程度。

1.2.1.4　磁通

垂直通过一个截面的磁力线总量称为该截面的磁通量，简称磁通，用 Φ 表示。通常磁场方向和大小在一个截面上并不一定相同（图1-5（a）），则通过该截面积 A 的磁通用面积分求得

$$\Phi = \int_A \mathrm{d}\Phi = \int_A B\cos\alpha \mathrm{d}A \qquad (1\text{-}4)$$

式中，$\mathrm{d}\Phi$ 为通过单元截面积的磁通；α 为截面的法线与 B 的夹角。

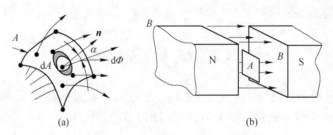

图1-5　穿过某一截面的磁通示意图
（a）非均匀曲面；（b）均匀曲面

如果磁场是均匀的（图1-5（b）），则

$$\Phi = BA \qquad (1\text{-}5)$$

磁通是一个标量，它的单位在 SI 制中为韦伯，简称韦，符号为 Wb。$1\mathrm{Wb} = 1\mathrm{T} \cdot \mathrm{m}^2$。由式（1-5）可得

$$B = \Phi/A \qquad (1\text{-}6)$$

在均匀磁场中，磁感应强度可以表示为单位面积上的磁通，所以磁感应强度也可以称为磁通密度。因此磁感应强度的单位特斯拉也可用 $\mathrm{Wb/m}^2$ 表示。

1.2.1.5 磁芯

在电机、变压器及各种铁磁元件中，常用磁性材料做成一定形状的磁芯。

多数材料是磁通的不良导体，它们的磁导率都很低。真空的磁导率是 1.0。非导磁材料，如空气、纸和铜，具有同样数量级的磁导率。有一些材料，如铁、镍、钴和它们的合金具有高的磁导率，往往达到几百或几千。为了使如图 1-6 所示的空心线圈磁通能得到改善，可以引入一个磁芯，如图 1-7 所示。在空心线圈中放入一个磁芯的优点除了其磁导率高以外，是其磁路长度（magnetic path length，MPL）明确了。除了最靠近线圈的地方，磁通基本上被限制在磁芯。在磁芯进入饱和，线圈又恢复到空心状态之前，磁性材料中能够产生多少磁通是有一个界限点的，如图 1-8 所示。

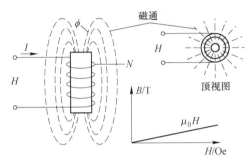

图 1-6 当被激励时，"发射"磁通的空心线圈

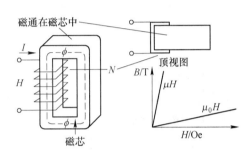

图 1-7 磁芯引入后磁通的变化

1.2.1.6 磁阻

由磁动势在给定的材料中产生的磁通取决于材料对磁通的阻力，这个阻力被称作磁阻，符号是 R_{m}。如图 1-9 所示，磁阻与电阻的概念相类似。

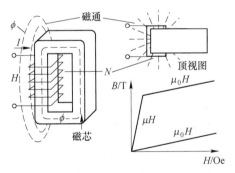

图 1-8 被驱动进入饱和后的磁芯

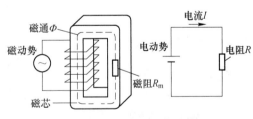

图 1-9 磁阻和电阻的比较

导体的电阻与它的长度 l、横截面积 S 和电导率 σ 有关，即

$$R = \frac{l}{\sigma S} \tag{1-7}$$

磁路的磁阻和电阻的公式相似

$$R_{\mathrm{m}} = \frac{l_{\mathrm{c}}}{\mu A_{\mathrm{c}}} = \frac{l_{\mathrm{c}}}{\mu_{\mathrm{r}} \mu_0 A_{\mathrm{c}}} \tag{1-8}$$

式中，l_{c} 为磁芯磁路长度（MPL），cm；A_{c} 为磁芯的横截面积，cm^2；μ 为磁性材料的磁导

率；μ_r 为相对磁导率；μ_0 为真空磁导率。磁芯的磁路长度 l_c 和横截面积 A_c 如图 1-10 所示。

1.2.1.7 气隙

磁芯的气隙，是指一部分磁路是由空气构成，故称为空气间隙，简称气隙。如图 1-11 所示，磁环中间开个缺口，缺口处就是气隙。EI 磁芯，E 磁芯和 I 磁芯的结合处总存在缝隙，磁路就有气隙。

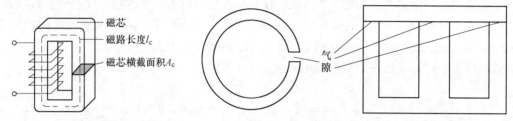

图 1-10　磁芯磁路长度 l_c 和横截面积 A_c 图 1-11　开口环形磁芯和 EI 磁芯的气隙

1.2.1.8 边缘磁通

一旦磁芯被激励，边缘磁通就在气隙周围出现，如图 1-12 所示。由于磁通通过非磁性材料时，磁力线互相排斥，磁通线向外凸出。所以，磁场的截面积增加，磁通密度减小，典型的会增加 10% 的截面积，该效应称为边缘磁通效应。边缘磁通占总磁通的百分比会随着气隙长度的增加而增加，增加磁通的最大半径近似等于气隙长度。

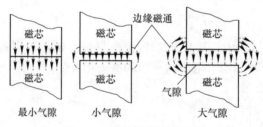

图 1-12　气隙处的边缘磁通

1.2.2 磁路的基本定律

磁路有三个定律安培环路定律、磁路欧姆定律和基尔霍夫定律作为分析计算的基础。

1.2.2.1 安培环路定律（全电流定律）

在磁场中，磁场强度沿任一闭合路径的线积分等于穿过该回路所限定面积的总电流，矢量 H 的线积分等于此闭合曲线所包围的所有电流的代数和，即

$$\oint_l H \mathrm{d}l = \int_l H\cos\alpha \mathrm{d}l = \sum I \tag{1-9}$$

式中，H 为磁场中某点 A 处的磁场强度；$\mathrm{d}l$ 为磁场中某点附近沿曲线微距离矢量；α 为 H 与 $\mathrm{d}l$ 之间的夹角（图 1-13（a）），$\sum I$ 为闭合曲线所包围的电流代数和。电流方向和磁场方向的关系符合右手螺旋定则。如果闭合曲线方向与电流产生的磁场方向相同，则为正，反之为负。式（1-9）称为安培环路定律，也称为全电流定律。

图 1-13（a）所示的环路只包围电流 I，所以 $\sum I = I$，而图 1-13（b）中的环路包围

的是正的 I_1 和负的 I_2，判断正负原则是电流与环路方向成右螺旋方向，尽管图中有 I_3 存在，但它不包含在环路之内，所以 $\sum I = I_1 - I_2$。

图 1-14 所示为一环形线圈，以此为例说明安培定律的应用。设环形线圈内的介质是均匀的，线圈匝数为 N，取磁力线方向作为闭合曲线的方向，沿着以 r 为半径的圆周闭合路径 l，根据式（1-9）的左边可得到

$$\oint_l H\mathrm{d}l = Hl = 2\pi r \times H \tag{1-10}$$

式（1-9）的右边，$\sum I = IN$。

因此 $2\pi r \times H = Hl = IN$，即

$$H = \frac{IN}{2\pi r} = \frac{IN}{l} \tag{1-11}$$

式中，r 为环的平均半径，如果环的内径与外径之比接近 1，为方便起见，认为环内磁场是均匀的，$l = 2\pi r$ 为磁路的平均长度。

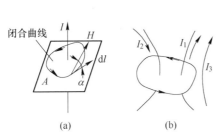
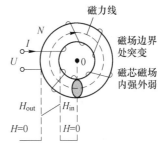

图 1-13　安培环路定律　　　　　图 1-14　环形线圈的磁场强度

（a）闭合曲面上的磁场强度；（b）闭合曲线和电流的关系

1.2.2.2　磁路欧姆定律

图 1-15 所示是一个磁导率为 μ、磁路长度为 l_c、截面积为 A_c 的磁性材料单元，单元两端的磁压为 $U_\mathrm{m} = Hl_\mathrm{c}$，因为 $H = B/\mu$，$B = \Phi/A_\mathrm{c}$，则 U_m 可以表示为

$$U_\mathrm{m} = \frac{l_\mathrm{c}}{\mu A_\mathrm{c}}\Phi = R_\mathrm{m} \cdot \Phi \tag{1-12}$$

$$R_\mathrm{m} = l_\mathrm{c}/(\mu A_\mathrm{c}) \tag{1-13}$$

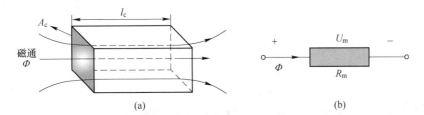

图 1-15　磁路中的磁阻模型

（a）磁通通过磁性元件；（b）等效磁阻模型

式（1-12）表示加在一个磁性材料单元两端的磁压 U_m 与通过该单元的磁通 Φ 成正比，式

中的比例系数 R_m 相当于导体中的电阻 R，称为磁阻。磁阻的等效模型如图 1-15（b）所示，在这个磁阻模型中磁压 U_m 和磁通 Φ 分别相当于加在电阻上的电压和通过电阻的电流。

如图 1-16 所示，在一方形磁导率为 μ 的磁芯上绕有 N 匝线圈，磁芯的截面积为 A_c，磁路平均长度为 l_c，在线圈中通入电流 i，假定磁路截面上磁通是均匀的，则磁动势 F 为

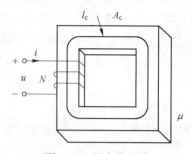

$$F = Ni = Hl_c = \frac{Bl_c}{\mu} = \frac{\Phi}{\mu A_c}l_c = \Phi R_{mc} \qquad (1\text{-}14)$$

或 $$\Phi = F/R_{mc} \qquad (1\text{-}15)$$

式（1-14）与电路的欧姆定律在形式上相似，所以称为磁路的欧姆定律。磁路和电路两者对照如表 1-2 所示。

图 1-16　用安培环路定律分析磁性器件

表 1-2　磁路与电路中类似的物理量及对应的公式

磁　路	电　路
磁动势 F	电动势 ε
磁场强度 H	电场强度 E
磁通 Φ	电流强度 I
磁通密度 B	电流密度 J
磁导率 μ	电导率 σ
磁阻 $R_m = l_c/(\mu A_c)$	电阻 $R = l/(\sigma S)$
$\Phi = F/R_m$	$I = U/R$

1.2.2.3　基尔霍夫定律

磁路的计算服从于磁路的基尔霍夫两个基本定律，基尔霍夫磁通定律和基尔霍夫磁压定律。

有分支磁路如图 1-17 所示，指任取一闭合面 A_c，进入闭合面的磁通，必等于流出闭合面的磁通，即穿过闭合面的磁通的代数和为零，称为基尔霍夫磁通定律，也叫基尔霍夫第一定律。数学表达式为

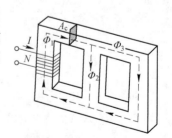

$$\sum \Phi = 0 \qquad (1\text{-}16)$$

当磁芯的三个分支汇聚一点时，如图 1-17 所示，则

$$\Phi_1 = \Phi_2 + \Phi_3 \qquad (1\text{-}17)$$

图 1-17　说明磁通连续性定律的磁路

类似于电路中电压的定义，在磁场中将两点间的磁压定义为

$$U_m = \int_{x_1}^{x_2} H\mathrm{d}l_c \qquad (1\text{-}18)$$

基尔霍夫磁压定律（基尔霍夫第二定律）是指磁路中沿任意闭合曲线磁动势的代数和等于沿该曲线磁位差的代数和，即

$$\sum F = \sum \Phi R_{\mathrm{m}} \tag{1-19}$$

磁路和电路有很多相似之处，但处理磁路比电路难得多，它与电路有以下不同点：

（1）电路中，在电动势的驱动下，确实存在着电荷在电路中流动，并因此引发热。磁路中磁通是伴随电流存在的，对于恒定电流，在磁导体中，并没有物质量在流动，因此不会在磁导体中产生损耗。即使在交变磁场下，磁导体中的损耗也不是磁通"流动"产生的。

（2）电路中电流限定在铜导线和其他导电元件内，这些元件的电导率高，比电路的周围材料的电导率一般要高 10^{12} 倍以上（如空气或环氧板）。因为没有磁"绝缘"材料，周围介质（如空气）的磁导率比组成磁路材料的磁导率低几个数量级。实际上，磁导体周围的空气形成磁路的一部分，有相当分磁通从磁芯材料路径中发散出来，并通过外部空气路径闭合，称为散磁通。磁路中具有空气隙的磁路、磁芯的空心线圈更是如此。一般情况下，在磁路中各个截面上的磁通是不等的。

（3）在电路中，导体的电导率与导体流过的电流无关。而在磁路中，磁导率是与磁通密度有关的非线性参数。即使铁磁结构保证磁通路径上各处截面积相等，但由于有散磁通存在，在磁芯中各截面的磁通密度仍不相等。磁性材料磁导率的非线性使得各截面的磁通密度不同，导致相同磁路长度有不同的磁压降。因此，磁路的欧姆定律与电路的欧姆定律只是在形式上相似，不能直接应用于磁路的计算，它只能用于定性分析。

（4）在电路中，当电动势为零时，电流强度 $I = 0$；但在磁路中，由于有剩磁，当磁动势为零时，磁通 $\Phi \neq 0$。

（5）直流（即恒定）磁场已经相当复杂，如果是交流激励的磁场，在其周围有导体，在导体中产生涡流效应，涡流对激励线圈来说相当于一个变压器的副边，涡流产生的磁通对主磁通产生影响，磁场分布更加复杂。

【例 1-1】 一个环形磁芯线圈的磁芯内径 $d_{\mathrm{i}} = 2.2\mathrm{cm}$，外径 $d_{\mathrm{o}} = 3.6\mathrm{cm}$，环高 $h = 1.5\mathrm{cm}$。所选磁芯相对磁导率 $\mu_{\mathrm{r}} = \mu/\mu_0 = 50$。线圈匝数 $N = 100$ 匝，通入线圈电流为 $I = 0.5\mathrm{A}$。求磁芯中最大、最小及平均磁场强度，磁通和磁通密度。

【解】 磁芯的有效截面积

$$A_{\mathrm{e}} = \frac{d_{\mathrm{o}} - d_{\mathrm{i}}}{2} \times h = \frac{3.6 - 2.2}{2} \times 1.5 = 1.05(\mathrm{cm}^2)$$

磁路平均长度

$$l = \pi \times \frac{d_{\mathrm{o}} + d_{\mathrm{i}}}{2} = \pi \times \frac{3.6 + 2.2}{2} = 9.1(\mathrm{cm})$$

线圈产生的磁势

$$F = NI = 100 \times 0.5 = 50(\mathrm{A})$$

磁芯中最大磁场强度发生在内径处

$$H_{\max} = \frac{F}{l_{\min}} = \frac{50}{\pi \times 2.2} \approx 7.24(\mathrm{A/cm}) = 724(\mathrm{A/m})$$

最小磁场强度发生在外径处

$$H_{\min} = \frac{F}{l_{\max}} = \frac{50}{\pi \times 3.6} \approx 4.42(\mathrm{A/cm}) = 442(\mathrm{A/m})$$

平均磁场强度

$$H = \frac{F}{l} = \frac{50}{9.1} \approx 5.49(\mathrm{A/cm}) = 549(\mathrm{A/m})$$

磁芯中平均磁通密度

$$B = \mu H = \mu_0 \mu_r H = 4\pi \times 10^{-7} \times 50 \times 549 = 0.0345(\mathrm{T})$$

磁芯中的磁通

$$\Phi = BA_e = 0.0345 \times 1.05 \times 10^{-4} = 3.6 \times 10^{-6}(\mathrm{Wb})$$

从磁芯中最大和最小磁场强度可以看到，内、外径处的磁场强度相差很大，磁芯中磁通密度是不均匀的，一般希望内径与外径比为 0.8 左右。

1.2.3　磁路分析和计算

在磁路的分析过程中，因为磁导体的磁导率比周围空气或其他非磁性物质的磁导率大得多，所以磁场主要被限制在磁结构系统之内，即磁结构内部磁场很强，外部很弱，磁通的绝大部分经过磁导体而形成一个固定的通路。在这种情况下，常常忽略次要因素，只考虑磁导体内磁场或同时考虑较强的外部磁场，使得分析计算简化。通常引入磁路的概念，就可以将复杂的场分析简化为熟知的电路的计算。由磁场基本原理可知，磁力线或磁通总是闭合的。磁通与电路中的电流一样，总是在低磁阻的通路流通，高磁阻通路磁通较少。

1.2.3.1　带有气隙的串联磁路分析

图 1-18 所示为带气隙的磁芯，根据安培环路定律，有

$$Ni = H_c \cdot l_c + H_\delta \cdot \delta = \Phi \cdot R_{mc} + \Phi \cdot R_{m\delta} \tag{1-20}$$

式中，$F = Ni$，为磁路的磁势；H_c 为磁芯中的磁场强度；H_δ 为气隙中的磁场强度；$R = l_c/(\mu A_c)$ 为磁芯磁路的磁阻；l_c 为磁芯磁路的长度；δ 为气隙长度；$U_{mc} = \Phi R_{mc}$ 为磁芯磁阻 R_{mc} 两端的磁压降；$U_{m\delta} = \Phi R_{m\delta}$，为气隙磁阻 $R_{m\delta}$ 两端的磁压降，如图 1-18（b）所示。通以电流的线圈为磁势源，其值 $F = Ni$，磁路方程为

$$F = Ni = \Phi(R_{mc} + R_{m\delta}) \tag{1-21}$$

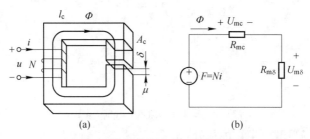

图 1-18　带气隙的磁芯及其等效磁路

（a）带气隙的磁芯；（b）等效磁路

即

$$\Phi = \frac{Ni}{R_{mc} + R_{m\delta}} \tag{1-22}$$

满足基尔霍夫第一定律。

1.2.3.2　并联磁路分析

图 1-19 所示为磁路并联及其等效磁路模型，根据磁通连续性原理，有

$$\Phi = \Phi_1 + \Phi_2 \tag{1-23}$$

$$Ni = \Phi(R_{m1} \parallel R_{m2}) + \Phi R_{m0} = U_m + \Phi R_{m0} \tag{1-24}$$

式中，R_{m1} 和 R_{m2} 分别为磁通 Φ_1 和 Φ_2 所经磁路的磁阻；R_{m0} 为所经磁路的磁阻；U_m 为磁阻 R_{m1} 和 R_{m2} 上的磁阻压降。其等效磁路模型如图 1-19（b）所示，满足基尔霍夫第二定律。

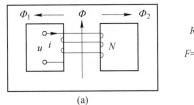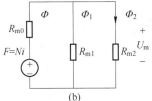

图 1-19　磁路并联及其等效电路模型

（a）并联磁路；（b）等效磁路模型

综上所述，磁路分析的方法与电路分析的方法相同，用基尔霍夫定律分析电路的方法可以用于分析磁路。

如图 1-20 所示为双绕组变压器，设磁芯截面积为 A_c，平均磁路长度为 l_c，磁导率为 μ，磁芯主磁通为 Φ，根据磁路的欧姆定律，有

$$\Phi R_m = N_1 i_1 - N_2 i_2 \tag{1-25}$$

式中，R_m 为变压器的磁芯磁阻。变压器的等效磁路模型如图 1-20（b）所示。

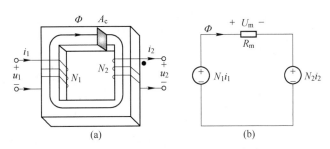

图 1-20　双绕组变压器及其等效磁路模型

（a）双绕组变压器；（b）等效磁路

1.3　磁　芯

任何磁性器件都是由磁芯加绕组一起构成，虽然不同的磁性器件在设计和使用时有不同的特征和技术要求，但对于所有的磁性器件而言，其所采用的磁芯都具有一些共性。

1.3.1　磁芯的形状

如图 1-21 所示，有各种形状和大小的软磁磁芯，比如环形磁芯，有或没有间隙的罐形 P 磁芯、EE 磁芯、PQ 磁芯、EC 磁芯、ER 磁芯和 U 磁芯等。

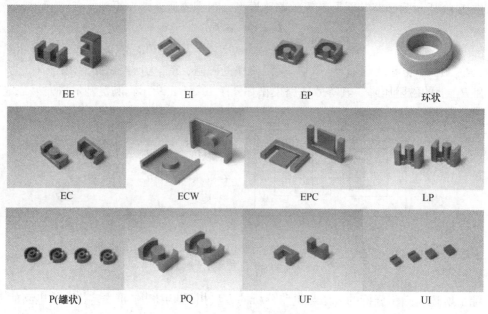

EE　　　　EI　　　　EP　　　　环状

EC　　　　ECW　　　　EPC　　　　LP

P(罐状)　　　　PQ　　　　UF　　　　UI

图 1-21　各种形状的磁芯

磁通在磁芯中形成闭合回路，闭合回路的长度就是磁路长度 MPL，磁通穿过的横截面积叫做磁芯截面积，用 A_c 表示。磁通是缠绕在磁芯上的通电线圈产生的，磁芯上用于缠绕线圈的空隙叫做窗口面积，用 W_a 表示。环形磁芯如图 1-22 所示，W_a 是窗口面积，A_c 是磁芯截面积，d_i 和 d_o 分别是磁芯的内、外径。则环形磁芯的磁路长度 l_c(MPL) 为

$$l_c = \pi \frac{d_i + d_o}{2} \qquad (1\text{-}26)$$

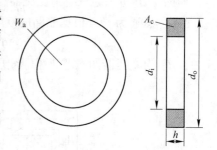

图 1-22　环形磁芯的外形及尺寸

窗口面积 W_a 为

$$W_a = \pi \left(\frac{d_i}{2}\right)^2 \qquad (1\text{-}27)$$

磁芯截面积 A_c 为

$$A_c = \frac{d_o - d_i}{2}h \qquad (1\text{-}28)$$

环形磁芯形成的磁场是封闭的回路而且能将大部分磁通量束缚在磁芯材料内，减小电磁干扰，几乎没有漏磁场。对于环形磁芯而言，绕线是在环形的内部和外部空间上的，虽然外部的空间是无限大的，但内部空间有限，即磁环内径所围成的圆的面积，因此，窗口

面积就是磁环内圆的面积。

如图 1-23 所示，EI 磁芯由 E 磁芯和 I 磁芯组合而成。绕线时，导线从中间的空隙通过，上半部分和下半部分的空隙截面是相同的，因此窗口面积是其中任意一个空隙截面的面积。EI 磁芯的磁路如图中的虚线所示，磁路长度 l_c（MPL）为

$$l_c = 2(G + F + E) \tag{1-29}$$

窗口面积 W_a 为

$$W_a = G \times F \tag{1-30}$$

磁芯截面积 A_c 为

$$A_c = D \times E \tag{1-31}$$

EI 磁芯结构紧凑、体积小、工作频率高、工作电压范围广、气隙在线圈顶端耦合紧、损耗低损耗与温度成负相关，可防止温度的持续上升。常用于电源转换变压器及扼流圈、DVD 电源、照相机闪光灯、通信设备及其他电子设备。

EE 磁芯的外形及尺寸如图 1-24 所示。EE 磁芯由两个 E 形磁芯组成，磁路长度 l_c（MPL）近似为

$$l_c = 2\left(G + \frac{B - E}{2} + E\right) = 2G + B + E \tag{1-32}$$

窗口面积 W_a 和磁芯截面积 A_c 的计算和 EI 磁芯的一样。

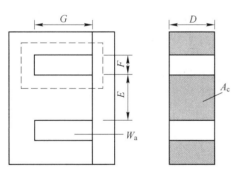

图 1-23　EI 磁芯的外形及尺寸

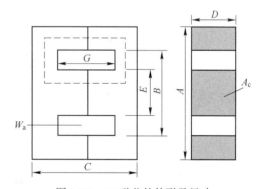

图 1-24　EE 磁芯的外形及尺寸

EE 磁芯引线空间大，绕制接线方便，适用范围广、工作频率高、工作电压范围宽、输出功率大、热稳定性能好，广泛应用于程控交换机电源、液晶显示屏电源、大功率 UPS 逆变器电源、计算机电源节能灯等领域。

ER 磁芯的外形及尺寸如图 1-25 所示。ER 磁芯耦合位置好，中柱为圆形，便于绕线且绕线面积增大，可设计功率大而漏感小的变压器。常用于开关电源变压器，脉冲变压器，电子镇流器等。

罐形磁芯的外形及尺寸如图 1-26 所示。骨架和绕组几乎全部被磁芯包裹起来，致使它对 EMI 的屏蔽效果非常好；由于罐型形状的设计，致使与其他类型同等尺寸的磁芯相比费用更高；由于它的形状不利于散热，因此不适于应用于大功率变压器电感器。罐形磁芯通常用来制备高频率、低电流屏蔽的电感器和变压器，应用于功率低于 125W 的直流-直流变压器中。

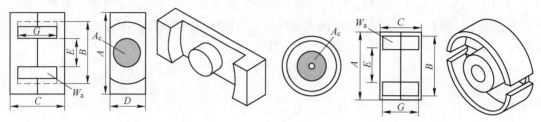

图 1-25　ER 磁芯的外形及尺寸　　　　　图 1-26　罐形磁芯的外形及尺寸

1.3.2　磁芯的能量存储

　　如图 1-27 所示，如果将一个条形磁铁插向线圈中，接在线圈两端的电流表指针将发生偏转；如果磁铁不动，则电流表指针不转动。如果将磁铁从线圈中取出，电流表指针与插入时偏转方向相反。由此可见，当通过线圈的磁通发生变化时，不论是什么原因引起的磁通变化，在线圈两端都要产生感应电动势。而且磁通变化越快，感应电动势越大，即感应电动势的大小正比于磁通的变化率，对于 1 匝线圈，即

$$e = \left| \frac{\Delta \Phi}{\Delta t} \right| \tag{1-33}$$

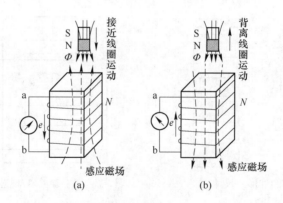

图 1-27　环形线圈的磁场强度
（a）磁芯接近线圈；（b）磁芯背离线圈

　　如果是一个 N 匝线圈，每匝的磁通变化如果相同，则

$$e = N \left| \frac{\Delta \Phi}{\Delta t} \right| = \left| \frac{\Delta (N\Phi)}{\Delta t} \right| = \left| \frac{\Delta \Psi}{\Delta t} \right| \tag{1-34}$$

式中，$\Psi = N\Phi$，为各线圈匝链的总磁通，称为磁链。

　　式（1-34）就是法拉第电磁感应定律，说明了感应电动势与磁通变化率之间的关系，并没有说明感应电动势的方向。楞次阐明了变化磁通与感应电势产生的感生电流之间在方向上的关系，即在电磁感应过程中，感生电流所产生的磁通总是阻止磁通的变化。当磁通增加时，感生电流所产生的磁通与原来磁通方向相反，削弱原磁通的增长；当磁通减少时，感生电流产生的磁通与原来的磁通方向相同，阻止原磁通减小。感生电流总是试图维

持原磁通不变。这就是楞次定律。习惯上，规定感应电动势的正方向与感生电流产生的磁通的正方向符合右螺旋定则，因此式（1-34）可写为

$$e = -N\frac{\mathrm{d}\Phi}{\mathrm{d}t} = -\frac{\mathrm{d}\Psi}{\mathrm{d}t} \tag{1-35}$$

这种感生电流企图保持磁场现状的特性，正表现了磁场的能量性质。因此楞次定律也称为磁场的惯性定律，法拉第定律和楞次定律总称为电磁感应定律。

如图1-28所示，在磁导率μ为常数的均匀环形磁介质上，均匀缠绕N匝线圈，线圈电流i在环的截面A内产生的磁场是均匀的，环的内径d_i与外径d_o之比接近1。

根据电磁感应定律，感应电动势的大小为

$$u = -e = N\frac{\mathrm{d}\Phi}{\mathrm{d}t} = NA\frac{\mathrm{d}B}{\mathrm{d}t} \tag{1-36}$$

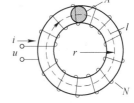

图1-28 电磁能量的关系

电路输入到磁场的能量W_e为

$$W_e = \int_0^t iu\mathrm{d}t \tag{1-37}$$

磁化电流为$i = Hl/N$，则

$$W_e = \int_0^t \frac{Hl}{N}NA\frac{\mathrm{d}B}{\mathrm{d}t}\mathrm{d}t \tag{1-38}$$

经过时间t，线圈中磁场达到了B，因此式（1-38）可改写为

$$W_e = \int_0^B AlH\mathrm{d}B = V\int_0^B H\mathrm{d}B \tag{1-39}$$

式中，$V = Al$为磁场的体积，式子左边是电源提供给磁场的电能W_e，右边是磁场存储的能量W_m。因$B = \mu H$，则存储在磁场中能量为

$$W_m = V\int_0^B H\mathrm{d}B = V\int_0^B \frac{B}{\mu}\mathrm{d}B = \frac{1}{2\mu}B^2 V = \frac{\mu V H^2}{2} \tag{1-40}$$

由式（1-40）可见，在磁导率为常数的磁场中，单位体积磁场能量是磁场强度与磁感应强度乘积的$1/2$。

【例1-2】 图1-29所示为金属粉芯的磁环，环氧树脂绝缘裹覆后的内径9.2mm，外径为20.6mm，高度为6.85mm，裹覆层厚度为0.3mm，磁导率$\mu = 125$。如果线圈匝数$N = 20$匝，通过圈电流为1A，求磁芯中存储的能量。

【解】 （1）计算磁芯体积。

裹覆前的内径为$d_i = 9.2\text{mm} + 0.3\text{mm} \times 2 = 9.8\text{mm}$；

裹覆前的外径为$d_o = 20.6\text{mm} - 0.3\text{mm} \times 2 = 20\text{mm}$；

裹覆前的高度为$h = 6.85\text{mm} - 0.3\text{mm} \times 2 = 6.25\text{mm}$；

则磁芯的有效截面积

$$A_e = [(d_o - d_i) \div 2] \times h = [(20 - 9.8) \div 2] \times 6.25 = 31.88(\text{mm}^2)$$

磁芯的平均磁路长度

$$l_e = \pi[(d_o + d_i) \div 2] \times h = 3.14 \times [(20 + 9.8) \div 2]$$
$$= 46.79(\text{mm})$$

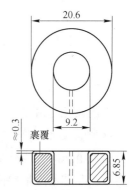

图1-29 磁芯的尺寸

磁芯的体积

$$V_e = A_e l_e = 31.88 \text{mm}^2 \times 46.79 \text{mm} \approx 1.5 \times 10^{-6} \text{m}^3$$

（2）计算磁芯中的磁场强度。

$$H = \frac{NI}{l_e} = \frac{1 \times 20}{4.7} \text{A/cm} = 4.26 \text{A/cm} = 426 \text{A/m}$$

（3）计算磁芯中存储的能量。

$$W_m = \frac{\mu V_e H^2}{2} = \frac{4\pi \times 10^{-7} \times 125 \times 426^2}{2} \text{J} = 21.4 \times 10^{-6} \text{J}$$

1.3.3　磁芯的能量损耗

磁芯的损耗和磁芯温度的升高通常是影响磁芯在交流尤其是高频应用时的最重要因素，磁芯的损耗主要有两部分，磁滞损耗和涡流损耗。

1.3.3.1　磁芯的磁滞损耗

在一个磁化周期中，一部分时间能量由电源流向线圈，另一部分时间能量由线圈流向电源，但是流出的能量比流回的能量大，这种能量差就是磁芯的损耗。磁滞回线所围成的面积表示磁性材料一个磁滞循环所需要的能量。图1-30表示了磁滞损耗。当磁场强度 H 从零增加到最大值时，由外电路通过线圈提供的能量如图1-30（a）所示；当磁场强度 H 从最大值减小到零时，流回外电路的能量如图1-30（b）所示。这种流出和流进的能量差就是磁芯的磁滞损耗。磁滞损耗的能量与磁滞回线所围成的面积成正比，磁滞回线的面积越小，相应的每个循环的能量损耗就越小。

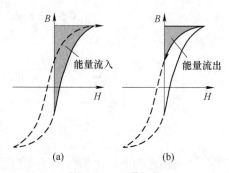

图1-30　磁滞损耗
（a）当 H 从零增加到最大值时流入磁芯的能量；
（b）当 H 从最大值减小到零时流出的能量

单位体积的磁滞损耗的功率（磁滞损耗的功率密度，也称为比磁滞损耗）为

$$P_h = f \oint H dB = f A_{BH} \tag{1-41}$$

式中，f 为工作频率；A_{BH} 为磁滞回线包围的面积。因此，单位体积的磁滞损耗的功率正比于 $B\text{-}H$ 磁滞回线所围成的面积 A_{BH} 和工作频率 f。当频率 f 越高时，单位时间形成的 $B\text{-}H$ 磁滞回线面积越大，因此导致的磁滞损耗更大。每个循环中，磁感应强度的振幅越大，A_{BH} 面积越大，磁芯损耗越大。

1.3.3.2　磁芯的涡流损耗

涡流损耗是由磁芯中产生的涡流引起的。处在迅速变化的磁场中的导体会产生感生电压，这个电压会在导体中产生环形电流，称为涡流。如图1-31（a）所示，在磁芯线圈中加上交流电压时，线圈中流过激励电流 i，激磁安匝（磁势）产生的全部磁通 Φ_i 在磁芯中通过，磁芯本身是导体，磁芯截面周围也将链合全部磁通中，可以把磁芯看成单匝的副线圈。根据电磁感应定律有 $u = N d\Phi/dt$，每一匝的感应电势，即磁芯截面最大等效一匝

感应电势为

$$i_e = \frac{u}{N} = \frac{\mathrm{d}\Phi_i}{\mathrm{d}t} \tag{1-42}$$

图 1-31（b）是磁芯中产生涡流的等效电路
图，因磁芯材料的电阻率不是无限大，绕着磁芯
周边有一定的电阻值，感应电压产生的涡流 i_e，
通过这个电阻，引起 $i_e^2 R_e$ 损耗，这就是涡流
损耗。

磁芯的涡流功率损耗密度为

$$P_e = k_e \frac{A_c f^2 B_m^2}{\rho_c} \tag{1-43}$$

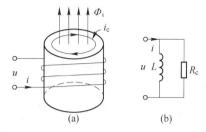

图 1-31　磁芯中的涡流及其等效电路
(a) 磁芯中的涡流；(b) 等效电路

式中，k_e 为波形系数，其依赖于输入电压的波
形；A_c 为磁芯截面；f 为激励电流的频率；B_m 为磁芯的磁通密度的振幅；ρ_c 为磁芯的电
阻率。

减小涡流损耗的方法，一是增大磁芯材料的电阻，二是减小涡流电流环路的截面积。
运用彼此绝缘的薄片来制作磁芯就是采用第二种方法减小涡流损耗。

1.3.3.3　磁芯的总损耗

磁芯的总损耗密度 P_{Fe} 为

$$P_{Fe} = P_h + P_e = f \oint H \mathrm{d}B + k_e \frac{A_c f^2 B_m^2}{\rho_c} \tag{1-44}$$

对于给定的磁芯，总损耗密度是工作频率 f 和磁通密度振幅 B_m 的函数。工作总损耗
密度的平均值由 Steinmetz 公式给出

$$P_{Fe} = k f^m B_m^n \tag{1-45}$$

式中，k、m、n 为系数，由生产厂商拟合
后给出。必须注意的是，不是所有的厂商
在描述他们的磁芯损失时都使用相同的单
位。在对不同的磁性材料进行比较时，使
用者应该知道磁芯损失的不同单位。典型
的磁芯损失图如图 1-32 所示。其纵坐标是
磁芯损失，横坐标是磁通密度，磁芯损失
数据对不同的频率画出。磁芯损失密度的
单位有瓦特每磅（W/P）、瓦特每千克
（W/kg）、毫瓦每克（mW/g）和毫瓦每立
方厘米（mW/cm^3）。磁通密度的单位有高
斯（Gs），千高斯（KGs），特斯拉（T），
毫特斯拉（mT）。

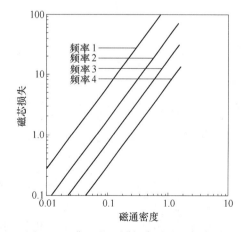

图 1-32　典型的不同频率下磁芯损失图

Magnetics Inc（磁学公司）的铁硅铝粉末磁芯采用式（1-45）时的系数见表 1-3，式
中磁芯损失密度的单位是 W/kg，f 的单位是 Hz，B_m 的单位是 T。

表 1-3　Magnetics Inc 的铁硅铝粉末磁芯的磁芯损失系数

磁导率 μ	系数 k	系数 m	系数 n
26	0.000693		
60	0.000634		
75	0.000620	1.460	2.000
90	0.000614		
125	0.000596		

【例 1-3】　菲利普公司磁芯材料 3F3，公司提供的损耗曲线如图 1-33 所示，设磁芯工作频率为 200kHz 和 100kHz，分别求这两种频率下，单位体积损耗与磁通密度之间的关系。

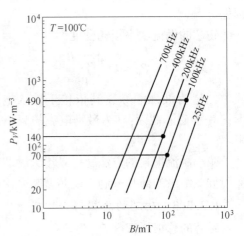

图 1-33　3F3 磁芯损耗特性曲线

【解】　磁芯的单位体积损耗可用式 $P = aB^x$ 表示，只要求解式中的 a 和 x 就可以得到表达式，分别在频率 200kHz 和 100kHz 的 2 根线上查找 2 组损耗与磁通密度的数据，第 1 组为

（1）$f = 200\text{kHz}$，$B = 400\text{Gs} = 0.04\text{T}$，则单位体积损耗 $P_V = 20\text{mW/cm}^3$；

（2）$f = 200\text{kHz}$，$B = 800\text{Gs} = 0.08\text{T}$，则单位体积损耗 $P_V = 140\text{mW/cm}^3$。

$$\begin{cases} 20 = a \times 0.04^x \\ 140 = a \times 0.08^x \end{cases}$$

求解方程组得到

$$x\ln 0.08 = \ln 7 + x\ln 0.04$$

$$x = \ln 7 / \ln 2 = 2.81, \quad a = 20/0.04^{2.81} = 1.7 \times 10^5$$

则 200kHz 损耗密度表达式为

$$P_V = 1.7 \times 10^5 B^{2.81}$$

式中，P_V 的单位为 mW/cm^3。

第 2 组为

（1）$f = 100\text{kHz}$，$B = 0.1\text{T}$，则单位体积损耗 $P_V = 70\text{mW/cm}^3$；

（2）$f = 100\text{kHz}$，$B = 0.2\text{T}$，则单位体积损耗 $P_V = 490\text{mW/cm}^3$。

$$\begin{cases} 70 = a \times 0.1^x \\ 490 = a \times 0.2^x \end{cases}$$

求解方程组得到

$$x\ln 0.2 = \ln 7 + x\ln 0.1$$

$$x = \ln 7 / \ln 2 = 2.81, \quad a = 70/0.1^{2.81} = 4.5 \times 10^4$$

则 200kHz 损耗密度表达式为

$$P_V = 4.5 \times 10^4 B^{2.81}$$

式中，P_V 的单位为 mW/cm^3。

1.4 气 隙

许多磁性器件的磁路都包含气隙，对于这些气隙，有些是人们所不希望的，必须避免或尽量使它降低到最小。而在另外一些磁性器件中，气隙是其重组成部分，必须对它进行精心设计和计算（包括对气隙阻抗的计算、气隙两侧位降的计算等），以及研究和掌握气隙对磁芯特性的影响。本节主要介绍气隙对磁芯的磁阻、磁导率和磁化的影响。

1.4.1 气隙对磁芯磁阻和磁导率的影响

高磁导率材料构成的磁芯具有低的磁阻。如果在磁路中包含空气隙，典型的含有空气隙磁芯如图 1-34 所示，它的磁阻与由高导磁材料构成的磁芯磁阻就不一样了，这个路径的磁阻几乎全部在空气隙中，因为空气隙的磁阻率比磁性材料的磁阻率大得多。因此，在实际应用过程中，我们可以通过控制空气隙的大小来控制磁路的磁阻。

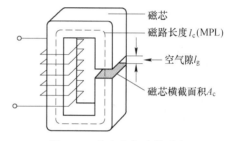

图 1-34　含有空气隙的磁芯

磁芯的总磁阻等于铁的磁阻和空气隙的磁阻之和，这与电路中两个串联电阻相加是一样的。计算空气隙磁阻 R_g 的公式与计算磁性材料磁阻 R_m 的公式相同。

$$R_g = \frac{l_g}{\mu_0 A_c} \tag{1-46}$$

式中，l_g 为空气隙长度；A_c 为磁芯的横截面积；μ_0 为空气的磁导率。

因此，图 1-34 所示的磁芯总磁阻 R_{mt} 为

$$R_{mt} = R_m + R_g \tag{1-47}$$

$$R_{mt} = \frac{l_c}{\mu_r \mu_0 A_c} + \frac{l_g}{\mu_0 A_c} \tag{1-48}$$

式中，μ_r 为磁性材料的相对磁导率；l_c 为磁芯的磁路长度。

在计算了总磁阻以后，就可以计算磁芯等效磁导率 μ_e 了。

$$R_{mt} = \frac{l_t}{\mu_e A_c} \tag{1-49}$$

$$l_t = l_c + l_g \tag{1-50}$$

式中，μ_e 为等效磁导率；l_t 为总的磁通路径长度。

由式（1-48）式（1-49）可得

$$\frac{l_t}{\mu_e A_c} = \frac{l_c}{\mu_r \mu_0 A_c} + \frac{l_g}{\mu_0 A_c} \tag{1-51}$$

化简可得

$$\frac{l_t}{\mu_e} = \frac{l_c}{\mu_r \mu_0} + \frac{l_g}{\mu_0} \tag{1-52}$$

因此

$$\mu_e = \frac{l_c + l_g}{\dfrac{l_c}{\mu_r \mu_0} + \dfrac{l_g}{\mu_0}} \tag{1-53}$$

如果气隙很小，$l_g \ll l_c$，用 $(\mu_r \mu_0)/l_c$ 同时乘以右边分式的上下两边，则

$$\mu_e = \frac{\mu_r \mu_0}{1 + \mu_r \dfrac{l_g}{l_c}} \tag{1-54}$$

典型的公式是

$$\mu_e = \frac{\mu_m}{1 + \mu_m \dfrac{l_g}{l_c}} \tag{1-55}$$

1.4.2 气隙对磁芯磁化的影响

如果不考虑漏磁通，则通过磁芯材料和气隙的磁通是相等的，截面积也差不多，在磁芯材料中，有

$$\phi = BA_c = \mu_0 \mu_r H_{材料} \tag{1-56}$$

而在气隙处有

$$\phi = BA_c = \mu_0 H_{气隙} \tag{1-57}$$

磁芯材料的磁导率远远大于真空磁导率，因此，在气隙处的 $H_{气隙}$ 远大于 $H_{材料}$，没开气隙与开了气隙后磁芯内磁场的分布如图 1-35 所示。可见，在气隙处可产生很大的磁场，这也是电磁铁得以应用的原理。

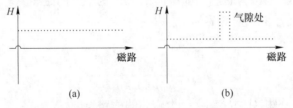

图 1-35　未开气隙与开气隙后磁芯内磁场的变化示意图
（a）未开气隙原磁芯沿磁路方向磁场的变化；（b）开气隙后磁芯沿磁路方向磁场的变化

此外，也可以通过退磁场的理论分析得到相同的结论，开气隙后，磁芯内的退磁场方向如图 1-36 所示。

由于退磁场将在开气隙的截面产生磁荷，退磁场方向则是由正磁荷指向负磁荷。可见，在气隙处，退磁场与绕线线圈在磁芯内产生磁场的方向是一致的，因此会增强磁场的大小。而在磁芯材料内，退磁场则与绕线线圈在磁芯内产生磁场的方向是相反的，因此会削弱磁场的大小。最终导致磁芯材料内磁场下降，气隙处的磁场增强。由于气隙所引起的退磁场，使作用于磁芯的实际磁场降低，这相当于改变了图中水平轴的比例尺度，使磁滞回线或磁化曲线的斜率减小，有效磁导率降低，即相当于对材料的磁滞回线进行了剪切（图 1-37）。

图 1-38 示出了典型的无气隙和有气隙环形磁芯 B-H 回线的比较。在磁芯中引入的空

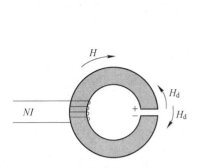

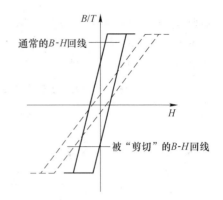

图 1-36　开气隙磁芯内退磁场的方向　　　图 1-37　由于空气隙造成的理想 *B-H* 回线的"剪切"

气隙具有很强的去磁作用，导致磁滞回线的剪切以及高磁导率材料磁导率明显减小，如果要在带有气隙的磁芯中得到与闭合磁芯大小相同的磁感应强度，就需要增加一个额外的磁场，用于克服由于气隙引起的退磁场的作用。

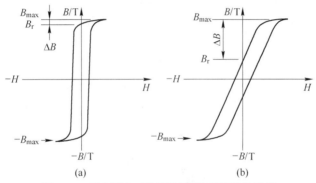

图 1-38　无气隙与有气隙时材料磁特性的比较

（a）无气隙时；（b）有气隙时

1.5　绕组的结构和特性

1.5.1　励磁导线

标准的励磁导线有铜、铝和银三种材料，导线特性见表 1-4，其中最通用的是铜。在相同导体尺寸的情况下，铝励磁导线的质量是铜励磁导线质量的 1/3；在相同导电能力的情况下，铝励磁导线的质量是铜励磁导线质量的一半。铝励磁导线在端接时困难一点。银励磁导线具有最高的电导率，很容易焊接，其质量比铜大 20%。

表 1-4　励磁导线材料特性

材料	符号	密度/g·cm^{-3}	电阻率/μΩ·cm^{-1}	温度系数
铜	Cu	8.89	1.72	0.00393
银	Ag	10.49	1.59	0.00380
铝	Al	2.703	2.83	0.00410

目前励磁导线绝大部分都是铜导线，中国的线规和国际电工委员会（International Electrotechnical Commission，IEC）线规标准一致，部分国产铜导线的规格见表1-5。美国线规（American Wire Gauge，AWG）导线规格见表1-6。

表1-5　国标 QQ-2 高强度漆包线规格（电阻的温度为 20℃）

标称直径 /mm	外皮直径 /mm	铜截面积 /mm²	电阻 /Ω·m⁻¹	标称直径 /mm	外皮直径 /mm	铜截面积 /mm²	电阻 /Ω·m⁻¹
0.06	0.09	0.00288	6.18	0.60	0.67	0.283	0.0618
0.07	0.10	0.0038	4.54	0.63	0.70	0.312	0.056
0.08	0.11	0.005	3.48	0.67	0.75	0.353	0.0496
0.09	0.12	0.0064	2.75	0.69	0.77	0.374	0.047
0.10	0.13	0.0079	2.23	0.70	0.79	0.396	0.0441
0.11	0.14	0.0095	1.84	0.75	0.84	0.442	0.0396
0.12	0.15	0.0113	1.55	0.83	0.92	0.541	0.0324
0.13	0.16	0.0133	1.32	0.85	0.94	0.5675	0.0308
0.14	0.17	0.0154	1.14	0.90	0.99	0.636	0.0275
0.15	0.19	0.0177	0.988	0.93	1.02	0.679	0.0258
0.16	0.20	0.0201	0.876	0.95	1.04	0.709	0.0247
0.17	0.21	0.0227	0.77	1.00	1.11	0.785	0.0223
0.18	0.22	0.0256	0.686	1.06	1.17	0.882	0.0198
0.19	0.23	0.0284	0.616	1.12	1.23	0.985	0.0178
0.20	0.24	0.0315	0.557	1.18	1.29	1.094	0.016
0.21	0.25	0.0347	0.506	1.25	1.36	1.227	0.0145
0.23	0.28	0.0415	0.423	1.30	1.41	1.327	0.0132
0.25	0.30	0.0492	0.356	1.35	1.46	1.431	0.0123
0.27	0.32	0.0573	0.306	1.40	1.51	1.539	0.0114
0.28	0.33	0.0616	0.284	1.45	1.56	1.651	0.0106
0.29	0.34	0.066	0.265	1.50	1.61	1.767	0.00989
0.31	0.36	0.0755	0.232	1.56	1.67	1.911	0.00918
0.33	0.39	0.0855	0.205	1.60	1.72	2.01	0.0087
0.35	0.41	0.0965	0.182	1.70	1.82	2.27	0.0077
0.38	0.44	0.114	0.155	1.80	1.92	2.545	0.00687
0.40	0.46	0.1257	0.133	1.90	2.02	2.835	0.00617
0.42	0.48	0.138	0.127	2.00	2.12	3.14	0.00557
0.45	0.51	0.159	0.11	2.12	2.24	3.53	0.00495
0.47	0.53	0.1735	0.101	2.24	2.36	3.94	0.00444
0.50	0.56	0.1963	0.089	2.36	2.48	4.37	0.004
0.53	0.60	0.221	0.0793	2.50	2.62	4.91	0.00356
0.56	0.63	0.2463	0.071				

表 1-6 美国线规导线规格（电阻的温度为 20℃）

AWG	铜直径/mm	铜截面积/mm²	电阻/Ω·m⁻¹	AWG	铜直径/mm	铜截面积/mm²	电阻/Ω·m⁻¹
10	2.59	5.2620	0.00327	28	0.321	0.08046	0.2142
11	2.31	4.1729	0.00414	29	0.286	0.0647	0.2664
12	2.052	3.3092	0.00521	30	0.255	0.05067	0.3402
13	1.829	2.6243	0.00656	31	0.227	0.04013	0.4294
14	1.628	2.0811	0.00828	32	0.202	0.03242	0.5315
15	1.45	1.6504	0.01043	33	0.18	0.02554	0.6748
16	1.29	1.3088	0.01318	34	0.16	0.02011	0.8572
17	1.151	1.0379	0.01658	35	0.143	0.01589	1.0849
18	1.024	0.8231	0.02095	36	0.127	0.01266	1.3608
19	0.911	0.6527	0.02639	37	0.113	0.01026	1.6801
20	0.812	0.5176	0.03323	38	0.101	0.00811	2.1266
21	0.724	0.4105	0.04189	39	0.089	0.00621	2.7775
22	0.642	0.3255	0.05314	40	0.079	0.00487	3.54
23	0.574	0.2582	0.0666	41	0.071	0.00397	4.3405
24	0.511	0.2047	0.08421	42	0.063	0.00317	5.4429
25	0.455	0.1624	0.1062	43	0.056	0.00245	7.0308
26	0.405	0.1287	0.1345	44	0.05	0.00202	8.5072
27	0.361	0.1021	0.1687				

1.5.2 窗口利用系数

窗口利用系数是磁芯的窗口面积中导线（不包含导线绝缘层）所占的比例，如图 1-39 所示。定义为裸导线的横截面积和磁芯窗口面积的比值，即

$$K_u = \frac{NA_{w(B)}}{W_a} \qquad (1\text{-}58)$$

式中，K_u 为窗口利用系数；N 为线圈匝数；$A_{w(B)}$ 为裸导线的横截面积；W_a 为磁芯的窗口面积。

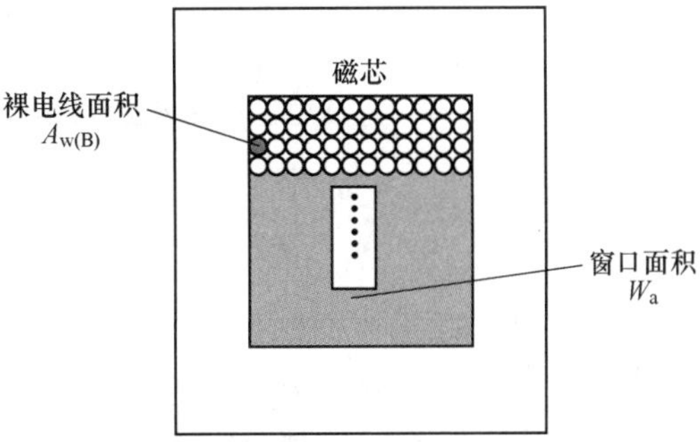

图 1-39 磁芯的窗口利用

窗口利用系数受 4 个主要因素的影响：

（1）导线的绝缘系数，S_1。

（2）层绕或乱绕的情况下，导线的填充系数，S_2。

（3）有效占空系数（当采用环形时，需要考虑穿过梭子的孔口），S_3。

（4）多层绕组或绕组间所需要的绝缘，S_4。

磁芯窗口的窗口利用系数 K_u 是绕组（铜）所占有的空间比例，它是根据 S_1、S_2、S_3

和 S_4 来计算的

$$K_u = S_1 S_2 S_3 S_4 \tag{1-59}$$

式中，S_1 为导体面积/导线面积；S_2 为绕线面积/可利用的窗口面积；S_3 为可利用的窗口面积/窗口面积；S_4 为可利用的窗口面积/（可利用的窗口面积+绝缘面积）。

其中，

$$导体面积(A_{w(B)}) = 铜面积$$
$$导线面积(A_w) = 铜面积 + 绝缘面积$$
$$绕线面积 = 匝数 \times 一匝的导线面积$$

可利用的窗口面积= 窗口面积 − 由所采用的绕制方法和技术所造成的空间面积绝缘面积
　　　　　　　　= 为包绕绝缘所用去的面积

1.5.2.1　导线的绝缘系数 S_1

导线的绝缘系数取决于导线的尺寸和涂敷的绝缘层。导线的绝缘系数定义为

$$S_1 = \frac{A_{w(B)}}{A_w} \tag{1-60}$$

式中，$A_{w(B)}$ 为裸导线的横截面积，如图 1-40 所示；A_w 为包括绝缘层在内的导线总的横截面积。

$A_{w(B)}$: 裸导线横截面积

绝缘层横截面积

图 1-40　含有绝缘层的漆包线的横截面

1.5.2.2　导线填充系数 S_2

S_2 是导线填充系数，即导线放入可利用窗口面积的情况。当大量匝数的绕组紧密地绕在平坦表面的时候，绕组的长度会超过根据实际匝数其导线直径而计算得到值的 10% ~ 15%，具体数值取决于导线的尺寸规格。如图 1-41 所示，导线的放置状况要受到导线应力、质量（如导线直径的恒定性）以及加工者技能（即绕制技术水平）的制约。

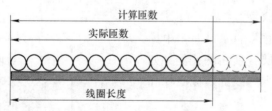

图 1-41　每单位长度能放置的匝数

有两种理想的绕制方法，方形绕制法和三角形绕制法。方形绕制如图 1-42 所示，三角形绕制如图 1-43 所示。方形绕制是最简单的绕制模式，线圈一匝挨一匝和一层接一层地绕制来完成，如图 1-42 所示。方形绕制模式理论上的填充系数

$$S_2 = \frac{\frac{1}{4}\pi d^2}{d^2} = \frac{\pi}{4} = 0.785 \tag{1-61}$$

因此，方形绕制模式理论上的填充系数是 0.785。

与方形绕制模式比较，采用图 1-43 中的三角形绕制模式可以获得比较高的填充系数。在这种绕制模式中，各个导线不是像方形绕制模式那样正好放在彼此的上方，而是把导线放在低一层的凹陷处。这种绕制模式导致了导线可能的最紧密地充填。

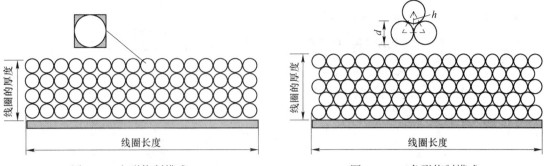

图 1-42　方形绕制模式　　　　　　　　图 1-43　三角形绕制模式

虚线围成的三角形是三角形绕制的基本组成单元的横截面。单元高度为

$$h = \frac{d}{2}\tan 60° \approx 0.866d \tag{1-62}$$

单元的横截面积为

$$S = \frac{1}{2}hd = 0.433d^2 \tag{1-63}$$

单元中，导线的横截面积为

$$A_w = \frac{\pi d^2}{8} \tag{1-64}$$

填充系数为

$$S_2 = \frac{A_w}{S} = 0.907 \tag{1-65}$$

三角形绕制模式将得到的理论上的填充系数是 0.907。

即使在没有几层绝缘的情况下，用手来绕制方形模型的填充系数达到 0.785 几乎也是不可能的。任何层绝缘的加入将更进一步减小填充系数。采用三角形模式，填充系数达到 0.907 也同样困难。用手绕三角形模式将导致如下情况：第一层几乎完全有序地进行，在第二层就会发生某些无序，第三和第四层实际上已无序了，绕制就完全错了。这种绕制方法对匝数少时较好，但是，如果匝数很多，就变成乱绕了。

1.5.2.3　有效占空系数 S_3

有效占空系数 S_3 意指在可得到的窗口空间中有多少是可以实际用来绕制绕组的。对设计者而言可得到的绕组面积取决于骨架或筒壳结构。利用骨架来设计层绕绕组将需要留出一定的空间即裕量。如图 1-44 所示，裕量的尺寸将随导线尺寸而变化，一般导线直径越小，裕量越小。

单骨架设计如图 1-45 所示，对叠片磁芯而言，S_3 为 0.835～0.929；对铁氧体磁芯而言，S_3 为 0.55～0.75。两骨架结构如图 1-46 所示，对 C 形磁芯而言，S_3 为 0.687～0.873。

在环形磁芯上绕制绕组，必须有一个使梭子自由来回通过的空间。如果把内径的一半用来使梭子来回通过，则将有 75% 的窗口面积留下用于放置绕组，即 $S_3 = 0.75$，如图 1-47 所示。

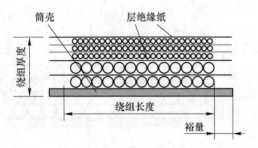

图1-44　带有裕量的层绕绕组

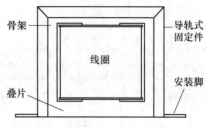

图1-45　具有单骨架的变压器结构

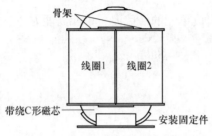

图1-46　具有双骨架的变压器结构

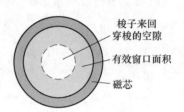

图1-47　环形磁芯

1.5.2.4　绕组绝缘系数 S_4

绝缘系数 S_4，意指在可利用的窗口空间中有多少是实际用于绝缘的。如果变压器带有大量绝缘的多二次绕组，由于绝缘要占据附加的空间，则 S_4 应对每一个附加的二次绕组都要减少5%~10%。

在图1-47中没有考虑绝缘系数 S_4，绝缘系数 S_4 为1。如果磁芯有较厚的绝缘包覆，则绝缘系数 S_4 对窗口利用系数 K_u 的影响很大，因为要快速在环形磁芯中叠垒绝缘，如图1-48所示。绝大多数情况下 S_4 的取值为1。

一般设计中，电感的窗口利用系数典型值为0.4，变压器窗口利用系数典型值为0.3，环形磁芯的窗口利用系数典型值为0.25。

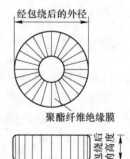

图1-48　绝缘包覆的
环形磁芯

1.5.3　绕组中的损耗

1.5.3.1　绕组的直流损耗

假设组成绕组的导线的总长度为 l，横截面积为 A，则绕组的直流电阻为

$$R_d = \frac{\rho_c l}{A} \qquad (1\text{-}66)$$

式中，ρ_c 为导线材料的电阻率。若裸导线的直径为 d，每匝平均长度为 l_w，匝数为 N，则式（1-66）可以表示为

$$R_{\mathrm{d}} = \frac{4\rho_{\mathrm{c}}Nl_{\mathrm{w}}}{\pi d^2} = Nl_{\mathrm{w}}R_{\mathrm{c}} \tag{1-67}$$

式中，$R_{\mathrm{c}} = \dfrac{4\rho_{\mathrm{c}}}{\pi d^2}$，表示单位长度的导线所具有的电阻值。

如果通过的电流为 I，则绕组的功率损耗为

$$P_{\mathrm{Cu}} = I^2 R_{\mathrm{d}} \tag{1-68}$$

1.5.3.2 绕组中的交流损耗

若导体处于交变磁场中，将要感生电动势，产生涡流，从而导致涡流损耗。绕组是由导体绕制而成的，因此，当它们处于交变磁场中时，由涡流引起的损耗是不可避免的。

如果导体所处的交变磁场是由导体中自身的交变电流引起的，此时产生涡流损耗的机理是趋肤效应；倘若作用于导体的交变磁场是由邻近的载流导体产生的，产生涡流损耗的机理是邻近效应。下面进一步介绍上述两种效应产生的过程及克服这些损耗的途径。

A 由趋肤效应引起的涡流损耗

在一根绝缘直导线中通过交流电流时，如果频率不很高，由交变电流引起的同心磁场在导线截面上的分布如图 1-49 所示。同心磁场在导体内感应出与磁化电流方向相反的电流，该电流称为涡流，涡流在导线截面上的分布如图 1-49 的中间部分所示。涡流的作用是使导体中心附近的磁化电流削弱，使沿导体表面流通的电流加强，这就使导体横截

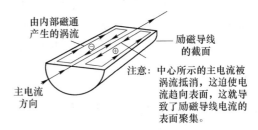

图 1-49 圆柱形导体内趋肤效应示意图

面上的电流呈不均匀分布，横截面中心的电流最小，表面附近的电流最大。如果外加交流电流的频率提高，则感应电动势增大，电流在截面上分布的不均匀性进一步加剧，以至于把导体中的电流驱赶到表面附近，局限在薄壁中流通，这种效应称为趋肤效应。由于趋肤效应的作用使得导体中实际电流流过的截面减小，从而导致导线在交流下的电阻大于在直流下的电阻。在设计当中，在高频下这个效应对电导率、磁导率和电感的影响情况要求进一步估算导线的尺寸。我们把电流密度下降为导体表面电流密度的 $1/e$（即 37%）处与导体表面的距离定义为趋肤深度

$$\varepsilon = \frac{6.62}{\sqrt{f}}K(\mathrm{cm}) \tag{1-69}$$

式中，ε 为趋肤深度；f 为频率，Hz；K 对于铜等于 1。

在高频运行下选择导线时，应选择导线使其交流（AC）电阻与直流（DC）电阻之间的关系是 1。利用这个方法，我们来选择运行在高频的最大导线直径为

$$D = 2\varepsilon \tag{1-70}$$

为了减弱高频时的趋肤效应，可以采用互相绝缘的多股细导线来代替单股导线，将它们互相搓捻，编织成多股导体绳，由于导体间互相绝缘的，因而将涡流限制在每根细导线中，从而削弱了趋肤效应的影响。

B　邻近效应引起的损耗

如前所述，邻近效应是由邻近导体的交变磁场在某一导体中引起的涡流效应，通常绕组是用若干平行排列的导体绕制而成，因此邻近效应也可以看成整个绕组的磁场对该导体引起的涡流效应。必须指出，位于磁场中的绕组或导体，不管它们本身是否原来载流，都将引起涡流效应，如果它们原来有电流通过，则由涡流引起的损耗将与导体本身的损耗相叠加，从而使总损耗增加。图 1-50 所示为圆柱形导体内临近效应示意图。

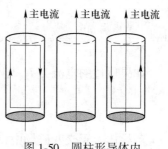

图 1-50　圆柱形导体内临近效应示意图

当载流导体受到邻近导体的横向磁场作用时，将导致电流密度分布不均匀，沿导体的一侧得到加强，另一侧则被削弱。当工作频率较高或导体内部的直径较大时，导体内部的感应强度因涡流作用而大大下降，与此相应的电流密度变得更大，加剧了电流密度分布的非线性。当出现这些现象时，趋肤效应使电流只能在接近导体表面的一个很薄的层内流过，如果相邻导体的横向磁感应强度是均匀的，则上述两种效应互相加强，使电流向导体的某一侧集中。因此，邻近效应与趋肤效应类似，相当于使导体中实际电流流过的截面变小，导致导线在交流下的电阻比直流时增大，并且频率越高影响越严重。

通过理论计算发现，减小导体的直径虽然可以有效地降低邻近效应，但是与此同时，导体的直流电阻将迅速增加。因此，克服邻近效应的有效措施是选用线径较细的多股线来代替单股线，同时在制作绕组时，每根导线按螺旋式路径与邻近导线绕在一起。为说明这种结构，图 1-51 表示了其中两根导线互相缠绕的情况。

图 1-51　在螺旋式路径中邻近效应抵消的示意图

由图 1-51 可知，当正弦变化的磁感应强度垂直穿过该组两根导线时，它们产生的感应电动势互相抵消，若多股线捻扭程度足够大，则可以使感应电动势基本上互相抵消。

习　题

1-1　磁路和电路分析的不同之处有哪些？

1-2　有一环形铸钢铁芯线圈，其内径为 8cm，外径为 10cm，磁路中含有一空气隙，其长度等于 0.15cm。设线圈中通有 2A 的电流，如要得到 0.9T 的磁感应强度，试求线圈匝数（当 $B=0.9T$ 时，磁场强度为 500A/m）。

1-3　有一线圈，其匝数 1000，绕在由铸钢制成的闭合铁芯上，铁芯的截面积为 20cm^2，平均长度为 50cm。要在铁芯中产生 0.002Wb 的磁通。试问线圈中应通入多大的直流电流？

1-4　减少磁芯的涡流损耗的方法有哪些？

1-5　在高频时，可以通过趋肤深度来确定导线的截面积，求当交流电频率为 1000kHz 时，导线中导体的横截面积是多少？

1-6　一个 EI 叠片磁芯的尺寸数据为 $D=1.270cm$，$E=1.270cm$，$F=0.794cm$，$G=2.065cm$。若缠绕的导线导体截面积为 0.023cm^2，窗口利用系数为 0.4，则该磁芯绕组最多能缠多少匝线圈？

2 电感器的设计及应用

2.1 概　　述

电感器（inductor）是能够把电能转化为磁能而存储起来的元件，是根据电磁感应原理制成的器件。实际上，凡是能够产生自感、互感作用的器件，均可称为电感器。

电感器是最简单的磁性器件，一般的电感器是用漆包线、纱包线或镀银铜线等在磁芯上缠绕一定的圈数而构成的，所以又称为电感线圈，在电路图中常用字母"L"表示。常见的电感器如图 2-1 所示。

图 2-1　常见的电感器

2.1.1　电感器的作用及原理

2.1.1.1　电感器的作用

电感器在电路中主要起到滤波、振荡、延迟、陷波等作用，还有筛选信号、过滤噪声、稳定电流及抑制电磁波干扰等作用。

电感在电路中最常见的作用就是与电容一起，组成 LC 滤波电路。电容具有"隔直流，通交流"的特性，而电感则有"通直流，阻交流"的功能。

"通直流"指电感器对直流呈通路状态，如果不计电感线圈的电阻，那么直流电可以"畅通无阻"地通过电感器，对直流而言，线圈本身电阻对直流的阻碍作用很小，所以在电路分析中往往忽略不计。

"阻交流"是指当交流电通过电感线圈时电感器对交流电存在着阻碍作用，阻碍交流电的是电感线圈的感抗。

如果把伴有许多干扰信号的直流电通过 *LC* 滤波电路，那么，交流干扰信号将被电感变成热能消耗掉。变得比较纯净的直流电流通过电感时，其中的交流干扰信号也被变成磁感和热能，频率较高的最容易被电感阻抗，这就可以抑制较高频率的干扰信号。

电感器具有阻止交流电通过而让直流电顺利通过的特性，频率越高，线圈阻抗越大。因此，电感器的主要功能是对交流信号进行隔离、滤波或与电容器、电阻器等组成谐振电路。

2.1.1.2　电感器的原理

电感是导线内通过交流电流时，在导线的内部周围产生交变磁通。当电感中通过直流电流时，其周围只呈现固定的磁力线，不随时间而变化，可是当在线圈中通过交流电流时，其周围将呈现出随时间而变化的磁力线。

根据法拉第电磁感应定律，变化的磁力线在线圈两端会产生感应电势，此感应电势相当于一个"新电源"。当形成闭合回路时，此感应电势就要产生感应电流。由楞次定律知道感应电流所产生的磁力线总量要力图阻止磁力线的变化的。

磁力线变化来源于外加交变电源的变化，故从客观效果看，电感线圈有阻止交流电路中电流变化的特性。电感线圈有与力学中的惯性相类似的特性，在电学上取名为"自感应"，通常在拉开闸刀开关或接通闸刀开关的瞬间，会发生火花，这就是自感现象产生很高的感应电势所造成的。

总之，当电感线圈接到交流电源上时，线圈内部的磁力线将随电流的交变而时刻在变化着，致使线圈产生电磁感应。这种因线圈本身电流的变化而产生的电动势，称为"自感电动势"。由此可见，电感量只是一个与线圈的圈数、大小形状和介质有关的一个参量，它是电感线圈惯性的量度而与外加电流无关。

2.1.2　电感器的性能参数

在许多选频电路以及通信设备中，电感器是一种基本元件，在电路中起着重要的作用。对于这种基本元件的质量、体积等指标，要求越来越高，对电感器的主要要求有以下几点：

（1）在一定温度下长期工作时，电感器的电感量随时间的变化率应保持最小；

（2）在给定的工作温度变化范围内，电感量的温度系数应保持在允许限度之内；

（3）电感器的电损耗和磁损耗都要很低；

（4）非线性畸变小；

（5）价格低、体积小。

下面介绍衡量电感器质量的具体指标，它们是设计电感器的重要依据。

2.1.2.1　电感量

电感量也称自感系数，是表示电感器产生自感应能力的一个物理量，用符号 *L* 表示。电感器电感量的大小，主要取决于线圈的匝数、绕制方式、有无磁芯及磁芯的材料等。通常，线圈圈数越多、绕制的线圈越密集，电感量就越大。有磁芯的线圈比无磁芯的线圈电感量大；磁芯导磁率越大的线圈，电感量也越大。电感量的基本单位是亨利（简称亨），用字母 H 表示。

电感的大小为单位电流所产生的磁链大小，即

$$L = \frac{N\Phi}{I} = \frac{N\mu_0\mu_e HA_e}{I} \qquad (2\text{-}1)$$

式中，μ_e 为磁芯的等效磁导率；A_e 为磁芯的等效截面。

根据安培环路定理，有 $Hl_e = NI$，代入上式可得

$$L = \mu_0\mu_e N^2 \frac{A_e}{l_e} \qquad (2\text{-}2)$$

式中，l_e 为磁芯的等效长度。

因此，如果对于一个确定的磁芯，要计算由此磁芯绕制一个明确电感量的电感器所需要的绕线匝数，需要首先根据磁芯实际尺寸大小计算出该磁芯的等效长度 l_e 以及等效截面 A_e，然后根据磁芯材料的磁导率以及磁芯开气隙的大小，计算出磁芯的有效磁导率，然后代入式（2-2）计算所需的匝数。可以看出，采取这种方式来计算电感的绕匝数还是比较麻烦的。如果对公式（2-2）进行适当变形，得到

$$L = \mu_0\mu_e \frac{A_e}{l_e} N^2 = A_L N^2 \qquad (2\text{-}3)$$

式中，A_L 叫作电感因子。

$$A_L = \mu_0\mu_e \frac{A_e}{l_e} \qquad (2\text{-}4)$$

每种磁芯电感都有唯一的 A_L，某些磁芯（特别是形状复杂的磁芯）不能解析计算电感因子，磁芯制造商在产品数据表中会提供 A_L 的值。

通过式（2-3）就可以看出 A_L 的物理意义。对应一个确定的磁芯，每平方匝数所具有的电感量即为电感因子。电感因子的概念相当于屏蔽了磁芯等效长度、等效截面以及有效磁导率的特征，将其共同影响统一用一个参数来进行衡量，因此用电感因子来进行电感器的计算就更为简单了，而且电感因子的测试非常方便，根据其物理意义，对于一个给定的磁芯，原则上只需要在上面绕一匝线圈，在 LCR 电桥上测出其电感值，该电感值即为其电感因子。但是当只绕一匝线圈时漏磁通所占的比例较大，会影响测试的准确性，因此工程上测试电感因子时，一般都是采用绕 10 匝线，再用测出的电感值除以 100 可得到电感因子。在测算出磁芯的电感因子以后，再进行电感器的设计就非常方便了。

电感因子 A_L 可以用 H/匝、mH/1000 匝和 μH/100 匝表示。如果用 H/匝表示，则绕组匝数的表达式为

$$N = \sqrt{\frac{L(\mathrm{H})}{A_L}} \qquad (2\text{-}5)$$

如果用 mH/1000 匝（$A_{L(1000)}$）表示，电感的表达式为

$$L = \frac{A_{L(1000)} N^2}{1000^2} (\mathrm{mH}) \qquad (2\text{-}6)$$

同时线圈的匝数为

$$N = 1000 \sqrt{\frac{L(\mathrm{mH})}{A_{L(1000)}}} \qquad (2\text{-}7)$$

如果电感因子用 μH/100 匝（$A_{L(100)}$）表示，在这种情况下，电感的表达式为

$$L = \frac{A_{L(100)} N^2}{100^2}(\mu H) \tag{2-8}$$

线圈的匝数为

$$N = 100 \sqrt{\frac{L(mH)}{A_{L(1000)}}} \tag{2-9}$$

2.1.2.2　感抗

电感对交流电流有阻碍作用，电感对交流电流阻碍作用的大小称为感抗，符号是 XL，单位是欧姆。它与电感量 L 和交流电频率 f 的关系为

$$XL = 2\pi fL \tag{2-10}$$

电感量越大，电感对交流电的阻碍作用越大；频率高，电感的阻碍作用也越大。

2.1.2.3　品质因数

品质因数是表示线圈质量的一个物理量，符号是 Q。品质因数为感抗 XL 与其等效的电阻的比值，即

$$Q = XL/R \tag{2-11}$$

线圈的 Q 值愈高，回路的损耗愈小。线圈的 Q 值与导线的直流电阻、骨架的介质损耗、屏蔽罩或磁芯引起的损耗、高频趋肤效应的影响等因素有关。线圈的 Q 值通常为几十到几百。采用磁芯线圈，多股粗线圈均可提高线圈的 Q 值。

2.1.2.4　分布电容

线圈的匝与匝间、线圈与屏蔽罩间、线圈与底版间存在的电容被称为分布电容。分布电容的存在使线圈的 Q 值减小，稳定性变差，因而线圈的分布电容越小越好。采用分段绕法可减少分布电容。

2.1.2.5　允许偏差

电感量的实际值与标称值之差除以标称值所得的百分数称为允许偏差。一般用于振荡或滤波等电路中的电感器允许偏差为±0.2%～±0.5%；用于耦合、高频阻流等线圈的允许偏差为±10%～±15%。

2.1.2.6　额定电流

电感器长期工作不损坏所允许通过的最大电流是额定电流，也叫标称电流。通常分别用字母 A、B、C、D、E 表示，对应的标称电流值分别为 50mA、150mA、300mA、700mA、1600mA。

2.1.3　电感器的组成

电感器一般由骨架、绕组、磁芯、屏蔽罩、封装材料等组成。除线圈绕组外其余部分根据使用场合各不相同，如图 2-2 所示。

2.1.3.1　骨架

骨架泛指绕制线圈的支架。骨架和磁芯配套使用，根据磁芯形状不同，骨架也是多种多样的，如图 2-3 所示。

一些体积较大的固定式电感器或可调式电感器（如振荡线圈、阻流圈等），大多数是

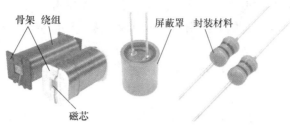

图 2-2　电感器的组成

图 2-3　各种各样的骨架

将漆包线（或纱包线）环绕在骨架上，再将磁芯、铁芯等装入骨架的内腔，以提高其电感量。骨架通常采用塑料、胶木、陶瓷制成，根据实际需要可以制成不同的形状。小型电感器（如色码电感）一般不使用骨架，而是直接将漆包线绕在磁芯上。空芯电感器（也称脱胎线圈或空心线圈，多用于高频电路中）不用磁芯、骨架和屏蔽罩等，而是先在模具上绕好后再脱去模具，并将线圈各圈之间拉开一定距离。

2.1.3.2　绕组

绕组是指具有规定功能的一组线圈，它是电感器的基本组成部分。绕组有单层和多层之分。

A　单层缠绕法

单层缠绕法就是将电感线圈的线匝以单层的方式缠绕在绝缘管道的外表面上，单层缠绕的方法又分为间接缠绕和紧密缠绕，间接缠绕一般用于一些高频谐振的电路中，因为这种方式的缠绕方法可以将高频谐振线圈的电容减少，同时还能使其一些特性稳定。紧密缠绕方式适用于一些谐振线圈范围比较小的线圈。

单层电感线圈在现今的电路应用使用得较多的一种，通常它的电感量一般只有几个或几十个微亨。这种线圈的 Q 值一般都比较高，大多都是用于高频电路中。在很多电路中我们都能看到它的使用，虽然它的电感量不大，但 Q 值却比较高，是高频电路的最佳选择。在单层电感线圈的设计中，它的线路缠绕的方式通常采用密绕法、间绕法和脱胎绕法三种。而这三种绕法也适用于不同的电路电器当中。

密绕法其实就是将导线挨着，密集地缠绕在骨架上，这种线圈电感通常都是在天线方面使用，比如收音机、半导体收录机的天线线圈等。

间绕法的缠绕方式大体跟密绕法差不多，只不过它的线圈之间有间隙，而不是像密绕那样紧挨着。这种电感分布电容小,高频性能很高,很适合作为短波的天线来使用。

脱胎绕法的线圈其实就是空心线圈,也可以说是密绕法的变形,即将密绕法的骨架抽出,再根据所需要的指标来适当的调节每个线圈之间的空隙,或者直接改变线圈的形状。它一般是在高频电路中作为谐振电路来使用。

B　多层缠绕法

单层线圈只能应用在电感量小的场合,因此当电感量大于 $300\mu H$ 时,就应采用多层线圈。多层线圈除了匝和匝之间的分布电容外,层与层之间也有分布电容,因此多层线圈存在着分布电容大的缺点。同时层与层之间的电压相差较多,当线圈两端有高电压时,容易造成匝间绝缘击穿。为了防止这种现象的发生,常将线圈分段绕制。

多层绕法又可分为多层密绕和蜂房式绕法两种。如果所绕制的线圈,其平面不与旋转面平行,而是相交成一定的角度,这种线圈称为蜂房式线圈。而其旋转一周,导线来回弯折的次数,常称为折点数。蜂房式绕法的优点是体积小,分布电容小,而且电感量大。一般的高频扼流圈,由于要求有较大的电感量和较小的体积,而对电感量的精度、 Q 值及稳定性要求不高,大多都采用多层密绕。

对于在高压、大功率下运行的谐振电路用的电感线圈,绕制电感线圈时,必须考虑线匝能承受的电流值和线间的耐压,同时还得注意线圈的发热问题,考虑是否采用高温线材或特种线材绕制。

C　电感线圈绕法注意事项

(1) 根据电路需求,选定绕制方法。在绕制空心电感线圈时,要根据电路的请求、电感量以及线圈骨架直径,断定绕制方法。间绕式线圈适合在高频和超高频电路中运用,在圈数少于 3 圈到 5 圈时,可不必使用骨架,就能具有较好的特性, Q 值较高,可达 $150\sim400$,稳定性也很高。单层密绕式线圈适用于短波、中波回路中,其 Q 值可达到 $150\sim250$,并具有较高的稳定性。

(2) 确保线圈载流量和机械强度,选用恰当的导线。线圈不宜用过细的导线绕制,避免添加线圈电阻,使 Q 值降低。导线过细,其载流量和机械强度都较小,容易烧断或碰断线。所以,在确保线圈的载流量和机械强度的前提下,要选用恰当的导线绕制。

(3) 绕制线圈抽头应有显著象征。带有抽头的线圈应有显著的象征,这样对于装置与修理都很方便。

(4) 不一样频率特色的线圈,选用不一样的磁芯材料。工作频率不一样的线圈,有不一样的特色。在音频段作业的电感线圈,通常选用硅钢片或坡莫合金为磁芯材料。低频用铁氧体作为磁芯资料,其电感量较大,可高达几亨到几十亨。在几十万赫到几兆赫之间,如中波广播段的线圈,通常选用铁氧体芯,并用多股绝缘线绕制。频率高于几兆赫时,线圈选用高频铁氧体作为磁芯,也常用空心线圈。此状况不宜用多股绝缘线,而宜选用单股粗镀银线绕制。在 100MHz 以上时,通常已不能用铁氧体芯,只能用空心线圈;如要作微调,可用钢芯。使用于高频电路的阻流圈,除了电感量和额定电流应满意电路的请求外,还必须留意其分布电容不宜过大。

2.1.3.3　磁芯

常用的电感磁芯有 (纯) 铁粉芯 (Iron Powder)、高磁通磁粉芯 (Hi-Flux)、铁硅铝磁粉芯（Super-MSS）、铁镍钼磁粉芯（MPP）和铁氧体磁芯（Ferrite）等。它有环形、E形、罐形等多种形状。电感器常用磁芯材料的成分、形状、使用温度、磁导率、磁芯损耗等如表 2-1 所示。

表 2-1 电感器常用磁芯材料比较

项　　目	Iron Powder (纯) 铁粉芯	Hi-Flux 高磁通磁粉芯	Super-MSS 铁硅铝磁粉芯	MPP 铁镍钼磁粉芯	Ferrite 铁氧体磁芯
磁芯材料基本成分组成	碳基铁 树脂碳基铁	50%镍和 50%铁合金粉	85%铁、9%硅和 6%铝合金粉	81%镍、17%铁、2%钼合金粉	锰锌、镍锌铁氧体
气隙形式	分布磁芯内部	分布磁芯内部	分布磁芯内部	分布磁芯内部	离散，单独的气隙开口
气隙自身构成	有机和 无机黏合剂	无机黏合剂	无机黏合剂	无机黏合剂	空气
磁导率	3~100	14~160	26~125	14~350	由气隙开口尺寸决定
磁导率降低到 50%时的直流偏磁场数值/A·m^{-1}	5600	9500	7200	8000	5600
典型磁导率变化百分比交流 AC 磁场（0~0.4T）	+260%	7%	−20%	−6%	—
典型磁芯损耗值 /mW·cm^{-3} （100kHz，0.05T）	800	260	200	120	230
居里温度/℃	750℃	500℃	600℃	400℃	200℃
最大工作温度/℃	75~130℃		130~200℃		130~200℃
磁芯形状	环形或 EX 形等		环形		环形，E 形，罐形等
价格水平	低	高	中等	高	中等

A　铁粉芯

在粉芯中价格最低。饱和磁感应强度值在 1.4T 左右；初始磁导率 μ_i 随频率的变化稳定性好；直流电流叠加性能好；但高频下损耗高。

B　高磁通磁粉芯

在粉末磁芯中具有最高的磁感应强度，最高的直流偏压能力；磁芯体积小。主要应用于线路滤波器、交流电感、输出电感、功率因素校正电路等，在 DC 电路中常用，高 DC 偏压、高直流电和低交流电上用得多。价格低于 MPP。

C　铁硅铝磁粉芯

可在 8kHz 以上频率下使用；在不同的频率下工作时无噪声产生。主要应用于交流电感、输出电感、线路滤波器、功率因素校正电路等。有时也替代有气隙铁氧体作变压器磁芯使用。

D　铁镍钼磁粉芯

在粉末磁芯中具有最低的损耗；温度稳定性极佳，广泛用于太空设备、露天设备等；

在不同的频率下工作时无噪声产生。主要应用于 300kHz 以下的高品质因数 Q 滤波器、感应负载线圈、谐振电路、在对温度稳定性要求高的 LC 电路上常用、输出电感、功率因素补偿电路等，在 AC 电路中常用。

E　铁氧体磁芯

Mn-Zn 铁氧体的产量和用量最大，Mn-Zn 铁氧体的电阻率低，为 $1 \sim 10\Omega/m$，一般在 100kHz 以下的频率使用。Cu-Zn、Ni-Zn 铁氧体的电阻率为 $10^2 \sim 10^4 \Omega/m$，在 100kHz ~ 10MHz 的无线电频段的损耗小，多用在无线电用天线线圈、无线电中频变压器。宽带铁氧体广泛应用于共模滤波器、饱和电感、电流互感器、漏电保护器、绝缘变压器、信号及脉冲变压器，在宽带变压器和 EMI 上多用。功率铁氧体广泛应用于功率扼流圈、并列式滤波器、开关电源变压器、开关电源电感、功率因数校正电路。

2.1.3.4　屏蔽罩

为避免有些电感器在工作时产生的磁场影响其他电路及元器件正常工作，就为其增加了金属屏蔽（如半导体收音机的振荡线圆），采用屏蔽罩的电感器会增加线圈的损耗，使 Q 值降低。

2.1.3.5　封装材料

有些电感器（如色环电感器）绕制好后，会用封装材料将线圈和磁芯等密封起来。封装材料通常采用塑料或环氧树脂等。

2.1.4　常见电感器的类型及应用

电感器按工作特征可分为固定电感器和可变电感器两类；按磁导体性质可分为空芯电感器和磁芯电感器；按结构特征可分为单层、多层、蜂房式或特殊绕组式的电感器；按有无骨架可分为有骨架和无骨架电感器；按封装可分为密封式和非密封式等。下面简单介绍一下几类常见的电感器。

2.1.4.1　色环电感

色环电感是指在电感器表面涂上不同的色环来代表电感量（与电阻器类似）的电感，也叫色码电感。如图 2-4 所示，色环电感通常用四色环表示，紧靠电感体一端的色环为第一环，露着电感体本色较多的另一端为末环。其第一色环是十位数，第二色环为个位数，第三色环为应乘的倍数（单位为 mH），第四色环为误差率，各种颜色所代表的数值如表 2-2 所示。例如，色环颜色分别为棕、黑、金，金的电感器的电感量为 0.1mH，误差为 5%。

图 2-4　色环电感

表 2-2　色环电感各环颜色所代表的数值

颜色	标称电感量/mH			电感量偏差
	第一色环 第一数字	第二色环 第二数字	第三色环 第三数字	第四色环
黑	0	0	×1	M：±20%

颜色	标称电感量/mH			电感量偏差
	第一色环 第一数字	第二色环 第二数字	第三色环 第三数字	第四色环
棕	1	1	×10	
红	2	2	×100	
橙	3	3	×1000	
黄	4	4	×10000	
绿	5	5	×100000	
蓝	6	6		
紫	7	7		
灰	8	8		
白	9	9		
金	—	—	$×10^{-1}$（0.1）	J：±5%
银	—	—	$×10^{-2}$（0.01）	K：±10%

色环电感具有以下特点：（1）电感结构坚固，成本低廉，适合自动化生产；（2）高 Q 值及自共振频率；（3）外层用环氧树脂处理，可靠度高；（4）电感范围大，可自动插件。

色环电感的工作频率为 100kHz～50MHz，输出功率为 0.05～3W，一般用于电路的匹配和信号质量的控制上，也是一种蓄能元件，用在 LC 振荡电路，中低频的滤波电路等。色环电感属于固定电感量的小电感，主要在手机、音响、收音机、电话机、数字机顶盒、蓝牙耳机、液晶电视、汽车电子、工业控制等领域，应用非常广泛。

2.1.4.2　差模电感和共模电感

差模电感又称为扼流圈、阻流线圈，是用来限制交流电通过的线圈，分高频阻流圈和低频阻流圈。利用线圈电抗与频率成正比的关系，可扼制高频交流电流，让低频和直流通过。根据频率高低，采用空气芯、铁氧体芯、硅钢片芯等。用于整流时称"滤波扼流圈"；用于扼制声频电流时称"声频扼流圈"；用于扼制高频电流时称"高频扼流圈"。差模电感有结构性佳、体积小、高 Q 值、低成本等特点，适用于笔记型电脑、喷墨印表机、影印机、显示监视器、手机、宽频数据机、游戏机、彩色电视、录放影机、摄影机、微波炉、照明设备和汽车电子产品等。

共模电感也叫"共模扼流圈"，是在一个闭合磁环上对称绕制方向相反、匝数相同的线圈。信号电流或电源电流在两个绕组中流过时方向相反，产生的磁通量相互抵消，扼流圈呈现低阻抗。共模噪声电流（包括地环路引起的骚扰电流，也称作纵向电流）流经两个绕组时方向相同，产生的磁通量同向相加，扼流圈呈现高阻抗，从而起到抑制共模噪声的作用。共模电感实质上是一个双向滤波器：一方面要滤除信号线上共模电磁干扰，另一方面又要抑制本身不向外发出电磁干扰，避免影响同一电磁环境下其他电子设备的正常工作。共模扼流圈可以传输差模信号，直流和频率很低的差模信号都可以通过。而对于高频共模噪声则呈现很大的阻抗，发挥了一个阻抗器的作用，所以它可以用来抑制共模电流骚扰。

共模电感和差模电感都是抗电磁干扰有效的元器件之一，广泛应用于各种滤波器、开关电源等产品，但是共模电感是用来抑制共模干扰，而差模电感是用来抑制差模干扰，两种都是比较重要的滤波电感。虽然两种电感都是滤波电感，但是作用不一样也就决定了外观以及绕线方式会有所不一样。对于共模电感，它是绕在同一磁芯上，并且两个绕组的线圈直径和圈数一样，但是绕向方向相反，一组线圈有两个引脚，因此共模电感会有 4 个引脚；而差模电感则是绕在一个磁芯上并且只有一个线圈，因此它只有 2 个引脚。因此可从引脚数量来区分共模电感和差模电感，如图 2-5 所示。

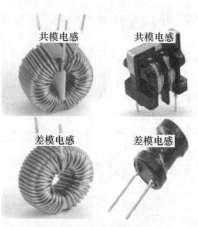

图 2-5　差模电感和共模电感

2.1.4.3　贴片电感

贴片电感又称为功率电感、大电流电感、表面贴装高功率电感。具有小型化、高品质、高能量储存、低电阻和适用于表面自动贴装的特点。主要应用在电脑显示板卡，笔记本电脑，脉冲记忆程序设计等。贴片电感如图 2-6 所示。

图 2-6　贴片电感

2.1.4.4　多层片状电感

多层片状电感的制作工艺：将铁氧体或陶瓷浆料干燥成型，交替印刷导电浆料，最后叠层、烧结成一体化结构。多层片状电感结构如图 2-7 所示。

多层片状电感比绕线电感尺寸小，标准化封装，适合自动化高密度贴装；一体化结构，可靠性高，耐热性好。

2.1.4.5　薄膜电感

随着电子系统向高集成度、低能耗方

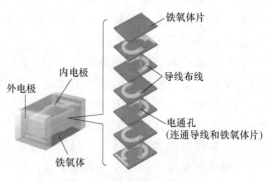

图 2-7　多层片状电感结构

向发展，势必要求在更小的基片上集成更多的元器件。这除了要求发展高密度微电子集成技术外，从器件本身出发，研制小型化、薄膜化的器件，以减小系统的整体体积、重量，无疑成为一个可行的途径。而作为最重要的磁性元器件之一的电感，它不仅在滤波电路、扼流圈、天线中必不可少，也是构成变压器的基本组成单元，其片式化、薄膜化将带动磁性元件向小型化发展。传统的线圈型电感器件在集成电路中占有很大的体积和重量，不利于电路的集成和小型化，因此发展与集成电路半导体工艺兼容的平面薄膜电感成为可行的方法之一，但是薄膜电感的单位面积上电感值较小，为达到应用要求，使得平面电感占用的面积大，同样不利于电路的小型化，此外其制备工艺复杂，成本也高。因此，研究具有高单位面积电感值、高品质因数的薄膜电感成为当下迫切需要。

近来，汽车越来越有可能具有进行信息通信和自动驾驶的电子控制单元，这也使得用于单元中的电源电路的电感器数量增加。电感器向高功率小型化发展以满足客户对汽车电子设备中使用的功率电感器的需求。TDK 开发出了在汽车电子设备中使用的新型功率薄膜电感器 BCL322515RT，用于插入汽车电子控制电路的电力线中，如图 2-8 所示。该产品于 2020 年 10 月开始量产。该电感器以 3.2mm× 2.5mm×1.5mm 的小尺寸实现了 47μH 的高电感，

图 2-8　TDK 开发的薄膜
电感器 BCL322515RT

饱和电流为 0.72A。此外，该电感器使用金属磁性材料作为核心材料，与使用具有相似属性的传统铁氧体材料的产品相比，尺寸缩小了约 35%。额定电压为 40V，可在主电源电路中使用，由车载 12V 电池直接输入。工作温度范围为−55～+155℃（包括自身温度上升），支持恶劣的温度环境。此外，绕组电线与外部电极之间的连接结构设计降低了开路风险，保证了高可靠性。

薄膜电感采用的是类似于 IC 制作的工艺，在基底上镀一层导体膜，然后采用光刻工艺形成线圈，最后增加介质层、绝缘层、电极层，封装成型。薄膜器件的制作工艺，如图 2-9所示。薄膜电感具有更小的尺寸，更小的容差和更好的频率稳定性。

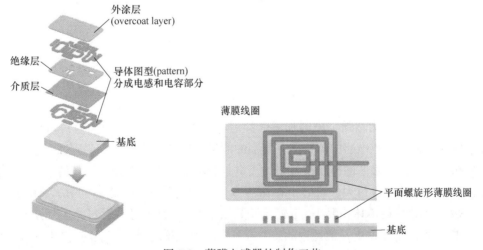

外涂层
(overcoat layer)

绝缘层

介质层

导体图型(pattern)
分成电感和电容部分

基底

薄膜线圈

平面螺旋形薄膜线圈

基底

图 2-9　薄膜电感器的制作工艺

2.2　电感中的气隙和边缘磁通

2.2.1　气隙对电感的影响

由第 1 章可知，由于在磁芯中加了气隙，使磁路的总磁阻增加，等效磁导率和电感值减小。在实际的电感磁芯中加气隙主要有 3 个作用：

(1) 电感值稳定。如果没有气隙，电感 $L = \mu_0 \mu_{\mathrm{m}} \dfrac{A_e}{l_e} N^2$，电感值与磁芯的磁导率成正比，其大小将受温度和绕组电流的影响，很难做成一个电感值稳定的电感元件。如果在磁芯中加点气隙，由于气隙磁阻远大于磁芯磁阻，则由线圈电流的变化而引起磁芯磁导率的变化将不会对电感值产生较大的影响。

(2) 提高饱和电流。增加一个气隙 δ 需要在线圈中加更大的电流才能使磁芯饱和。磁通 $\Phi = BA_{\mathrm{c}}$ 与磁势 $F = Ni$ 的关系曲线如图 2-10 所示，因为 Φ 正比于 B，且当磁芯不饱和时，磁势 F 正比磁场强度 H，所以图中的磁化特性曲线的斜率变小。当磁芯不饱和时，Φ 与 F 的关系为 $F = Ni = \Phi(R_{\mathrm{mc}} + R_{\mathrm{m\delta}})$，当磁芯饱和时，相当于磁芯的磁导率为 μ_0，并有

$$\Phi_{\mathrm{s}} = B_{\mathrm{s}} A_{\mathrm{c}} \tag{2-12}$$

则磁芯饱和点的电流为

$$I_{\mathrm{s}} = \frac{B_{\mathrm{s}} A_{\mathrm{c}}}{N}(R_{\mathrm{mc}} + R_{\mathrm{m\delta}}) \tag{2-13}$$

图 2-10 中的 $\Phi\text{-}F$ 特性曲线是根据磁芯中有无气隙画出，从图中可以看出，磁芯加了气隙后，使电感的饱和电流增加了，其代价是磁导率下降，电感值减小。

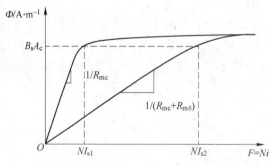

图 2-10　磁芯中气隙对特性的影响

(3) 电感储能能力增强。磁芯加了气隙后，气隙中储存更多的能量，当然设计电感满足电路要求外，直流电感中需要储存更多的能量。如果不开气隙，要流过电流大，必须加长磁路，从而使得磁芯的体积质量增加。空心线圈要获得与有磁芯相同的电感，则需要线圈匝数很多，体积也很大。磁芯中存储的能量与磁芯体积 V，磁芯的 BH 乘积成正比，即与 VBH 成正比。磁芯体积要小，BH 乘积要大。因此，高磁导率材料，B 大 H 小，而空心线圈则 H 大 B 小，选用 μ 值适中的磁芯或开气隙降低磁芯磁导率。

2.2.2 边缘磁通对电感的影响

在电感器中，设计一个嵌入磁路的小气隙 l_g，将获得减小和稳定的等效磁导率 μ_e

$$\mu_e = \frac{\mu_m}{1 + \mu_m \dfrac{l_g}{l_c}} \tag{2-14}$$

这就能够较严格地抑制磁导率随温度和励磁电压变化而变化。电感器的设计一般要求较大的空气隙 l_g 以便控制直流（DC）磁通。通电电流为 I，缠绕 N 匝线圈的磁芯产生的磁通密度为

$$B = \frac{\mu_0 \mu_e N I}{l_c} \tag{2-15}$$

式中，l_c 为磁路长度，真空磁导率 $\mu_0 = 4\pi \times 10^{-7} \mathrm{H/m}$，物理量均采取国际单位制。磁芯尺寸参数的常用单位为 cm，如果式（2-15）中 l_c 的单位为 cm，并把 μ_0 的值代入，则

$$B = \mu_e \frac{0.4\pi N I \times 10^{-4}}{l_c} \tag{2-16}$$

当没有开气隙，或者气隙尺寸远小于磁路长度，即 $l_g \ll l_c$ 时，等效磁导率 μ_e 等于磁芯材料的磁导率 μ_m。

将式（2-14）代入式（2-16）中，可得

$$B = \frac{0.4\pi N I \times 10^{-4}}{l_g + \dfrac{l_c}{\mu_m}} \tag{2-17}$$

式中，l_c 和 l_g 的单位均为 cm，本章以下公式中磁芯的尺寸单位均为 cm。

无论何时把空气隙嵌入磁路中，在气隙处总会产生边缘磁通。它的最终影响效果是缩短了空气隙。边缘磁通使磁路的总磁阻减小，因此，使其电感比计算值增加一个边缘磁通系数 F。

边缘磁通系数 F 对电感器设计的基本公式有影响。当工程师开始设计时，必须确定不会产生磁饱和的 B_{DC} 和 B_{AC} 的最大值。已被选择的磁性材料将限定这个饱和磁通密度。最大磁通密度的基本公式是

$$B_{max} = \frac{0.4\pi N\left(I_{DC} + \dfrac{\Delta I}{2}\right) \times 10^{-4}}{l_g + \dfrac{l_c}{\mu_m}} \tag{2-18}$$

载有直流（DC）磁场且有空气隙的磁芯电感器电感为

$$L = \frac{0.4\pi N^2 A_c \times 10^{-8}}{l_g + \dfrac{l_c}{\mu_m}} \tag{2-19}$$

电感量取决于磁路的等效长度，它是空气隙长度和磁芯平均长度与材料磁导率比值（l_c/μ_m）的和。

空气隙尺寸的最后确定需要考虑边缘磁通的影响，这个影响是气隙的尺寸、磁极表面

的形状和线圈的形状、尺寸和位置的函数。线圈长度即磁芯的绕组长度对边缘磁通有很大的影响。边缘磁通系数为

$$F = 1 + \frac{l_g}{\sqrt{A_c}} \ln \frac{2G}{l_g} \tag{2-20}$$

式中，G 为绕组的长度。C 形和 E 形磁芯的绕组长度即 G 尺寸，如图 2-11 所示。

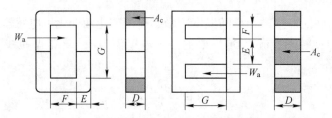

图 2-11　C 形和 E 形磁芯的尺寸

边缘磁通减小了磁路的总磁阻。因此其电感值以一个系数 F 增加到比计算的值要大，在用式（2-19）计算电感以后，应该把边缘磁通系数引入式（2-19）中。这样式（2-19）可改写如下

$$L = F \frac{0.4\pi N^2 A_c \times 10^{-8}}{l_g + \dfrac{l_c}{\mu_m}} \tag{2-21}$$

现在，我们可以把边缘磁通系数引入式（2-18），这样可以事先检查磁芯是否饱和。

$$B_{max} = F \frac{0.4\pi N\left(I_{DC} + \dfrac{\Delta I}{2}\right) \times 10^{-4}}{l_g + \dfrac{l_c}{\mu_m}} \tag{2-22}$$

把式（2-21）改写以求解磁芯不会发生过早饱和时，所需要的线圈匝数

$$N = \sqrt{\frac{L\left(l_g + \dfrac{l_c}{\mu_m}\right)}{0.4\pi A_c F \times 10^{-8}}} \tag{2-23}$$

当磁芯的磁导率很大时，$l_g \gg (l_c/\mu_m)$ 时，式（2-23）简化为

$$N = \sqrt{\frac{L l_g}{0.4\pi A_c F \times 10^{-8}}} \tag{2-24}$$

2.2.3　气隙损耗

随着气隙的增加，跨过气隙的磁通散开程度越来越大，某些边缘磁通穿出与穿入磁芯时与磁材料带垂直且产生涡流，在磁芯引起附加损耗。如果气隙的尺寸太大，边缘磁通会穿过铜绕组并产生涡流，产生热，恰似一个感应加热器。边缘磁通将"跳过"气隙，在磁芯和绕组中同时产生涡流，如图 2-12 所示。

这个涡流引起了附加的损耗，这个附加的损耗就称为气隙损耗 P_g。边缘磁通的分布

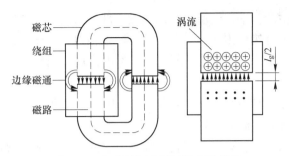

图 2-12　电感器气隙周围的边缘磁通

还受磁芯的几何形状与尺寸、线圈与磁芯的接近程度和是否有绕在两个芯柱的匝数情况的影响。气隙损耗的精确预测依赖于边缘磁通的大小

$$P_g = K_i E l_g f B_{AC}^2 \tag{2-25}$$

式中，f 为交流频率；E 为磁芯的带或舌的宽度，参照图 2-11；K_i 为气隙损失系数，与磁芯结构有关，如表 2-3 所示。

表 2-3　气隙损失系数

结构	K_i	结构	K_i
双线圈 C 形磁芯	0.0388	叠片形	0.1550
单线圈 C 形磁芯	0.0775		

2.3　电感器的温升

磁元件的电气绝缘是保证正常工作的根本，温升是影响绝缘的重要因素，只有经过严格测试并符合要求的磁元件才能使用。磁元件中产生热量的来源有磁芯和线圈，磁元件的热量是通过传导和辐射散发到空气中的，如图 2-13 所示是磁元件的热阻示意图，图 2-13（a）是磁元件的热流示意图，热源主要有线圈和磁芯，热阻包括了磁芯热阻、线圈热阻、磁芯和线圈之间的热阻、磁芯表面到空气的热阻、线圈的灌注层热阻及灌注层到空气的热阻，其磁元件等效热阻图如图 2-13（b）所示。

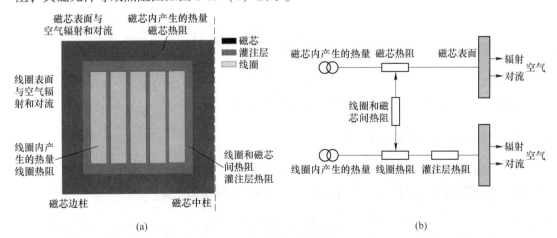

(a)　　　　　　　　　　　　　　　　　　(b)

图 2-13　磁元件的热阻

（a）磁元件的热流示意图；（b）等效热阻图

　　磁元件工作过程中的功率损耗所产生的热量一部分为磁芯及绕组所吸收，使磁芯及绕组的温度升高；另一部分热量则通过磁元件的表面以辐射、对流及传导等方式散发到周围介质中，最终达到热平衡。热平衡时，磁芯及绕组的温度超出环境温度的量，称为磁芯及绕组的温升。

　　达到热平衡时，磁元件的温度不再增加，产生稳定温升 T_r，为保证磁性元件寿命，稳定温升应当小于最大允许温升。

　　温升不可能完全精确地预计，尽管在文献中对它的计算叙述了很多方法。对于开放的磁芯和绕组结构的温升，一个比较合理的方法是把磁芯损耗和绕组损耗看成是磁元件的总损耗，损耗以热能形式释放出去，并假定热能被均匀地消耗在全部磁芯和绕组装配件的表面。即总损耗为

$$P_\Sigma = P_{Fe} + P_{Cu} \tag{2-26}$$

式中，P_Σ 为总损耗；P_{Fe} 为磁芯损耗，铁损；P_{Cu} 为绕组损耗，铜损。如果是交流电感器，总损耗还应加上气隙损耗，即 $P_\Sigma = P_{Fe} + P_{Cu} + P_g$。

　　磁芯损耗是固定的损耗，铜损是可变损耗，它与负载的电流需要量有关。铜损按电流的平方增加，也称为平方损失。铜损 P_{Cu} 除以输出功率 P_o 是变压器、电感器的调整率 α，即

$$\alpha = \frac{P_{Cu}}{P_o} \times 100\% \tag{2-27}$$

　　假定热能被均匀地消耗在全部磁芯和绕组装配件的表面上，那么单位面积所耗散的平均功率为

$$\psi = \frac{P_\Sigma}{A_t} \tag{2-28}$$

式中，ψ 为单位面积耗散的平均功率，也叫功率密度；P_Σ 是总的功率损耗，即被耗散的总功率；A_t 为表面积，单位是 cm^2，由生产磁芯的制造商提供。

　　那么以℃为单位的温升 T_r 公式为

$$T_r = 450\,\psi^{0.826} \tag{2-29}$$

2.4　直流电感器的设计

　　载有直流的电感器常常用于各种各样的地面、航空和航天应用场合。例如用于正弦波整流的直流 LC 滤波电感，Buck(降压) 型变换器电感等。

2.4.1　直流电感器的能量处理能力

　　电感是能量存储元件，储存能量的能力叫作电感器的能量处理能力，符号为 W，单位是 J。电感器的能量处理能力由电感量的大小和通过线圈的电流决定。

$$W = \frac{1}{2}LI^2 \tag{2-30}$$

电感器的能量处理能力与磁芯的面积积 A_p 有关，关系式为

$$A_p = \frac{2W \times 10^4}{B_m J K_u} \tag{2-31}$$

式中，W 为电感器的能量处理能力，J；B_m 为磁通密度，T；J 为电流密度，A/cm^2；K_u 为窗口利用系数；A_p 是磁芯的面积积，cm^4。

由上式看出，磁通密度 B_m、窗口利用系数 K_u（它决定了窗口中可用于铜的最大空间）和电流密度 J（它控制铜损）诸因素都影响面积积 A_p。

电感器既可以根据面积积 A_p 来选择磁芯，也可以针对给定的调整率来设计。调整率和磁芯的能量处理能力与两个约束有关

$$\alpha = \frac{W^2}{K_g K_e} \tag{2-32}$$

式中，α 为调整率，%；K_g 为磁芯几何常数；K_e 为磁电工作状况系数。

磁芯几何常数 K_g 由磁芯的几何形状和尺寸决定

$$K_g = \frac{W_a A_c^2 K_u}{\text{MLT}} \tag{2-33}$$

K_e 由磁和电的工作状况决定

$$K_e = 0.145 P_o B_{pk}^2 \times 10^{-4} \tag{2-34}$$

式中，P_o 为输出功率；B_{pk} 为工作磁通密度峰值，由下式决定

$$B_{pk} = B_{DC} + \frac{B_{AC}}{2} \tag{2-35}$$

由以上可以看出，磁通密度峰值 B_{pk} 是影响磁芯尺寸的最主要因素。

根据设计要求和所给出技术参数，利用式（2-31）求出面积积 A_p，或者利用式（2-33）求出几何常数 K_g，再根据 A_p 值或 K_g 值来选定磁芯。磁芯的 A_p 值或 K_g 值由磁芯的生产商给出。

2.4.2 直流电感器的限制条件

线性直流电感器的设计依赖于四个相关的因素：

（1）要求的电感量 L；

（2）直流电流 I_{DC}；

（3）交流电流 ΔI；

（4）功率损失和温升 T_r。

设计者必须依据上面建立的这些要求决定 B_{DC} 和 B_{AC} 的最大值，以使其不发生磁饱和。设计者必须做出折中，使其在给定体积下获得最大的电感量。电感器的磁通密度与电流 $I_{DC} + \Delta I$ 的关系如图 2-14 所示，工作磁通的峰值 B_{pk} 取决于电流 I_{DC} 产生的磁通 B_{DC} 和 ΔI 产生的磁通 ΔB，即 B_{AC}。

$$B_{pk} = B_{DC} + \frac{B_{AC}}{2} \tag{2-36}$$

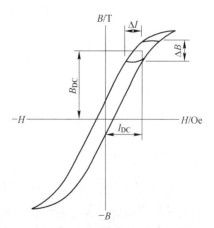

图 2-14 电感器的磁通密度与电流 $I_{DC} + \Delta I$ 的关系

$$B_{DC} = \frac{0.4\pi N I_{DC} \times 10^{-4}}{l_g + \dfrac{l_c}{\mu_m}} \tag{2-37}$$

$$B_{AC} = \frac{0.4\pi N \dfrac{\Delta I}{2} \times 10^{-4}}{l_g + \dfrac{l_c}{\mu_m}} \tag{2-38}$$

$$B_{pk} = \frac{0.4\pi N \left(I_{DC} + \dfrac{\Delta I}{2}\right) \times 10^{-4}}{l_g + \dfrac{l_c}{\mu_m}} \tag{2-39}$$

带有直流电流和有空气隙的磁芯电感器电感量可用下式表达

$$L = \frac{0.4\pi N^2 A_c \times 10^{-8}}{l_g + \dfrac{l_c}{\mu_m}} \tag{2-40}$$

如果已知电感量，由式 (2-40) 可以求得磁芯气隙的尺寸

$$l_g = \frac{0.4\pi N^2 A_c \times 10^{-8}}{L} - \frac{l_c}{\mu_m} \tag{2-41}$$

当磁芯的磁导率很大时，$l_g \gg (l_c/\mu_m)$ 时，μ_m 的变化对总的等效磁路长度或电感量没有显著的影响，式 (2-40) 可简化为

$$L = \frac{0.4\pi N^2 A_c \times 10^{-8}}{l_g} \tag{2-42}$$

如果是没有开气隙的直流电感器，或者气隙的影响非常小的话，则直流磁通 B_{DC}、交流磁通 B_{AC} 和工作磁通的峰值 B_{pk} 分别为

$$B_{DC} = \frac{0.4\pi N I_{DC} \mu_m \times 10^{-4}}{l_c} \tag{2-43}$$

$$B_{AC} = \frac{0.4\pi N \dfrac{\Delta I}{2} \mu_m \times 10^{-4}}{l_c} \tag{2-44}$$

$$B_{pk} = \frac{0.4\pi N \left(I_{DC} + \dfrac{\Delta I}{2}\right) \mu_m \times 10^{-4}}{l_c} \tag{2-45}$$

2.4.3 直流电感器的设计过程

任何一款磁性器件都包含有多项指标要求。这些要求中有些是属于直接技术性的，如对于电感器的感量要求，Q 值要求等；而有些要求则属于非技术性的，或者直接的技术关联性不太大，如对成本的要求、重量和体积的要求等。在实际设计一款磁性器件时，最开始一般很难同时兼顾器件全部的要求，而是先基于一些重要参数要求设计出相应的器件，然后再验证其是否符合剩余参数的要求，如果验证未通过，再返回重新设计器件。一般通

过设计—验证—改进设计—再验证的多次尝试，最后才能获得满足全部指标要求的磁性器件。电感器的设计过程分为磁芯的选择、选取导线、确定绕组的匝数和验证其他参数是否满足要求四个部分。

（1）根据已给出的设计要求，选择磁芯。磁芯的选取有两种方法，面积积（A_p）法和几何常数（K_g）法。根据设计要求和所给出的技术参数，求出面积积 A_p，或者求出几何常数 K_g，选取和 A_p 值或 K_g 值接近的磁芯。如果已知调整率，或者根据已给技术指标能够计算出调整率，我们就可以选择几何常数法。

（2）计算导线截面，选取导线。选取导线一种常用的方法是计算所需裸导线的截面。裸导线截面 $A_{w(B)}$ 和电流的有效值 I_{rms}、电流密度 J 的关系为

$$A_{w(B)} = \frac{I_{rms}}{J} \tag{2-46}$$

计算出所需裸导线的截面积 $A_{w(B)}$，然后根据导线的数据，选取截面积和计算值最接近的导线。

（3）确定绕组的匝数。缠绕 N 匝线圈磁芯可产生的电感量为 $L = A_L N^2$，因此线圈匝数 N 为

$$N = \sqrt{\frac{L}{A_L}} \tag{2-47}$$

根据技术要求的电感量和已选定磁芯的电感因子 A_L，可以利用式（2-47）求得所需线圈的匝数。

如果是载有直流磁场且有空气隙的磁芯电感器，那么需要考虑气隙和边缘磁通的影响，可根据式（2-23）$N = \sqrt{\dfrac{L\left(l_g + \dfrac{l_c}{\mu_m}\right)}{0.4\pi A_c F \times 10^{-8}}}$ 或式（2-24）$N = \sqrt{\dfrac{L l_g}{0.4\pi A_c F \times 10^{-8}}}$ 来计算线圈匝数。计算得到的线圈匝数也要考虑磁芯窗口能否满足缠绕需求。

（4）验证其他参数是否满足要求。当电感器磁芯、绕组线径和匝数都确定后，接下来就需要验证该电感器是否满足其他的目标要求，例如温升、窗口利用系数、最大磁通密度等。

下面具体举例来进一步理解整个设计过程。

【例 2-1】　用面积积（A_p）法设计环形粉末磁芯电感器。

根据下列技术要求，设计环形粉末磁芯直流电感器：电感量 L 为 0.003H；直流电流 I_o 为 1.5A；交流电流 ΔI 为 0.4A；输出功率 P_o 为 100W；电流密度 J 为 300A/cm^2；纹波频率为 10kHz；工作磁通密度 B_m 为 0.3T；窗口利用系数 K_u 为 0.4；温升目标 T_r 为 25℃。磁芯为铁硅铝粉末环形磁芯。

步骤 1：电流峰值 I_{pk}

$$I_{pk} = I_o + \frac{\Delta I}{2} = 1.5 + \frac{0.4}{2} = 1.7(A)$$

步骤 2：能量处理能力

$$W = \frac{L I_{pk}^2}{2} = \frac{0.0025 \times 1.7^2}{2} = 0.0043(J)$$

步骤 3：面积积 A_p

$$A_p = \frac{2W \times 10^4}{B_m J K_u} = \frac{2 \times 0.0043 \times 10^4}{0.3 \times 300 \times 0.4} = 2.39 (cm^4)$$

步骤 4：由面积积 2.39cm^4 选定铁硅铝粉末环形磁芯型号为 77076。磁芯数据为：磁路长度 l_c 为 8.98cm；磁芯质量 W_{tFe} 为 42.619g；平均匝长 MLT 为 4.80cm；磁芯面积 A_c 为 0.768cm^2；窗口面积 W_a 为 5.255cm^2；面积积 A_p 为 2.42cm^4；磁芯几何常数 K_g 为 0.137877cm^5；表面积 A_t 为 68.00cm^2；材料相对磁导率为 60；千匝电感量 AL 为 56mH。

步骤 5：电流值的方均根（有效）值 I_{rms}

$$I_{rms} = \sqrt{I_o^2 + \Delta I^2} = \sqrt{1.5^2 + 0.4^2} = 1.55 (A)$$

步骤 6：所需要的导线裸面积 $A_{w(B)}$

$$A_{w(B)} = \frac{I_{rms}}{J} = \frac{1.55}{300} = 0.00517 (cm^2)$$

步骤 7：选择导线 AWG = #20。导线的数据为：裸导线截面积 $A_{w(B)} = 0.00519cm^2$，绝缘导线截面积 $A_w = 0.00606cm^2$，单位长度的电阻为 332$\mu\Omega$/cm。

步骤 8：可能的绕组匝数 N

$$N = \frac{W_a K_u}{A_{w(B)}} = \frac{5.26 \times 0.4}{0.00519} = 405 (匝)$$

步骤 9：所需的绕组匝数 N_L

$$N_L = 1000 \sqrt{\frac{L}{L_{(1000)}}} = 1000 \sqrt{\frac{0.003 \times 1000}{56}} = 231 (匝)$$

步骤 10：绕组电阻 R_L

$$R_L = MLT N_L \times 332 \times 10^{-6} = 4.80 \times 231 \times 332 \times 10^{-6} = 0.368 (\Omega)$$

步骤 11：铜损 P_{Cu}

$$P_{Cu} = I_{rms}^2 R_L = 1.55^2 \times 0.368 = 0.884 (W)$$

步骤 12：交流（AC）磁通密度 B_{AC}

$$B_{AC} = \frac{0.4\pi N_L \dfrac{\Delta I}{2} \mu_m \times 10^{-4}}{l_c} = \frac{1.26 \times 231 \times \dfrac{0.4}{2} \times 60 \times 10^{-4}}{8.89} = 0.0388 (T)$$

步骤 13：磁芯损耗 P_{Fe}

磁芯损耗密度 $= K f^{(m)} B_{AC}^{(n)} = 0.000634 \times 10000^{1.46} \times 0.0388^2 = 0.660 (mW/g)$

$$P_{Fe} = 0.660 \times W_{tFe} \times 10^{-3} = 0.660 \times 42.62 \times 10^{-3} = 0.028 (W)$$

步骤 14：总损耗 P_Σ

$$P_\Sigma = P_{Fe} + P_{Cu} = 0.028 + 0.884 = 0.912 (W)$$

步骤 15：表面功率耗散密度 ψ

$$\psi = \frac{P_\Sigma}{A_t} = \frac{0.912}{68.00} = 0.0134 \ (W/cm^2)$$

步骤 16：计算温升 T_r

$$T_r = 450 \psi^{0.826} = 450 \times 0.0134^{0.826} = 12.8 (℃)$$

步骤 17：窗口利用系数 K_u

$$K_u = \frac{N_L A_{w(B)}}{W_a} = \frac{231 \times 0.00519}{5.255} = 0.228$$

综上，电感器所选的磁芯型号为 77076，导线为 AWG20，线圈匝数为 231 匝，经验证，温升为 12.8℃，窗口利用系数为 0.228，均满足设计要求。

【例 2-2】 用磁芯几何常数（K_g）法设计开气隙的电感器。

根据下列技术要求设计线性直流电感器：电感量 L 为 0.0025H；直流电流 I_o 为 1.5A；交流电流 ΔI 为 0.2A；输出功率 P_o 为 100W；调整率 α 为 1.0%；纹波频率为 200kHz；工作磁通密度 B_m 为 0.22T；窗口利用系数 K_u 为 0.4；温升目标 T_r 为 25℃；磁芯材料为铁氧体。

步骤 1：电流峰值 I_{pk}

$$I_{pk} = I_o + \frac{\Delta I}{2} = 1.5 + \frac{0.2}{2} = 1.6(A)$$

步骤 2：能量处理能力

$$W = \frac{L I_{pk}^2}{2} = \frac{0.0025 \times 1.6^2}{2} = 0.0032(J)$$

步骤 3：磁电工作状况系数 K_e

$$K_e = 0.145 P_o B_m^2 \times 10^{-4} = 0.145 \times 100 \times 0.22^2 \times 10^{-4} = 0.0000702$$

步骤 4：磁芯几何常数 K_g

$$K_g = \frac{W^2}{K_e \alpha} = \frac{0.0032^2}{0.0000702 \times 1.0} = 0.146(cm^5)$$

步骤 5：由磁芯几何常数 K_g 值 0.146cm^5 选定 ETD 铁氧体磁芯型号为 ETD-39。磁芯数据为：磁路长度 l_c 为 9.22cm；磁芯质量 W_{tFe} 为 60g；平均匝长 MLT 为 8.3cm；磁芯面积 A_c 为 1.252cm^2；窗口面积 W_a 为 2.34cm^2；面积积 A_p 为 2.93cm^4；磁芯几何常数 K_g 为 0.177cm^5；表面面积 A_t 为 69.9cm^2；材料相对磁导率为 2500；千匝电感量 AL 为 3295mH；绕组长度 G 为 2.84cm。

步骤 6：电流密度 J，利用面积积公式 A_p

$$J = \frac{2W \times 10^{-4}}{B_m A_p K_u} = \frac{2 \times 0.0032 \times 10^{-4}}{0.22 \times 2.93 \times 0.4} = 248(A/cm^2)$$

步骤 7：电流值的方均根（有效）值 I_{rms}

$$I_{rms} = \sqrt{I_o^2 + \Delta I^2} = \sqrt{1.5^2 + 0.2^2} = 1.51(A)$$

步骤 8：所需要的导线裸面积 $A_{w(B)}$

$$A_{w(B)} = \frac{I_{rms}}{J} = \frac{1.51}{248} = 0.00609(cm^2)$$

步骤 9：选择导线 AWG = #19。如果其面积不在 10% 之内，则取下一个最小的尺寸。导线的数据为：裸导线截面积 $A_{w(B)} = 0.00653cm^2$，绝缘导线截面积 $A_w = 0.00754cm^2$，单位长度的电阻为 264μΩ/cm。

步骤 10：可能的绕组匝数 N

$$N = \frac{W_a K_u}{A_{w(B)}} = \frac{2.34 \times 0.4}{0.00653} = 147(\text{匝})$$

步骤 11：所需要的气隙 l_g

$$l_g = \frac{0.4\pi N^2 A_c \times 10^{-8}}{L} - \frac{l_c}{\mu_m} = \frac{1.26 \times 147^2 \times 1.252 \times 10^{-8}}{0.0025} - \frac{9.22}{2500} = 0.133(\text{cm})$$

步骤 12：边缘磁通系数 F

$$F = 1 + \frac{l_g}{\sqrt{A_c}}\ln\frac{2G}{l_g} = 1 + \frac{0.133}{\sqrt{1.252}}\ln\frac{2 \times 2.84}{0.120} = 1.45$$

步骤 13：加入边缘磁通系数后新的绕组匝数 N_n

$$N_n = \sqrt{\frac{l_g L}{0.4\pi A_c F \times 10^{-8}}} = \sqrt{\frac{0.133 \times 0.0025}{1.26 \times 1.252 \times 1.45 \times 10^{-8}}} = 121(\text{匝})$$

步骤 14：绕组电阻 R_L

$$R_L = \text{MLT} N_n \times 264 \times 10^{-6} = 8.3 \times 121 \times 264 \times 10^{-6} = 0.265(\Omega)$$

步骤 15：铜损 P_{Cu}

$$P_{Cu} = I_{rms}^2 R_L = 1.51^2 \times 0.265 = 0.604(\text{W})$$

步骤 16：调整率 α

$$\alpha = \frac{P_{Cu}}{P_o} \times 100\% = \frac{0.604}{100} \times 100\% = 0.604\%$$

步骤 17：交流磁通密度 B_{AC}

$$B_{AC} = \frac{0.4\pi N_n F \frac{\Delta I}{2} \times 10^{-4}}{l_g + \frac{l_c}{\mu_m}} = \frac{1.26 \times 121 \times 1.45 \times \frac{0.2}{2} \times 10^{-4}}{0.133 + \frac{9.22}{2500}} = 0.0162(\text{T})$$

步骤 18：磁芯损耗 P_{Fe}

磁芯损耗密度 $= Kf^{(m)} B_{AC}^{(n)} = 0.0004855 \times 200000^{1.63} \times 0.0162^{2.62} = 0.432(\text{mW/g})$

$$P_{Fe} = 0.432 \times W_{tFe} \times 10^{-3} = 0.432 \times 60 \times 10^{-3} = 0.0259(\text{W})$$

步骤 19：总损耗 P_Σ 等于铜损加铁损

$$P_\Sigma = P_{Fe} + P_{Cu} = 0.0259 + 0.604 = 0.630(\text{W})$$

步骤 20：表面积的功率耗散密度 ψ

$$\psi = \frac{P_\Sigma}{A_t} = \frac{0.630}{69.9} = 0.00901(\text{W/cm}^2)$$

步骤 21：温升 T_r

$$T_r = 450\psi^{0.826} = 450 \times 0.00901^{0.826} = 9.20(\text{℃})$$

步骤 22：磁通密度峰值 B_{pk}

$$B_{pk} = \frac{0.4\pi N_n F\left(I_{DC} + \frac{\Delta I}{2}\right) \times 10^{-4}}{l_g + \frac{l_c}{\mu_m}} = \frac{1.26 \times 121 \times 1.45 \times 1.6 \times 10^{-4}}{0.133 + \frac{9.22}{2500}} = 0.0259(\text{T})$$

综上，电感器所选的磁芯为 ETD-39，导线为 AWG19，线圈匝数为 121 匝，经验证，调整率为 0.604%，温升为 9.20℃，磁通密度峰值为 0.0259T，均满足设计要求。

2.5　交流电感器的设计

交流电感只通交流电流，其直流分量为零。这种电感通常应用在谐振电路和滤波器中。

2.5.1　交流电感器的伏安能力

交流电感器中只有交流电通过，设计时需要计算伏安能力，伏安能力用视在功率（P_t）表示。视在功率是激励电压和电感器中电流的乘积，即

$$P_t = VI \tag{2-48}$$

交流电感器设计时选择磁芯也同样采用面积积 A_p 法或者 K_g 法。磁芯的伏安能力与其面积积的关系可由下式表示

$$A_p = \frac{P_t \times 10^4}{K_f K_u B_{AC} fJ} \tag{2-49}$$

式中，K_f 为波形系数；K_u 为窗口利用系数；B_{AC} 为工作磁通密度；f 为工作频率；J 为电流密度，A/cm^2；A_p 是磁芯的面积积，cm^4。

由式（2-49）可以看到，磁通密度、窗口利用系数和电流密度等因素对电感器的面积积 A_p 都有影响。

和直流电感器一样，交流电感器也可以针对给定的调整率来设计。调整率 α 与磁芯伏安能力 P_t 的关系涉及两个常数，磁芯几何常数 K_g 和磁电工作系数 K_e

$$\alpha = \frac{P_t}{K_g K_e} \tag{2-50}$$

磁芯几何常数 K_g 由磁芯的几何形状和尺寸决定

$$K_g = \frac{W_a A_c^2 K_u}{MLT} \tag{2-51}$$

磁电工作系数 K_e 由磁和电的工作状况决定

$$K_e = 0.145 K_f^2 f^2 B_m^2 \times 10^{-4} \tag{2-52}$$

式中，K_f 为波形系数，对于方波，$K_f = 4.0$；对于正弦波，$K_f = 4.44$。由上式可见，磁通密度、工作频率和波形系数等因素对电感器的尺寸都有影响。

2.5.2　交流电感器设计

线性交流（AC）电感器的设计依赖于五个有关的因素：
（1）希望的电感量。
（2）所加的电压（跨越电感器的两端）。
（3）频率。
（4）工作磁通密度。

（5）温升。

根据上面所建立的技术要求，设计师应该确定不会产生磁饱和的 B_{AC} 最大值，并且做出能对给定体积的情况下，获得最大电感量的折中。所选择的材料决定给定设计中允许的最大磁通密度。

和直流电感器一样，交流电感器的设计过程也分磁芯的选择、选取导线、确定绕组的匝数和验证其他参数是否满足要求四个部分。大部分过程和直流电感器的一样，只是绕组的匝数计算和温升计算中损耗有所不同。

交流电感器必须承受所施加的电压 V_{AC}。根据电压可以通过法拉第定律来计算需要的匝数，其表达式是

$$N = \frac{V_{AC} \times 10^4}{K_f B_{AC} f A_c} \tag{2-53}$$

带空气隙的磁芯电感器电感值可由下式表示

$$L = \frac{0.4\pi N^2 A_c \times 10^{-8}}{l_g + \dfrac{l_c}{\mu_m}} \tag{2-54}$$

由式（2-54）可以确定气隙的长度

$$l_g = \frac{0.4\pi N^2 A_c \times 10^{-8}}{L} - \frac{l_c}{\mu_m} \tag{2-55}$$

当磁芯的空气隙 l_g 比 l_c/μ_m 大得多的情况下，电感量公式可简化为

$$L = \frac{0.4\pi N^2 A_c \times 10^{-8}}{l_g} \tag{2-56}$$

也就是说高磁导率材料的 μ_m 的变化对总的等效磁路长度或电感量没有显著影响。重新利用上式对气隙求解

$$l_g = \frac{0.4\pi N^2 A_c \times 10^{-8}}{L} \tag{2-57}$$

加上边缘磁通的影响，电感值修正为

$$L = \frac{0.4\pi N^2 A_c F \times 10^{-8}}{l_g} \tag{2-58}$$

现在，我们重新计算线圈的匝数

$$N_n = \sqrt{\frac{L l_g}{0.4\pi A_c F \times 10^{-8}}} \tag{2-59}$$

在新的匝数 N_n 被计算出来以后，利用式（2-53）来重新计算工作磁通密度 B_{AC}

$$B_{AC} = \frac{V_{AC} \times 10^4}{K_f N_n A_c f} \tag{2-60}$$

重新计算得到的工作磁通密度用来计算磁芯损失 P_{Fe} 以及对磁芯饱和裕量的校验。

直流电感器的损耗包含铁损和铜损两部分，即 $P_\Sigma = P_{Fe} + P_{Cu}$。而交流电感器中的损耗由铜损、铁损和气隙损耗三部分构成，即 $P_\Sigma = P_{Fe} + P_{Cu} + P_g$。

下面具体举例来进一步理解整个交流电感器的设计过程。

【例2-3】 请设计一个线性交流（AC）电感器，技术要求如下：施加的电压 V 为100V；线电流 I 为1.0A；电源频率为60Hz；电流密度 J 为250A/cm²；效率目标 η 为90%；磁性材料为硅钢，磁导率 μ_m 为1500；磁通密度 B 为1.4T；窗口利用系数 K_u 为0.4；波形系数 K_r 为4.44；温升目标 T_r 为50℃。

步骤1：电感器的视在功率 P_t

$$P_\mathrm{t} = VI = 100 \times 1.0 = 100(\mathrm{W})$$

步骤2：面积积 A_p

$$A_\mathrm{P} = \frac{P_\mathrm{t} \times 10^4}{K_\mathrm{f}K_\mathrm{u}fB_\mathrm{AC}J} = \frac{100 \times 10^4}{4.44 \times 0.4 \times 60 \times 1.4 \times 250} = 26.8(\mathrm{cm}^4)$$

步骤3：选择EI叠片磁芯，与计算出的面积积 A_p 最接近的叠片磁芯是EI-100。磁芯的数据如下：磁路长度 l_c 为15.2cm；磁芯质量 W_tFe 为676g；平均匝长 MLT 为14.8cm；磁芯截面积 A_c 为6.13cm²；窗口面积 W_a 为4.84cm²；面积积 A_p 为29.7cm⁴；磁芯几何常数 K_g 为4.93cm⁵；表面面积 A_t 为213cm²；绕组长度 G 为3.81cm；叠片舌宽 E 为2.54cm。

步骤4：电感器的匝数 N

$$N = \frac{V \times 10^4}{K_\mathrm{f}B_\mathrm{AC}fA_\mathrm{c}} = \frac{100 \times 10^4}{4.44 \times 1.4 \times 60 \times 6.13} = 438(\text{匝})$$

步骤5：感抗 X_L

$$X_\mathrm{L} = \frac{V}{I} = \frac{100}{1.0} = 100(\Omega)$$

步骤6：所需要的电感量 L

$$L = \frac{X_\mathrm{L}}{2\pi f} = \frac{100}{2 \times 3.14 \times 60} = 0.265(\mathrm{H})$$

步骤7：所需要的气隙 l_g

$$l_\mathrm{g} = \frac{0.4\pi N^2 A_\mathrm{c} \times 10^{-8}}{L} - \frac{l_\mathrm{c}}{\mu_\mathrm{m}} = \frac{1.26 \times 438^2 \times 6.13 \times 10^{-8}}{0.265} - \frac{15.2}{1500} = 0.0458(\mathrm{cm})$$

步骤8：边缘磁通系数 F

$$F = 1 + \frac{l_\mathrm{g}}{\sqrt{A_\mathrm{c}}}\ln\frac{2G}{l_\mathrm{g}} = 1 + \frac{0.0458}{\sqrt{6.13}}\ln\frac{2 \times 3.81}{0.0458} = 1.095$$

步骤9：利用边缘磁通系数，计算新的绕组匝数 N_n，

$$N_\mathrm{n} = \sqrt{\frac{l_\mathrm{g}L}{0.4\pi A_\mathrm{c}F \times 10^{-8}}} = \sqrt{\frac{0.0458 \times 0.265}{1.26 \times 6.13 \times 1.095 \times 10^{-8}}} = 379(\text{匝})$$

步骤10：利用新的匝数，重新计算磁通密度 B_AC

$$B_\mathrm{AC} = \frac{V \times 10^4}{K_\mathrm{f}N_\mathrm{n}A_\mathrm{c}f} = \frac{100 \times 10^4}{4.44 \times 379 \times 6.13 \times 60} = 1.62(\mathrm{T})$$

步骤11：电感器的裸导线面积 $A_\mathrm{w(B)}$

$$A_\mathrm{w(B)} = \frac{I}{J} = \frac{1.0}{250} = 0.004(\mathrm{cm}^2)$$

步骤 12：选择导线 AWG = #21。导线的数据为：裸导线截面积 $A_{w(B)} = 0.00412 cm^2$，单位长度的电阻为 $418.9 \mu\Omega/cm$。

步骤 13：绕组电阻 R_L

$$R_L = MLTN_n \times 418.9 \times 10^{-6} = 14.8 \times 379 \times 418.9 \times 10^{-6} = 2.35(\Omega)$$

步骤 14：铜损 P_{Cu}

$$P_{Cu} = I^2 R_L = 1.0^2 \times 2.35 = 2.35(W)$$

步骤 15：磁芯损耗 P_{Fe}

磁芯损耗密度 $= Kf^{(m)} B_{AC}^{(n)} = 0.000557 \times 60^{1.68} \times 1.62^{1.86} = 1.33(mW/g)$

$$P_{Fe} = 1.33 \times W_{tFe} \times 10^{-3} = 1.33 \times 676 \times 10^{-3} = 0.897(W)$$

步骤 16：气隙损耗 P_g

$$P_g = K_i El_g fB_{AC}^2 = 0.155 \times 2.54 \times 0.0458 \times 60 \times 1.62^2 = 2.839(W)$$

步骤 17：总损耗 P_Σ

$$P_\Sigma = P_{Fe} + P_{Cu} + P_g = 0.897 + 2.35 + 2.839 = 6.07(W)$$

步骤 18：表面积的功率耗散密度 ψ

$$\psi = \frac{P_\Sigma}{A_t} = \frac{6.07}{213} = 0.0285(W/cm^2)$$

步骤 19：温升 T_r

$$T_r = 450\psi^{0.826} = 450 \times 0.0285^{0.826} = 23.8(℃)$$

步骤 20：窗口利用系数 K_u

$$K_u = \frac{N_n A_{w(B)}}{W_a} = \frac{379 \times 0.00412}{4.84} = 0.323$$

综上，电感器所选的磁芯为 EI-100，导线为 AWG21，线圈匝数为 379 匝，经验证，温升为 23.8℃，窗口利用系数为 0.323，均满足设计要求。

习　题

2-1 电感器的性能参数有哪些？

2-2 气隙对电感有哪些影响？

2-3 什么是磁芯的电感因子？

2-4 电感器在使用过程中，电感器温度会升高，其温度升高是哪些损耗引起的？每项损耗都和哪些因素有关？

2-5 Ferroxcube 铁氧体磁芯材料的相对磁导率为 1800，由该材料制成环形磁芯，环形磁芯的内直径 $d = 13.1mm$，外直径 $D = 23.7mm$，高度 $h = 7.5mm$。求该磁芯的电感系数，如果绕组为 10 匝，问电感器的电感值为多少？

2-6 磁芯的 $A_L = 30\mu H/100$ 匝，求电感值为 $1\mu H$ 的电感器绕组匝数。

2-7 一个磁芯的磁导率 $\mu_m = 2500$，$l_c = 5cm$，$A_c = 2.01cm^2$。10 匝绕组绕在该磁芯上形成电感器，如果所需的电感值 $L = 60.4\mu H$，求气隙的长度。

2-8 电感器的 $L = 100\mu H$，$l_c = 2.5cm$，$A_c = 2cm^2$，求下列几种情况下绕组的匝数：（1）$\mu_m = 1$；（2）$\mu_m = 25$ 不开气隙；（3）$\mu_m = 25$，$l_g = 3mm$；（4）$\mu_m = 250$，$l_g = 3mm$。

2-9 一个线性直流电感器的技术指标为：电感量 $L = 0.004H$、直流电流 $I_{DC} = 2.0A$、交流电流 $I_{AC} = 0.3A$、纹波频率 $f = 20kHz$、电流密度 $J = 350A/cm^2$、$B_m = 0.3T$、窗口利用系数 $K_u = 0.4$。求该电感器的能量处理能力和所需磁芯的面积积。

3 变 压 器

3.1 变压器的结构和工作原理

在各种用电设备中，需要不同电压的电源。例如，我们日常生活中的家用电器及照明用电，电压是220V；广泛用于工业、农业等机器设备的电动机用电电压是380V；安全照明用电电压是36V；而电力供电线路的电压高达10~330kV。

根据用电要求的不同，以及配备各种电器元件的需要，将电压分成了许多等级：550V以下；3kV、6kV、35kV、60kV、110kV、220kV、330kV。其中550V以下电压称为低压系统，3kV以上称为高压系统。

现代的工业、农业及科研等部门，广泛采用电力作为能源。电能是由水电站、火力发电站和核电站的发电机直接转化出来的。目前发电机所发出的最高电压为15.75kV，其中6.3kV和10.5kV电压最多。这样低的电压要输送到几百公里以外的地区是不可能的，电能将全部消耗在线路上，所以要想将电能从电站输送出去，必须经过变压器将电压升高到38.5kV以上，再输送出去。高压电到供电区后，还要经过一次变电所和二次变电所，把电压降为6.3kV和10.5kV后，再把电能直接送到用户区，经过附近的配电变压器降压，以供工厂用电及照明用电，例如图3-1是常见的电力变压器。变压器在其他方面的应用也十分广泛，冶炼用的电炉变压器、电解和化工用的整流变压器、测量用的仪用变压器、焊接用的焊接变压器。

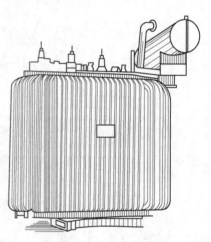

图 3-1　电力变压器

变压器应用范围十分广泛，分类方法也很多。常用的有以下几种。

按用途分类可分为两大类，即电力变压器和特种变压器。电力变压器又可分为升压变压器、降压变压器、配电变压器、联络变压器。特种变压器可分为整流变压器、电炉变压器、高压试验变压器、小容量控制变压器、矿用变压器、焊接变压器及船用变压器等。

按结构形式分类可分为单相变压器和三相变压器。

按冷却介质分类可分为干式变压器、油浸变压器和充气变压器。

按冷却方式分类可分为自然冷却式、风冷式、水冷式、强迫油循环水冷式和水内冷式变压器。

按绕组分类可分为自耦变压器、双绕组变压器和三绕组变压器。

按调压方式分类可分为有载调压变压器和无载调压变压器。

按铁芯形式分类可分为心式、壳式和辐射式变压器。

还有其他分类方法。对于互感器、调压器和电抗器，由于其基本原理、结构同变压器有相似之处，常和变压器一起统称为变压器类产品。

3.1.1 变压器的结构

变压器的主要组成部分是铁芯和绕组，由它们组成了变压器的器身。为了改善散热条件，将大、中容量的电力变压器的铁芯和绕组浸入盛满变压器油的封闭油箱中，各绕组的出线端，经绝缘套管引出。为了保证变压器安全、可靠地运行，还设有贮油柜、安全气道和气体继电器等附件。以三相电力变压器为例，图3-2所示是三相电力变压器的内部剖视图。

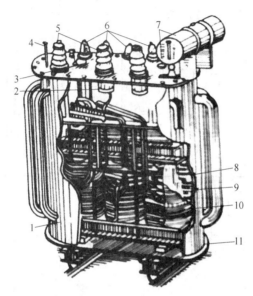

图 3-2　三相电力变压器剖视图

1—油箱；2—分接头位置变换器；3—分接头位置变换器的传动装置；4—温度计；5—高压套管；
6—低压套管；7—加油栓；8—铁芯；9—低压绕组；10—高压绕组；11—放油栓

3.1.1.1 铁芯

铁芯是变压器的磁路部分，又作为绕组的支撑骨架，变压器的一次绕组和二次绕组都绕在铁芯上。铁芯分为铁芯柱和铁轭两部分。铁芯装配好后外形很像窗户框，其上装绕组的垂直部分叫铁芯柱，水平部分叫铁轭，铁轭的作用是使磁路闭合。为了提高导磁性能，减少磁滞损耗和涡流损失，铁芯多采用0.35mm厚的硅钢片叠装而成，片上涂有绝缘漆。

按绕组套入铁芯柱的形式，变压器可分为心式和壳式两种，如图3-3所示。

心式变压器的一、二次绕组套装在铁芯的两个铁芯柱上，如图3-3（a）所示。这种结构比较简单，有较多的空间装设绝缘，装配较容易，适用于容量大、电压高的变压器。电力变压器大部分采用心式变压器。壳式变压器的铁芯包围绕组的上下和侧面，如图3-3（b）所示。这种结构的变压器机械强度好，铁芯容易散热，但制造工艺复杂，用铜量较多。小型干式变压器多采用这种结构。

根据铁芯柱与铁轭在装配方面的不同，铁芯可分为对接式和叠接式两种。对接式是先将铁芯柱和铁轭分别叠装和夹紧，然后再将它们对接在一起，用特殊的紧固件夹紧。叠接式是将铁芯柱和铁轭的硅钢片一层一层叠装，各层硅钢片的排列互不相同，叠装之后，各层的接缝不在同一点，如图 3-4 所示。

由于叠接式铁芯使叠片接缝错开，减少了接缝处的气隙，从而减少了励磁电流，提高了导磁性能。同时，这种夹紧装置结构简单、经济、可靠性高，故国产变压器普遍采用叠接式的铁芯结构。

为简化工艺，小型变压器常采用 E 字形、F 字形和日字形交错叠接而成，如图 3-5 所示。

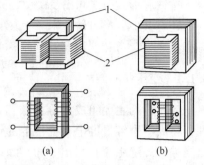

图 3-3　心式和壳式变压器
（a）心式；（b）壳式
1—铁芯；2—绕组

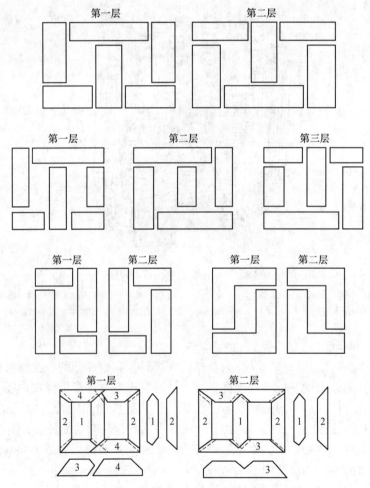

图 3-4　叠接式铁芯的叠片次序

大型变压器中采用高磁导率、低损耗的冷轧硅钢片时，应用斜切钢片，如图 3-6 所示。因为冷轧硅钢片顺轧压方向磁导率高、损耗小，如按直角切片法裁料，则在转角处会引起附加损耗。

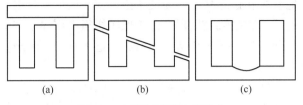

图 3-5 小型变压器铁芯形式

（a）E 字形；（b）F 字形；（c）日字形

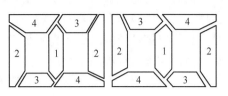

图 3-6 冷轧硅钢片叠法

在小型变压器中，铁芯柱截面的形状为正方形或矩形。在大型变压器中，为充分利用绕组的内圆空间，一般采用阶梯形截面。当心柱直径大于 380mm 时，中间还应留出油道，以改善铁芯冷却条件，如图 3-7 所示。

铁轭截面有矩形和阶梯形。为减小励磁电流和铁芯损耗，铁轭面积通常要比铁芯柱面积大 5%~10%。

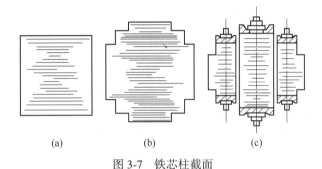

图 3-7 铁芯柱截面

（a）方形；（b）阶梯形；（c）有油道的阶梯形

3.1.1.2 绕组

绕组是变压器的电路部分，一般用绝缘铜线或绝缘铝线绕制而成，还有用铝箔绕制的。

变压器中，工作电压高的绕组称为高压绕组，工作电压低的绕组称为低压绕组。根据高、低压绕组的位置及形状不同，绕组可分为同心式和交叠式两种，如图 3-8 所示。

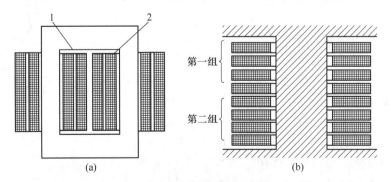

图 3-8 同心式绕组与交叠式绕组

（a）同心式绕组；（b）交叠式绕组

1—高压绕组；2—低压绕组

同心式绕组是将高、低压绕组同心地套装在铁芯柱上。为便于绝缘，一般低压绕组套在里面，高压绕组套在外面。但大容量的低压大电流变压器，由于低压绕组引出线工艺困难，也可以把低压绕组套在高压绕组的外面。高、低压绕组之间留有油道，有利于绕组散热，也可增加两绕组的绝缘性能。

同心式绕组具有结构简单、制造方便的特点，常用于心式变压器。国产电力变压器均采用这种结构。它又分为圆筒式、螺旋式和连续式等几种基本形式，如图3-9所示。

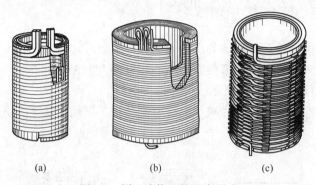

(a)　　　　　　　　(b)　　　　　　　　(c)

图3-9　同心式绕组的基本形式

(a) 圆筒式（双层）；(b) 螺旋式（多层）；(c) 连续式（盘状）

交叠式绕组又称为饼式绕组。它是将高、低压绕组分成若干绕饼，沿着铁芯柱的高度方向交替排列。为便于绝缘，一般在最上层和最下层放置低压绕组。

交叠式绕组具有漏抗小、机械强度高，引出线方便等特点，主要用于壳式变压器中。电炉变压器就采用这种结构。

3.1.1.3　其他附件

电力变压器的附件有油箱、贮油柜、分接开关、安全气道、气体继电器、绝缘套管等，其作用是保证变压器安全和可靠地运行。

油箱是变压器的外壳。箱内装有变压器油、铁芯和绕组。主要作用是保护铁芯和绕组不受外力作用而损坏及避免受潮，同时通过变压器油把铁芯和绕组产生的热量散发出去，如图3-10所示。

贮油柜又称为油枕。它是一个圆筒形容器，在油箱上面，用管道与油箱相连，使用时，合适的油贮量是油柜最大含油量的一半。主要作用是随时将变压器油补充到油箱中，又能让变压器随着温度变化有胀缩的空间，还能防止潮气侵入。

安全气道亦称防爆管。它是一个长钢管，其上装有一定厚度的防爆膜。其作用是当变压器发生严重故障而产生大量气体时，油箱内部压强达

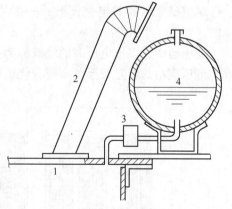

图3-10　油箱的附件

1—油箱；2—安全气道；

3—气体继电器；4—贮油柜

到152kPa后，气体和油将冲破防爆膜，降低油箱内的压力，避免油箱因受到强大压力而爆裂。

气体继电器亦称瓦斯继电器和浮子继电器，装在贮油柜与油箱连接的管道上。其作用是当变压器内部发生故障时，变压器油产生的气体使气体继电器动作，发出事故信号，并接通跳闸开关，切断电源，如图 3-10 中的标识 3 所示。

分接开关是调整电压比的装置，分为有载调压和无载调压两种。其调节范围是额定输出电压的±5%，如图 3-11 所示。

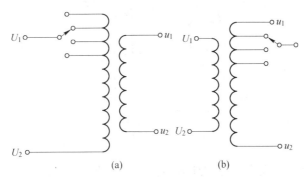

图 3-11 绕组的分接开关原理图

（a）一次侧分接开关；（b）二次侧分接开关

绝缘套管是将绕组引线引到油箱外部的绝缘装置。其作用是固定引线和对地绝缘，如图 3-12 所示。

3.1.2 变压器的工作原理

变压器是以互感现象为基础的电磁装置。其原理性结构如图 3-13 所示。它由绕在同一个铁芯上的两个绕组组成，与交流电源连接的绕组称为一次绕组匝数为 N_1（单位为匝）；连接负载的绕组称为二次绕组匝数为 N_2（单位为匝）。

对变压器原理的讨论先从理想变压器入手，然后讨论非理想情况中的一些主要问题，并在设计时予以考虑，这样就会概念清楚，层次分明。

理想变压器的条件：通过两个绕组的磁通量中在每匝都相同，即没有漏磁；两个绕组导线电阻（铜电阻）等于零，没有铜电阻产生的损耗（简称铜损、铜耗），即忽略绕组中导线的焦耳损耗；没有铁芯产生的损耗（简称铁损、铁耗），即忽略铁芯中的磁滞损耗和涡流损耗；一次绕组为一个有近于无限大自感系数的电感线圈，即交流阻抗无限大，故空载（不接负载）电流可以忽略。

当二次绕组开路，在一次绕组上加交变电压 u_1 时，铁芯中就有交变磁通量 Φ_0（称主磁通量）产生。

根据电磁感应原理，绕组内的磁通量发生变化时，会在绕组两端产生感应电动势 e，e 的大小与绕组匝数及磁通量变化速率的负值成正比，即 $e = -N(\mathrm{d}\Phi/\mathrm{d}t)$。对于一次绕组，磁通量 Φ_0 在自身的绕组内产生了自感电动势 e_1，于是有

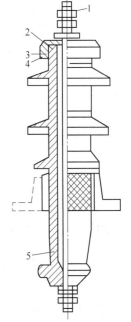

图 3-12 绝缘套管

1—导电杆；2—金属盖；
3—粘连物；4—封闭垫圈；
5—绝缘套管

$$e_1 = -N_1 \frac{\mathrm{d}\Phi_0}{\mathrm{d}t} \tag{3-1}$$

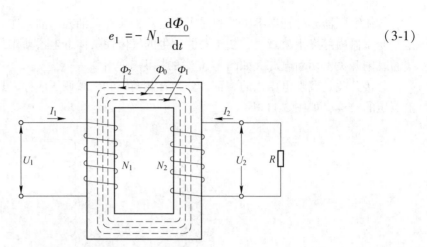

图 3-13   变压器原理图

假设一次绕组是一个没有电阻的纯电感，则其上的自感电动势 e_1 与外加电压 u_1 大小相等、方向相反，并保持平衡状态，即

$$u_1 = -e_1 = N_1 \frac{\mathrm{d}\Phi_0}{\mathrm{d}t} \tag{3-2}$$

假设一次绕组是一个具有近于无限大自感系数的电感，其上的电流为零。根据楞次定律，由 e_1 引起的电流也为零。实际上这是不可能的，无论如何在一次绕组中还是有励磁电流 i_{Φ_0}，因为它与满载（即负载加够）时的电流相比小得很多，在理想变压器中可以忽略。i_{Φ_0} 是空载电流 i_0 的主要成分，所以往往将 i_0 称为励磁电流，但在计算时应将两者区分开来。

假设无漏磁，一次绕组产生的磁通量通过铁芯全部耦合于二次绕组上，在二次绕组两端就产生互感电动势 e_2，于是有

$$e_2 = -N_2 \frac{\mathrm{d}\Phi_0}{\mathrm{d}t} \tag{3-3}$$

当二次绕组接通负载时，在 e_2 作用下产生的感生电流 i_2 就流过负载，在负载上产生电压降 u_2，且与 e_2 方向相反。因假设二次绕组导线电阻为零，故有 $u_2 = -e_2$，即

$$u_2 = -e_2 = N_2 \frac{\mathrm{d}\Phi_0}{\mathrm{d}t} \tag{3-4}$$

互感电动势 e_2 在二次侧产生电流 i_2，根据楞次定律，它产生的磁通 Φ_2 对抗主磁通 Φ_0 的变化，故 Φ_2 与 Φ_0 方向相反，使 Φ_0 减小，一次自感电动势 e_1 下降，导致 $u_1 > e_1$。因 u_1 不变，为保持 $u_1 = -e_1$ 的平衡状态，必须保持 Φ_0 不变，电源必须加大电流。这部分加大的电流设为 i_2'，此时的一次电流为 $i_{\mathrm{in}} = i_0 + i_2'$，使得由 i_2' 新产生的磁通量 Φ_1（与 Φ_0 同相）刚好抵消 Φ_2，此时一、二次绕组的磁动势相等，即

$$N_1 i_{\mathrm{in}} = N_2 i_2 \tag{3-5}$$

这时，e_1 又恢复到与 u_1 大小相等、方向相反的新的平衡状态，铁芯内部只有 Φ_0 存在。由此可见，不论二次绕组是开路还是接通负载，在铁芯内的磁通量始终是 Φ_0，这就是在理想变压器中的主磁通不变原理。另外，i_{in} 中的分量随 i_2' 的存在而存在，随 i_2 的消失而消

失，犹如镜面上反射光与入射光的关系，故称 i_2' 为 i_2 的反射电流。在实际应用中，i_2' 是由 i_2 通过折算得到的，故又称折算电流，其有效值为 I_2'。

比较式（3-2）和式（3-4）得 $u_1/u_2 = N_1/N_2$，工程上只取有效值计算，故有

$$\frac{U_1}{U_2} = \frac{N_1}{N_2} \tag{3-6}$$

式（3-6）说明一、二次电压比等于一、二次匝数比。当 $N_1 > N_2$ 时就是降压变压器；当 $N_1 < N_2$ 时为升压变压器；$N_1 = N_2$ 时为隔离变压器。在实际变压器中，二次侧往往有多个绕组，可以同时有升压和降压。但是，在实际变压器中，因一、二次绕阻上有铜电阻存在，式（3-6）左右是不等的，正确的电压与匝数比应是 $\dfrac{E_2}{E_1} = \dfrac{N_2}{N_1} = n$，此式由式（3-1）除以式（3-3），并取有效值，即可得到。式（3-6）只作近似式使用。

在实际应用中，人们还关心电流的有效值与匝数的关系，故式（3-5）又可写为

$$\frac{I_{in}}{I_2} = \frac{N_2}{N_1} \tag{3-7}$$

式中，I_{in} 为 i_{in} 的有效值。

按式（3-7）就可以折算出二次电流。因 i_2' 远大于 i_0，所以有 $i_{in} \approx i_2'$，取有效值有 $I_{in} \approx I_2'$，代入式（3-7）得

$$\left.\begin{array}{l} \dfrac{I_2'}{I_2} \approx \dfrac{N_2}{N_1} = n \\[3mm] I_2' \approx \dfrac{N_2}{N_1} I_2 = nI_2 \end{array}\right\} \tag{3-7a}$$

或

可以推出 $I_{in}^2 = (I_2' + I_c)^2 + I_\Phi^2$，知只有视 $I_c = I_\Phi \to 0$ 时上式成立。

由式（3-5）得 $U_2 \approx N_2 U_1(-\Delta U)/N_1$，两边各乘 I_2 得 $U_2 I_2 \approx N_2 U_1 I_2 (1 - \Delta U)/N_1$。将式（3-7a）代入上式得 $U_2 I_2 \approx U_1 I_2'(1 - \Delta U)$。

功率因数取 $\cos\varphi_2 \approx 1$ 得 $P_2 \approx U_2 I_2$，代入上式得

$$I_2' \approx \frac{P_2}{U_1(1 - \Delta U)} \tag{3-7b}$$

此式涉及多个近似式，正负误差均有，难以判定误差的大小。

式（3-7）、式（3-7a）和式（3-7b）适用于负载为纯电阻、桥式和倍压整流电路。式中，$n = N_2/N_1$ 为匝数比；ΔU 为电压调整率。

一般情况下，变压器负载为一个阻抗 Z_2，称为变压器输出阻抗，于是有

$$U_2 = I_2 Z_2 \tag{3-8}$$

对交流电源而言，变压器的一次侧是它的负载，称为变压器输入阻抗 Z_1，于是有

$$U_1 = I_{in} Z_1 \tag{3-9}$$

用式（3-8）除式（3-9）并取其有效值得

$$\frac{U_1}{U_2} = \frac{I_{in}}{I_2} \frac{Z_1}{Z_2} \tag{3-10}$$

将式（3-6）和式（3-7）代入式（3-10）有

$$\frac{Z_1}{Z_2} = \left(\frac{N_1}{N_2}\right)^2 = \left(\frac{1}{n}\right)^2 \tag{3-11}$$

变压器一、二次绕组的阻抗 Z_1 和 Z_2 就可通过式（3-11）进行阻抗变换。

式（3-6）、式（3-7）和式（3-11）表示的就是变压器可以实施的变电压、变电流和变电阻（或变阻抗）功能。利用这三个功能就能做成不同用途的变压器。通过铁芯的电磁耦合，变压器还具有功率传递功能，一次绕组提供给二次绕组的功率由增大的一次电流 I_2' 提供。

3.2　变压器的运行分析

3.2.1　变压器各电磁量正方向

图 3-14 是一台单相变压器的示意图，AX 是一次绕组，其匝数为 N_1，ax 是二次绕组，其匝数为 N_2。

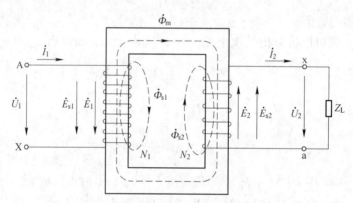

图 3-14　变压器运行时各电磁量规定正方向

变压器运行时，各电磁量都是交变的。为了研究清楚它们之间的相位关系，必须事先规定好各量的正方向，否则无法列写有关电磁关系式。例如，规定一次绕组电流 I_1（在本章中，凡在大写英文字母上打"·"者，表示为相量）从 A 流向 X 为正，用箭头标在图 3-14 里，这仅仅说明，当该电流在某瞬间的确是从 A 流向 X 时，其值为正，否则为负。可见，规定正方向只起坐标的作用，不能与该量瞬时实际方向混为一谈。

正方向的选取是任意的。在列写电磁关系式时，不同的正方向，仅影响该量为正或为负，不影响其物理本质。这就是说，变压器在某状态下运行时，由于选取了不同的正方向，导致各方程式中正、负号不一致，但究其瞬时值之间的相对关系不会改变。

选取正方向有一定的习惯，称为惯例。对分析变压器，常用的惯例如图 3-14 所示。

从图 3-14 中看出，变压器运行时，如果电压 $\dot{U}_1$ 和电流 $\dot{I}_1$ 同时为正或同时为负，即其间相位差 φ_1 小于 90°，则有功电功率 $U_1 I_1 \cos\varphi_1$ 为正值，说明变压器从电源吸收了这部分功率。如果 φ_1 大于 90°，$U_1 I_1 \cos\varphi_1$ 为负，说明变压器从电源吸收负有功功率（实为发出有功功率）。把图 3-14 中规定 $\dot{U}_1$、$\dot{I}_1$ 正方向称为"电动机惯例"。

再看电压 $\dot{U}_2$、电流 $\dot{I}_2$ 规定正方向，如果 $\dot{U}_2$、$\dot{I}_2$ 同时为正或同时为负，有功功率都是从变压器二次绕组发出，称为"发电机惯例"。当然，$\dot{U}_2$、$\dot{I}_2$ 一正一负时，则发出负有功功率（实为吸收有功功率）。

关于无功功率，同是电流 $\dot{I}_1$ 滞后电压 $\dot{U}_1$ 90°时间电角度，对电动机惯例，称为吸收滞后性无功功率；对发电机惯例，称为发出滞后性无功功率。

图 3-14 中，在一、二次绕组绕向情况下，电流 $\dot{I}_1$、$\dot{I}_2$ 和电动势 $\dot{E}_1$、$\dot{E}_2$ 等规定正方向都与主磁通 $\dot{\Phi}_m$ 规定正方向符合右手螺旋关系。

漏磁通 $\dot{\Phi}_{s1}$、$\dot{\Phi}_{s2}$ 正方向与主磁通 $\dot{\Phi}_m$ 一致。漏磁电动势 $\dot{E}_{s1}$、$\dot{E}_{s2}$ 与 $\dot{E}_1$、$\dot{E}_2$ 正方向一致。随时间变化的主磁通 Φ，在环链该磁通的一、二次绕组中会感应电动势。根据楞次定律，当磁通 Φ 正向增加时，其变化率 $\mathrm{d}\Phi/\mathrm{d}t$ 为正，如果感应的电动势能产生电流，该电流又能产生磁通，则其方向是企图阻止原磁通 Φ 的增加。可见，这个瞬间感应电动势 e 的实际方向与规定正方向相反。又如，当磁通 Φ 正向减小时，$\mathrm{d}\Phi/\mathrm{d}t$ 为负，感应电动势 e 若产生电流，该电流若产生磁通，其方向则是企图阻止原磁通 Φ 的减小。这个瞬间感应电动势 e 实际方向与规定正方向一致。这种规定电动势、磁通正方向符合右手螺旋关系时，反映楞次定律，感应电动势 e 公式前必须加负号。即

$$e_1 = -N_1 \frac{\mathrm{d}\Phi}{\mathrm{d}t} \tag{3-12}$$

$$e_2 = -N_2 \frac{\mathrm{d}\Phi}{\mathrm{d}t} \tag{3-13}$$

3.2.2 变压器的空载运行

变压器一次绕组接在交流电源上，二次绕组开路称为空载进行。

变压器是一个带铁芯的互感电路，因铁芯磁路的非线性，一般不采用互感电路的分析方法，而是把磁通分为主磁通和漏磁通进行研究。

图 3-15 是单相变压器空载运行的示意图。当二次绕组开路，一次绕组 AX 端接到电压 u_1 随时间按正弦变化的交流电网上时，一次绕组便有电流 i_0 流过，此电流称为变压器的空载电流（也叫励磁电流）。空载电流 i_0 乘以一次绕组匝数 N_1 为空载磁动势，也叫励磁磁动势，用于 f_0 表示，$f_0 = N_1 i_0$。为了便于分析，直接研究磁路中的磁通。在图 3-15 中，把同时链着一、二次绕组的磁通称为主磁通，其幅值用 Φ_m 表示，把只链一次绕组或二次绕组本身的磁通称为漏磁通。空载时，只有一次绕组漏磁通，其幅值用 Φ_{s1} 表示，从图中看出，主磁通的路径是铁芯，漏磁通的路径比较复杂，除了铁磁材料外，还要经空气或变压器油等非铁磁材料构成回路。由于铁芯采用磁导率高的硅钢片制成，空载运行时，主磁通占总磁通的绝大部分，漏磁通的数量很小，仅占 $0.1\% \sim 0.2\%$。

不考虑铁芯磁路饱和，由空载磁动势 f_0 产生的主磁通 ϕ，以电源电压 u_1 频率随时间按正弦规律变化。写成瞬时值为

$$\phi = \Phi_m \sin \omega t \tag{3-14}$$

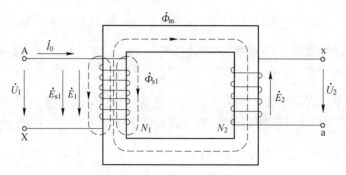

图 3-15　变压器空载运行时的各电磁量

一次绕组漏磁通 ϕ_{s1} 为

$$\phi_{s1} = \Phi_{s1}\sin\omega t \tag{3-15}$$

式中，Φ_m、Φ_{s1} 分别是主磁通和一次绕组漏磁通的幅值；$\omega = 2\pi f$ 为角频率；f 为频率；t 为时间。

把式（3-14）代入式（3-12），得主磁通在一次绕组感应电动势瞬时值 e_1 为

$$e_1 = -N_1\frac{\mathrm{d}\Phi}{\mathrm{d}t} = -\omega N_1 \Phi_m\cos\omega t$$

$$= \omega N_1 \Phi_m\sin\left(\omega t - \frac{\pi}{2}\right) = E_{1m}\sin\left(\omega t - \frac{\pi}{2}\right) \tag{3-16}$$

同理，主磁通 ϕ 在二次绕组中感应电动势瞬时值 e_2 为

$$e_2 = E_{2m}\sin\left(\omega t - \frac{\pi}{2}\right) \tag{3-17}$$

式中，$E_{1m} = \omega N_1\Phi_m$、$E_{2m} = \omega N_2\Phi_m$ 分别是一、二次绕组感应电动势幅值。

用相量形式表示上述电动势有效值为

$$\dot{E}_1 = \frac{\dot{E}_{1m}}{\sqrt{2}} = -j\frac{\omega N_1}{\sqrt{2}}\dot{\Phi}_m = -j\frac{2\pi}{\sqrt{2}}fN_1\dot{\Phi}_m = -j4.44fN_1\dot{\Phi}_m \tag{3-18}$$

$$\dot{E}_2 = -j4.44fN_2\dot{\Phi}_m \tag{3-19}$$

式中，磁通的单位为 Wb，电动势的单位为 V。

从式（3-18）、式（3-19）看出，电动势 E_1 或 E_2 的大小与磁通交变的频率、绕组匝数以及磁通幅值成正比。当变压器接到固定频率电网时，由于频率、匝数都为定值，电动势有效值 E_1 或 E_2 的大小仅取决于主磁通幅值 Φ_m 的大小。作为相量，$\dot{E}_1$、$\dot{E}_2$ 都滞后 $\dot{\Phi}_m\pi/2$ 时间电角度。

式（3-15）一次绕组漏磁通感应漏磁电动势瞬时值 e_{s1} 为

$$e_{s1} = -N_1\frac{\mathrm{d}\phi_{s1}}{\mathrm{d}t} = \omega N_1\Phi_{s1}\sin\left(\omega t - \frac{\pi}{2}\right) = E_{ms1}\sin\left(\omega t - \frac{\pi}{2}\right)$$

式中，$E_{ms1} = \omega N_1\Phi_{s1}$ 为漏磁电动势幅值。

用相量表示，其有效值为

$$\dot{E}_{s1} = \frac{\dot{E}_{ms1}}{\sqrt{2}} = -j\frac{\omega N_1}{\sqrt{2}}\dot{\Phi}_{s1} = -j4.44fN_1\dot{\Phi}_{s1} \qquad (3\text{-}20)$$

上式可写成

$$\dot{E}_{s1} = -j\frac{\omega N_1}{\sqrt{2}}\dot{\Phi}_{s1} \cdot \frac{\dot{I}_0}{\dot{I}_0} = -j\omega L_{s1}\dot{I}_0 = -jX_1\dot{I}_0 \qquad (3\text{-}21)$$

式中，$L_{s1} = \dfrac{N_1}{\sqrt{2}}\dfrac{\dot{\Phi}_{s1}}{\dot{I}_0}$ 称为一次绕组漏自感；$X_1 = \omega L_{s1}$ 称为一次绕组漏电抗。

可见，漏磁电动势 $\dot{E}_{s1}$ 可以用空载电流 $\dot{I}_0$（相量）在一次绕组漏电抗 X_1 产生的负压降 $-jX_1\dot{I}_0$ 表示。在相位上，$\dot{E}_{s1}$ 滞 $\dot{I}_0\pi/2$ 时间电角度。一次绕组漏电抗 X_1 还可写成

$$X_1 = \omega\frac{N_1\Phi_{s1}}{\sqrt{2}I_0} = \omega\frac{N_1(\sqrt{2}I_0N_1\Lambda_{s1})}{\sqrt{2}I_0} = \omega N_1^2\Lambda_{s1} \qquad (3\text{-}22)$$

式中，Λ_{s1} 为漏磁路的磁导。

为了提高变压器运行性能，在设计时希望漏电抗 X_1 数值小点为好。从式（3-22）看出，影响漏电抗 X_1 大小的因素有三点：角频率 ω、匝数 N_1 和漏磁路磁导 Λ_{s1}。其中 ω 恒值，匝数 N_1 的设计要综合考虑，只有用将漏磁路磁导 Λ_{s1} 减小的办法来减小 X_1。我们知道，漏磁路磁导 Λ_{s1} 的大小与磁路的材料、一、二次绕组相对位置以及磁路的几何尺寸有关。已知漏磁路的材料主要是非铁磁材料，其磁导率 μ 很小，且为常数，再加上合理布置一、二次绕组的相对位置，就可以减小 Λ_{s1}，从而减小漏电抗 X_1，且为常数，即 X，不随电流大小而变化。

根据基尔霍夫定律，可以列出图 3-15 变压器空载时一次、二次绕组回路电压方程。当变压器一次绕组接到电源电压为 $\dot{U}_1$ 的电源时，一次绕组回路电压方程

$$\dot{U}_1 = -\dot{E}_1 - \dot{E}_{s1} + \dot{I}_0R_1$$

将式（3-21）代入上式，得

$$\dot{U}_1 = -\dot{E}_1 + \dot{I}_0(R_1 + jX_1) = -\dot{E}_1 + \dot{I}_0Z_1 \qquad (3\text{-}23)$$

式中，R_1 为一次绕组电阻，Ω；$Z_1 = R_1 + jX_1$，为一次绕组漏阻抗，Ω。

空载时二次绕组开路电压用 $\dot{U}_{20}$ 表示

$$\dot{U}_{20} = \dot{E}_2$$

变压器一次绕组加额定电压空载运行时，空载电流 I_0 不超过额定电流的 10%，再加上漏阻抗 Z_1 值较小，产生的压降 I_0Z_1 也较小，可以认为式（3-23）近似为

$$\dot{U}_1 \approx -\dot{E}_1$$

仅考虑其大小，为

$$U_1 \approx E_1 = 4.44fN_1\Phi_m$$

可见，当频率 f 和匝数 N_1 一定时，主磁通 Φ_m 大小几乎取决于所加电压 U_1 的大小。但是

必须明确，主磁通 Φ_{m} 是由空载磁动势 $F_0 = I_0 N_1$ 产生的。

一次电动势 E_1 与二次电动势 E_2 之比，称为变压器的变比，用 k 表示，即

$$k = \frac{E_1}{E_2} = \frac{4.44 f N_1 \Phi_{\mathrm{m}}}{4.44 f N_2 \Phi_{\mathrm{m}}} = \frac{N_1}{N_2} \tag{3-24}$$

变比 k 也等于一、二次绕组匝数比。空载时，$U_1 \approx E_1$，$U_{20} \approx E_2$，变比又为

$$k = \frac{E_1}{E_2} \approx \frac{U_1}{U_{20}}$$

只要 $N_1 \neq N_2$，$k \neq 1$，一、二次电压就不相等，实现了变电压的目的。$k > 1$ 是降压变压器；$k < 1$ 是升压变压器。

变压器空载运行时，有空载电流建立主磁通，所以，空载电流就是励磁电流。

变压器在空载时，$u_1 \approx -e_1 = -N_1 \dfrac{\mathrm{d}\Phi}{\mathrm{d}t}$，电网电压的波形为正弦波，铁芯中主磁通的波形亦为正弦波。若铁芯不饱和（$B_{\mathrm{m}} \leqslant 1.3T$），空载电流 i_0 的波形也是正弦波。而对于电力变压器，$B_{\mathrm{m}} = 1.4 \sim 1.73T$，铁芯都是饱和的。由图 3-16 知，励磁电流的波形呈尖顶波，除了基波 i_{01} 外，还有较强的三次谐波 i_{03} 和其他高次谐波。图 3-16 所示中的 i_0 曲线可以由硅钢片的 B-H 曲线经过如下代换求得

$$\Phi = BA, \quad Hl = N_1 i_0$$

式中，A 为铁芯截面积；l 为铁芯磁路长度。

这些谐波电流在特殊情况下会起一定作用。在变压器负载运行时，$i_0 \leqslant 2.5\% i_{\mathrm{N}}$，这些谐波的影响完全可以忽略，一般测量得到的 i_0 就是有效值，在下面的讨论中，空载电流均指有效值。

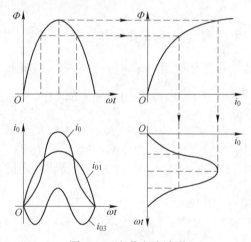

图 3-16 空载电流波形

为了描述主磁通 m 在电路中的作用，仿照对漏磁通的处理办法，引入励磁阻抗 Z_{m}，将 $\dot{E}_1$ 和 $\dot{I}_0$ 联系起来，即

$$\dot{E}_1 = -\dot{I}_0 Z_{\mathrm{m}} \tag{3-25}$$

$$Z_{\mathrm{m}} = R_{\mathrm{m}} + j X_{\mathrm{m}} \tag{3-26}$$

式中，Z_m 为励磁阻抗；R_m 为励磁电阻，是对应铁耗的等效电阻，$I_0^2 R_m$ 等于铁耗；X_m 为励磁电抗，它是表征铁芯磁化性能的一个参数。

X_m 与铁芯线圈电感 L_m 的关系为 $X_m = \omega L_m = 2\pi f N_1^2 \Lambda_m$，$\Lambda_m$ 代表铁芯磁路的磁导。R_m、X_m 都不是常数，随铁芯饱和程度而变化。当电压升高时，铁芯更加饱和。据铁芯磁化曲线 $\Phi_m(I_0)$，I_0 比 Φ_m 增加得快，而 Φ_m 近似与外施电压 $U_1(U_1 \approx E_1)$ 成正比，故 I_0 比 U_1 增加得快，因此 R_m、X_m 都随外施电压的增加而减小。实际上，当变压器接入的电网电压在额定值附近变化不大时，可以认为 Z_m 不变。

由式（3-23）、式（3-25）可得到用 Z_m、Z_1 表示的电压平衡方程为

$$\dot{U}_1 = \dot{I}_0 Z_m + \dot{I}_0 Z_1 \qquad (3-27)$$

还可得到与式（3-26）对应的等效电路图（见图 3-17）。等效电路表明，变压器空载运行时，它就是一个电感线圈，它的电抗值等于 $X_{1\sigma}+X_m$，它的电阻值等于 R_1+R_m。

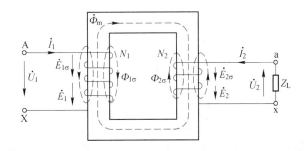

图 3-17 变压器空载时的等效电路

3.2.3 变压器的负载运行

如图 3-18 所示，二次侧绕组接有负载阻抗 Z_L，负载端电压为 $\dot{U}_2$，电流为 $\dot{I}_2$，一次侧绕组电流是 $\dot{I}_1$。

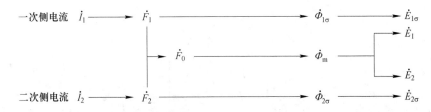

图 3-18 变压器的负载运行

图 3-18 中的假定正向如下设定。

一次侧：$\dot{E}_1$、$\dot{I}_1$ 同方向；$\dot{\Phi}_m$ 与 $\dot{I}_1$ 符合右手螺旋定则；$\dot{U}_1$、$\dot{I}_1$ 同方向。

二次侧：$\dot{E}_2$、$\dot{I}_2$ 同方向；$\dot{\Phi}_m$ 与 $\dot{I}_2$ 符合右手螺旋定则；$\dot{U}_2$、$\dot{I}_2$ 同方向。

此时，变压器内各物理量的电磁关系可表述为

对于电力变压器，由于其一次侧绕组漏阻抗压降 $Z_1 I_1$ 很小，负载时仍有 $U_1 \approx E_1 = 4.44 N_1 f \Phi_m$，故铁芯中与 E_1 相对应的主磁通 Φ_m 近似等于空载时的主磁通，从而产生 Φ_m

的合成磁动势与空载磁动势近似相等，负载时的励磁电流与空载电流 I_0 也近似相等，有

$$\dot{F}_1 + \dot{F}_2 = \dot{F}_0 \tag{3-28}$$

$$N_1 \dot{I}_1 + N_2 \dot{I}_2 = N_1 \dot{I}_0 \tag{3-29}$$

式中，$\dot{F}_1$ 为一次侧绕组磁动势；$\dot{F}_2$ 为二次侧绕组磁动势；$\dot{F}_0$ 为产生主磁通的合成磁动势，由于负载时励磁电流由一次侧供给，故 $\dot{F}_0 = N_1 \dot{I}_0$。

将式（3-28）两边同除以 N_1，得

$$\dot{I}_1 + \dot{I}_2 \frac{N_2}{N_1} = \dot{I}_0$$

即

$$\dot{I}_1 = \dot{I}_0 + \left(-\frac{\dot{I}_2}{k} \right) = \dot{I}_0 + \dot{I}_{1L} \tag{3-30}$$

式中，$\dot{I}_{1L} = -\dfrac{\dot{I}_2}{k}$，$\dot{I}_{1L}$ 是一次侧电流的负载分量。

式（3-29）表示，在负载运行时，变压器一次侧电流 $\dot{I}_1$ 有两个分量：$\dot{I}_0$ 和 $\dot{I}_{1L}$。$\dot{I}_0$ 是励磁电流，用于建立变压器铁芯中的主磁通；$\dot{I}_{1L}$ 是负载分量，用于建立磁动势 $N_1 \dot{I}_{1L}$ 去抵消二次侧磁动势 $N_2 \dot{I}_2$，即

$$N_1 \dot{I}_{1L} + N_2 \dot{I}_2 = 0$$

变压器负载运行时，二次侧绕组中电流 $\dot{I}_2$ 产生仅与二次侧绕组相交链的漏磁通 $\Phi_{2\sigma}$，$\Phi_{2\sigma}$ 在二次侧绕组中的感应电动势 $\dot{E}_{2\sigma}$，类似于 $\dot{E}_{1\sigma}$，它也可以看成一个漏抗压降，即

$$\dot{E}_{2\sigma} = -j\dot{I}_2 \omega L_{2\sigma} = -j\dot{I}_2 X_{2\sigma} \tag{3-31}$$

式中，$L_{2\sigma}$ 为二次侧绕组的漏电感；$X_{2\sigma} = \omega L_{2\sigma}$，它是对应二次侧绕组漏磁通的漏电抗。绕组电阻为 R_2，则二次侧绕组的漏阻抗 $Z_2 = R_2 + jX_{2\sigma}$。

根据基尔霍夫第二定律，在图 3-18 所示假定正向下，可以列出二次侧回路电压方程。联合一次侧各电压、电流方程列出下面方程组，即

$$\left. \begin{array}{l} \dot{U}_1 = -\dot{E}_1 + \dot{I}_1 Z_1 \\[2mm] \dot{U}_2 = \dot{E}_2 - \dot{I}_2 Z_2 \\[2mm] \dfrac{\dot{E}_1}{\dot{E}_2} = k \\[2mm] \dot{I}_1 + \dfrac{\dot{I}_2}{k} = \dot{I}_0 \\[2mm] -\dot{E}_1 = \dot{I}_0 Z_{\mathrm{m}} \\[2mm] \dot{U}_2 = \dot{I}_2 Z_L \end{array} \right\} \tag{3-32}$$

利用上述方程，可以对变压器进行计算。例如，已知电源电压 $\dot{U}_1$，变比 k 及参数 Z_1、Z_2、Z_m 及负载阻抗 Z_L，上述方程组可求解出六个未知量：I_1、I_2、I_0、E_1、E_2、U_2。但对一般电力变压器，变比 k 值较大，使得一次侧、二次侧的电压、电流数值的数量级相差很大，计算不方便，因此，下面将介绍分析变压器的一个重要方法——等效电路。

为了得到变压器的等效电路，先要进行绕组折算。通常是将二次侧绕组折算到一次侧绕组，当然也可以相反。所谓把二次侧绕组折算到一次侧，就是用一个匝数为 N_1 的等效绕组，去替代原变压器匝数为 N_2 的二次侧绕组，折算后的变压器变比 $N_1/N_1 = 1$。

如果 E_2、I_2、R_2、X_2 分别表示折算前二次侧的电动势、电流、电阻、漏抗，则折算后分别表示为 E_2'、I_2'、R_2'、X_2'，即在原符号上加"′"。折算的目的在于简化变压器的计算，折算前后变压器内部的电磁过程、能量传递完全等效，也就是说，从一次侧看进去，各物理量不变，因为变压器二次侧绕组是通过 $\dot{F}_2$ 来影响一次侧的，只要保证二次侧绕组磁动势 $\dot{F}_2$ 不变，则铁芯中合成磁动势 $\dot{F}_0$ 不变，主磁通 $\dot{\Phi}_m$ 不变，$\dot{\Phi}_m$ 在一次侧绕组中感应的电动势 $\dot{E}_1$ 不变，一次侧从电网吸收的电流、有功功率、无功功率不变，对电网等效。显然折算的条件就是折算前后磁动势 $\dot{F}_2$ 不变。下面分别求取各物理量的折算值。

（1）二次侧电流的折算。根据折算前后二次侧绕组磁动势 $\dot{F}_2$ 不变的原则，有

$$N_1 I_2' = N_2 I_2$$

$$I_2' = \frac{N_2}{N_1} I_2 = \frac{1}{k} I_2 \tag{3-33}$$

（2）二次侧电动势的折算。由于折算前后 $\dot{F}_2$ 不变，从而铁芯中主磁通 $\dot{\Phi}_m$ 不变，于是折算后的二次侧绕组的感应电动势

$$E_2' = \frac{N_1}{N_2} E_2 = k E_2 \tag{3-34}$$

（3）二次侧阻抗的折算。根据式（3-31），折算后二次侧的阻抗为

$$Z_2' + Z_L' = \frac{\dot{E}_2'}{\dot{I}_2'} = \frac{k \dot{E}_2}{\frac{1}{k} \dot{I}_2} = k^2 (Z_2 + Z_L) \tag{3-35}$$

式（3-34）表明，为了保证折算前后 $\dot{F}_2$ 不变，折算后的二次侧阻抗必须等于折算前阻抗的 k^2 倍。因为要求折算后的二次侧阻抗在任何负载及功率因数下都等效，则等效折算条件可表示为

$$R_2' = k^2 R_2$$
$$X_{2\sigma}' = k^2 X_{2\sigma}$$
$$R_L' = k^2 R_L$$
$$X_L' = k^2 X_L \tag{3-36}$$

根据上述折算条件，二次侧端电压折算值

$$\dot{U}_2' = \dot{E}_2' - \dot{I}_2' Z_2' = k(\dot{E}_2 - \dot{I}_2 Z_2) = k \dot{U}_2 \tag{3-37}$$

折算前后二次侧的铜耗不变，即

$$\dot{I}_2'^2 R_2' = \left(\frac{1}{k}I_2\right)^2 (k^2 R_2) = I_2^2 R_2 \tag{3-38}$$

输出功率也不变，即

$$U_2' I_2' = (kU_2)\left(\frac{1}{k}I_2\right) = U_2 I_2 \tag{3-39}$$

应用以上各式，既可以把二次侧的量（例如 $\dot{E}_2$）折算到一次侧，成为等效的二次侧的量（$\dot{E}_2'$），也可将已知的等效的二次侧的量（如 $\dot{E}_2'$）折算回一次侧，以求得一次侧的量（$\dot{E}_1$）。

折算后的方程组（3-32）为

$$\left. \begin{aligned} \dot{U}_1 &= -\dot{E}_1 + \dot{I}_1 Z_1 \\ \dot{U}_2' &= \dot{E}_2' - \dot{I}_2' Z_2' \\ \dot{I}_0 &= \dot{I}_1 + \dot{I}_2' \\ \dot{E}_1 &= \dot{E}_2' \\ -\dot{E}_1 &= \dot{I}_0 Z_{\mathrm{m}} \\ \dot{U}_2' &= \dot{I}_2' Z_{\mathrm{L}}' \end{aligned} \right\} \tag{3-40}$$

3.2.4　等效电路

绕组折算的目的不仅在于简化变压器的计算，更重要的是可以模仿空载运行而导出负载运行时的等效电路。

3.2.4.1　T型等效电路

根据方程组（3-40）中第 1、第 2、第 6 式可以画出图 3-19（a）所示的电路。由方程式 $\dot{E}_1 = \dot{E}_2'$，可将 $\dot{E}_1$ 与 $\dot{E}_2'$ 之首端、尾端分别对应短接，对变压器一次侧、二次侧是等效的。据 $\dot{I}_0 = \dot{I}_1 + \dot{I}_2'$，流过感应电动势 $\dot{E}_1$ 的电流为 $\dot{I}_0$，从而得到图 3-19（b）。由方程 $-\dot{E}_1 = \dot{I}_0 Z_{\mathrm{m}}$，可以用励磁阻抗替代感应电动势 $\dot{E}_1$ 的作用，得到变压器的 T 型等效电路，如图 3-19（c）所示。在此等效电路中，在励磁支路 $R_{\mathrm{m}}+jX_{\mathrm{m}}$ 中流过励磁电流 $\dot{I}_0$，它在铁芯中产生主磁通 $\dot{\Phi}_{\mathrm{m}}$，$\dot{\Phi}_{\mathrm{m}}$ 在一次绕组中感应电动势 $\dot{E}_1$，在二次绕组中感应电动势 $\dot{E}_2$。在 T 型等效电路中，R_{m} 是励磁电阻，它所消耗的功率代表铁耗 X_{m} 是励磁电抗，它反映了主磁通在电路中的作用；Z_{m} 是励磁阻抗，它上面的电压降 $I_0 Z_{\mathrm{m}}$ 代表电动势 E_1。R_1 是一次侧的电阻，它所消耗的功率 $I_1^2 R_1$ 代表变压器一次侧的铜耗；$X_{1\sigma}$ 是一次侧的漏电抗；$I_1^2 X_{1\sigma}$ 代表了一次侧漏磁场所消耗的无功功率。R_2' 是二次侧的电阻的折算值，它所消耗的功率 $I_2'^2 R_2$ 代表变压器二次侧的铜耗；$X_{2\sigma}'$ 是二次侧的漏电抗的折算值，$I_2'^2 X_{2\sigma}'$ 代表了二次侧漏磁场所消耗的无功功率；Z_{L}' 是负载阻抗的折算值。

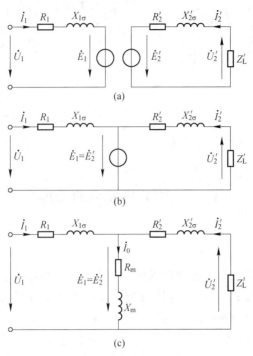

图 3-19　T 型等效电路的形成过程

3.2.4.2　Γ 型等效电路

Γ 型等效电路能准确地反映变压器运行时的物理情况，但它含有串联、并联支路，运算较为复杂。对于电力变压器，一般 $I_{1N}Z_1 < 0.08U_{1N}$，且 $\dot{I}_1 Z_1$ 与 $-\dot{E}_1$ 是相量相加，因此可将励磁支路前移与电源并联，得到图 3-20 所示的 Γ 型等效电路。它只有励磁支路和负载支路两并联支路，简化很多计算，而且对 $\dot{I}_1$、$\dot{I}_2'$、$\dot{E}_1'$ 的计算不会带来多大误差。

3.2.4.3　简化等效电路

对于电力变压器，由于 $I_0 < 0.03I_{1N}$，故当变压器满载及负载电流较大时，分析中可近似认为 $I_0 = 0$，将励磁支路断开，等效电路进一步简化成一个串联阻抗，如图 3-21 所示。

在简化等效电路中，可将一次侧、二次侧的参数合并，得到

$$R_k = R_1 + R_2'$$
$$X_k = X_{1\sigma} + X_{2\sigma}'$$
$$Z_k = R_k + jX_k \tag{3-41}$$

式中，R_k 为短路电阻；X_k 为短路电抗；Z_k 为短路阻抗。

从简化等效电路可见，如果变压器发生稳态短路（即图 3-21 所示中 $Z_L' = 0$），短路电流 $I_k = U_1/Z_k$ 可达到额定电流的 10～20 倍。对应于简化等效电路，电压方程为

$$\dot{U}_1 = \dot{I}_1(R_k + jX_k) - \dot{U}_2'$$

基本方程、等效电路、相量图（本书不做详细介绍）是分析变压器运行的三种方法，其物理本质是一致的。在进行定量计算时，宜采用等效电路；定性讨论各物理量间关系时，宜采用基本方程；而表示各物理量之间大小、相位关系时，相量图比较方便。

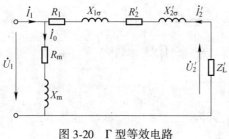

图 3-20　Γ 型等效电路

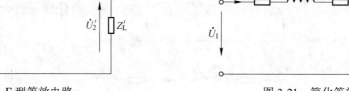

图 3-21　简化等效电路

3.3　变压器的参数测定

3.3.1　空载试验

当用基本方程、等效电路、相量图求解变压器的运行性能时，必须知道变压器的励磁参数 R_m、X_m 和短路参数 R_k、X_k，这些参数在设计变压器时可用计算方法求得，对于已制成的变压器，可以通过空载试验和短路试验获取。

根据变压器的空载试验可以求得变比 k、空载损耗 P_0、空载电流 I_0 以及励磁阻抗 Z_m。图 3-22（a）所示为一台单相变压器的空载试验线路。变压器二次侧开路，在一次侧施加额定电压，测量 U_1、U_{20}、I_0、P_0。空载试验的等效电路如图 3-22（b）所示。在试验时，调整外施电压以达到额定值，忽略相对较小的压降 $I_0 Z_1$；感应电动势 E_1、铁芯中的磁通密度均达到正常运行时的数值。忽略相对较小的一次侧绕组的铜耗 $I_0^2 R_1$，空载时输入功率 P_0 等于变压器的铁耗。

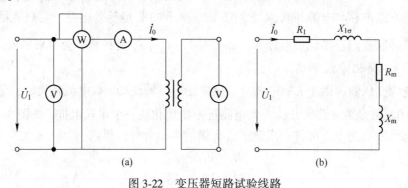

（a）　　　　　　　　　　　　　　（b）

图 3-22　变压器短路试验线路
（a）接线图；（b）等效电路

依据等效电路（图 3-22（b））和测量结果得下列参数：

变压器的变比

$$k = \frac{U_1}{U_{20}} \tag{3-42}$$

由于 $Z_m \gg Z_1$，可忽略 Z_1

励磁阻抗

$$Z_m = \frac{U_1}{I_0} \tag{3-43}$$

励磁电阻
$$R_m = \frac{P_0}{I_0^2} \tag{3-44}$$

励磁电抗
$$X_m = \sqrt{Z_m^2 - R_m^2} \tag{3-45}$$

在额定电压附近，由于磁路饱和的原因，R_m、X_m 都随电压大小而变化，因此，在空载试验中应求出对应于额定电压的 R_m、X_m 值。空载试验可以在任何一方做，若空载试验在高压方进行，测得励磁阻抗为 $Z_m^{(1)}$；若空载试验在低压方进行，测得的励磁阻抗为 $Z_m^{(2)}$，则 $Z_m^{(1)} = k^2 Z_m^{(2)}$。为了方便和安全，一般空载试验在低压方进行。

【例 3-1】 一台电力变压器，$S_N = 200\text{kVA}$，$U_{1N}/U_{2N} = 10\text{kV}/0.4\text{kV}$，$I_{1N}/I_{2N} = 11.55\text{A}/288.7\text{A}$。在低压方施加额定电压做空载试验，测得 $P_0 = 470\text{W}$，$I_0 = 5.2\text{A}$，求励磁参数。

【解】 计算变比
$$k = \frac{U_{1N}}{U_{2N}} = \frac{10000}{400} = 25$$

空载相电流
$$I_0 = 5.2\text{A}$$
损耗
$$P_0 = 470\text{W}$$

低压方励磁阻抗
$$Z_m' = \frac{U_{2N}}{I_0} = \frac{400\text{V}}{5.2\text{A}} = 76.9\Omega$$

低压方励磁电阻
$$R_m' = \frac{P_0}{I_0^2} = \frac{470\text{W}}{(5.2\text{A})^2} = 17.4\Omega$$

低压方励磁电抗
$$X_m' = \sqrt{Z_m'^2 - R_m'^2} = \sqrt{76.9^2 - 17.4^2}\,\Omega = 74.9\Omega$$

以上参数是从低压方看进去的值，现将它们折算至高压方，有
$$Z_m = k^2 Z_m' = 25^2 \times 76.9\Omega = 48062\Omega$$
$$R_m = k^2 R_m' = 25^2 \times 17.4\Omega = 10875\Omega$$
$$X_m = k^2 X_m' = 25^2 \times 74.9\Omega = 46812\Omega$$

3.3.2 短路试验

根据变压器的短路试验可以求得变压器的负载损耗、短路阻抗 Z_k。

图 3-23（a）所示为一台单相变压器的短路试验线路，将二次侧短路，一次侧通过调压器接到电源上，施加的电压比额定电压低得多，以使一次侧电流接近额定值。测得一次侧电压 U_k，电流 I_k，输入功率 P_k，短路试验的等效电路如图 3-23（b）所示。在试验时，二次侧短路。当一次侧绕组中电流达到额定值时，根据磁动势平衡关系，二次侧绕组中电流亦达到额定值。短路试验时，U_k 很低（$(4\% \sim 10\%)U_{1N}$），所以，铁芯中主磁通很小，励磁电流完全可以忽略，铁芯中的损耗也可以忽略。从电源输入的功率 P_k 等于铜耗，亦称为负载损耗。

根据测量结果，由等效电路可算得下列参数：

短路阻抗
$$Z_k = \frac{U_k}{I_k} \tag{3-46}$$

短路电阻
$$R_k = \frac{P_k}{I_k^2} \tag{3-47}$$

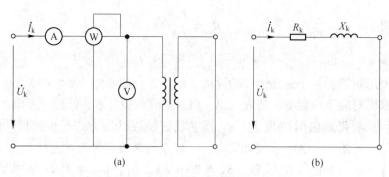

图 3-23 单相变压器短路试验线路
(a) 接线图;(b) 等效电路

短路电抗
$$X_k = \sqrt{Z_k^2 - R_k^2} \tag{3-48}$$

如同空载试验一样,上面的计算是对单相变压器进行的,如求三相变压器的参数时,就必须根据一相的负载损耗、相电压、相电流来计算。短路试验可以在高压方做,也可以在低压方做,所求得的 Z_k 是折算到测量方的。

假定变压器一次侧为高压方,为了使变压器在短路试验(低压方短路)时一次侧电流为额定值 I_{1N},则在一次侧应施加短路电压 $U_k = I_{1N} Z_k$。短路电压的电阻分量 $U_{kr} = I_{1N} R_k$,短路电压的电抗分量 $U_{kx} = I_{1N} X_k$。

【例 3-2】 对例 3-1 的变压器在高压方做短路试验。已知 $U_k = 400V$、$I_k = 11.55A$、$P_k = 3500W$,求短路参数。

【解】 短路阻抗
$$Z_k = \frac{U_k}{I_k} = \frac{400V}{11.55A} = 34.6\Omega$$

短路电阻
$$R_k = \frac{P_k}{I_k^2} = \frac{3500W}{(11.55A)^2} = 26.2\Omega$$

短路电抗 $\quad X_k = \sqrt{Z_k^2 - R_k^2} = \sqrt{34.6^2 - 26.2^2}\,\Omega = 22.6\Omega$

若在低压方做短路试验,则

低压方施加电压
$$U_{k2} = \frac{U_k}{k} = \frac{400V}{25} = 16V$$

低压方电流 $\quad I_{k2} = kI_k = 25 \times 11.55A = 288.8A$

低压方短路电阻
$$R_{k2} = \frac{R_k}{k^2} = \frac{26.2\Omega}{25^2} = 0.042\Omega$$

低压方损耗 $\quad P_{k2} = I_{k2}^2 R_{k2} = 288.8^2 \times 0.042 = 3503W$

计算表明,在低压方做短路试验时,负载损耗值不变,但 U_{k2} 太小,I_{k2} 太大,调压设备难以满足要求,试验误差也较大,因此,变压器短路试验一般在高压方进行。

3.4 功率变压器的设计举例——AP 法设计功率变压器

AP 法($A_p = A_w \times A_e$,称为磁芯面积乘积,其中 A_w 是磁芯窗口面积,A_e 是磁芯有效截面积）是目前设计功率变压器和功率电感最常用的方法。根据电感器的设计思路，对于任何一款磁性器件，在设计过程中考虑到的因素越多，则设计出的器件最后需要验证测试的参数就越少，器件设计通过的概率就越大。而 AP 法在设计过程中同时兼顾了器件的功率、磁芯尺寸、绕组特征以及散热等诸多因素，因此确保了设计器件的通过率很高，从而大大提高了功率变压器和电感器的设计研发效率。下面我们介绍一下 AP 法的设计原理。

设变压器原边为 N_p 匝，副边 N_s 匝，初级电压为 V_1，则根据法拉第定律

$$V_1 = k_f f N_p B_w A_e$$

式中，f 为工作额率；B_w 为最大工作磁通密度，T；A_e 为磁芯有效面积，m^2；k_f 为波形系数（正弦波时为 4.44，方波时为 4）。

整理得

$$N_p = \frac{V_1}{k_f f B_w A_e} \tag{3-49}$$

磁芯窗口面 A_w 乘上使用系数 k_0 为有效面积，该面积为原边绕组 N_p 占据窗口面积 $N_p A_p'$ 与副边绕组 N_s 占据面积 $N_s A_s'$ 之和，即

$$k_0 A_w = N_p A_p' + N_s A_s'$$

而每匝所占用面积与流过该匝的电流值和电流密度 J 有关，即有

$$A_p' = \frac{I_1}{J}, \ A_s' = \frac{I_2}{J}$$

其中，初、次级电流密度样。联立上式可得

$$k_0 A_w = \frac{V_1}{k_f f B_w A_e} \frac{I_1}{J} + \frac{V_2}{k_f f B_w A_e} \frac{I_2}{J}$$

即有

$$A_w A_e = \frac{V_1 I_1 + V_2 I_2}{k_0 k_f f B_w J}$$

$A_w A_e$ 即变压器窗口面积和磁芯截面积的乘积。$V_1 I_1 + V_2 I_2$ 为原边和副边功率。上式表明，工作磁通密度 B_w、开关电源工作频率 f、窗口面积使用系数 k_0、波形系数 k_f 和电流密度 J 都会影响到面积的乘积。

电流密度 J 直接影响到温升，也要影响到 $A_w A_e$，可表示为

$$J = k_j (A_w A_e)^x$$

式中，k_j 为电流密度比例系数；x 为一常数，由所用磁芯决定。

$$A_w A_e = \frac{P_T}{k_0 k_f f B_w k_j (A_w A_e)^x}$$

$$AP = \left(\frac{P_T \times 10^4}{k_0 k_f f B_w k_j} \right)^{\frac{1}{1+x}} \tag{3-50}$$

式中，AP 为 $A_w A_e$，cm^4；$P_T = V_1 I_1 + V_2 I_2$，即变压器视在功率，W。

上式说明，磁芯的选择就是选择一个合适的 AP 值，使它输送功率 P_T 时，铁损和铜损引起的温升在额定温升以内。

窗口使用系数 k_0 的确定：k_0 表征变压器或电感器之窗口面积中铜线实际占有的面积

量，主要与线径、绕组数有关，一般典型值取 $k_0 = 0.4 \sim 0.5$。

另外还有一点需要注意，变压器的线路结构不同，其视在功率的计算式也有一些差异。

如图 3-24 所示，线路（a）理想时：

$$P_T = P_i + P_0 = 2P_i = 2P_0。（当变压器效率 \eta 为 1 时）$$

实际

$$P_T = P_0 + P_0/\eta = P_0(1 + 1/\eta)（实际 \eta < 1）$$

线路（b）理想时：

$$P_T = P_0(1 + \sqrt{2})$$

实际
$$P_T = P_0(P/\eta + \sqrt{2})$$

线路（c）理想时：

$$P_T = 2\sqrt{2} P_0$$

实际
$$P_T = P_0(P/\eta + 1)\sqrt{2}$$

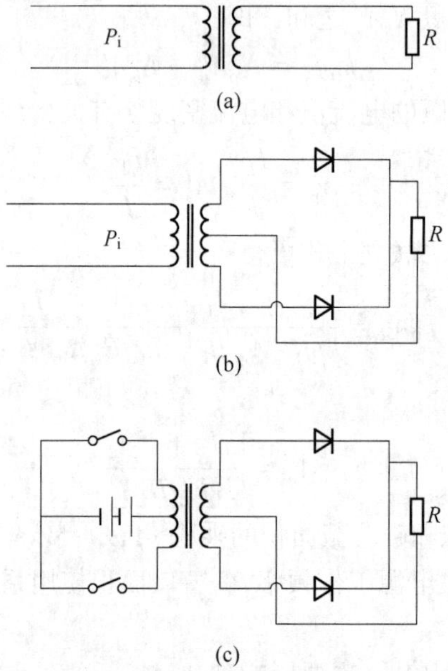

图 3-24 视在功率与线路结构关系

下面通过一个具体实例来说明 AP 法设计功率变压器的设计过程。

一推挽式开关电源变压器（图 3-24 中线路（c）），原边接 $V_s = 28V$，副边带中心抽头全波整流线路，输出电压 $V_o = 18V$，输出电流 $I_o = 5A$，工作频率 $f = 40kHz$，方波信号。变压器效率为 $\eta = 0.98$，允许温升 25℃，指定选用 C 形磁芯，工作时最大磁通密度 $B_w = 0.3T$。试用 AP 法设计变压器各参数。

步骤 1：磁芯选择。

（1）计算总的视在功率，设用肖特基二极管使其压降 V_{DF} 为 0.6V，则总视在功率为

$$P_T = P_0(P/\eta + 1)\sqrt{2} = (V_o + V_{DF})I_o(P/\eta + 1)\sqrt{2}$$

$$= (18 + 0.6) \times 5 \times \left(\frac{1}{0.98} + 1\right)\sqrt{2} = 265W$$

（2）计算 AP 值，取 $k_0 = 0.4$，$k_f = 4$（方波），$B_w = 0.3T$，$f = 40kHz$，查表 3-1 可得到 C 形铁芯允许温升为 25℃时，$k_j = 323$，$x = -0.14$。

表 3-1　各种常见磁芯结构参数

磁芯种类	k_j （允许温升 25℃）	k_j （允许温升 50℃）	x
一般罐形（配线）磁芯	433	632	−0.17
铁粉环形磁芯	403	590	−0.12
金属叠片铁芯	366	534	−0.12
C 形磁芯	323	468	−0.14
单线圈	395	569	−0.14

这样依据式（3-49）可计算

$$\text{AP} = \left(\frac{P_T \times 10^4}{k_0 k_f f B_w k_j} \right)^{\frac{1}{1+x}} = \left(\frac{265 \times 10^4}{0.4 \times 4 \times 40 \times 10^3 \times 0.3 \times 323} \right)^{\frac{1}{1-0.14}} = 0.3747(\text{cm}^2)$$

（3）选择磁芯。对计算出的 A_p 值加一定的裕度，查 C 形磁芯的型号手册。在本例中，选择了某公司 CL-45 型磁芯，其 A_p 值为 0.75cm^4，相对计算的 A_p 值留有较大的裕度。该磁芯每匝线圈的平均长度为 3.9cm。

步骤 2：计算绕组参数。

（1）计算绕线信息。首先计算原边匝数，依据式（3-48）可得

$$N_p = \frac{V_s \times 10^4}{k_f f B_w A_e} = \frac{28 \times 10^4}{4.0 \times 40 \times 10^3 \times 0.3 \times 0.27} = 21.5$$

取整为 22 匝。

原边电流为

$$I_p = \frac{P_0}{V_s \eta} = \frac{(18 + 0.6) \times 5}{28 \times 0.98} = 3.39(\text{A})$$

电流密度为 $J = k_j (A_w A_e)^x = 323 \times (0.75)^{-0.14} = 336.2(\text{A/cm}^2)$

接下来，计算原边绕组裸线面积。注意，在中间抽头电路时，I_p 需乘上 0.707 的校正因数。

原边绕组每匝所占用的面积为

$$A_{xp} = \frac{I_p \times 0.707}{J} = \frac{3.39 \times 0.707}{336.2} = 0.00713(\text{cm}^2)$$

采用最接近的 AWG 导线规格，选用 AWG#18 号线，其 $A_{xp} = 0.00828\text{cm}^2$。单位长度电阻率为 209.5μΩ/cm。

这样原边绕组电阻为 $R_p = 3.9 \times 22 \times 209.5 \times 10^{-6} = 0.018(\Omega)$

原边绕组铜损为 $P_{pCu} = I_p^2 R_p = 3.39^2 \times 0.018 = 0.207(\text{W})$

（2）计算副边绕组信息。首先计算副边绕组匝数（中心抽头至两端）：

$$V'_s = 18 + 0.6 = 18.6$$

$$N_s = \frac{N_p V'_s}{V_p} = \frac{22 \times 18.6}{28} = 14.6$$

取整为 15 匝。

接下来计算副边绕组裸线面积。注意中心抽头变压器的 I_o 需再乘上 0.707 的校正因素。

$$A_{xs} = \frac{I_o \times 0.707}{J} = \frac{5 \times 0.707}{336.2} = 0.01051(\text{cm}^2)$$

采用最接近的 AWG 导线规格，选用 AWG#17 号线，其 $A = 0.01039\text{cm}^2$。单位长度电阻率为 165.8μΩ/cm。

这样副边绕组电阻为

$$R_p = 3.9 \times 15 \times 165.8 \times 10^{-6} = 0.0097(\Omega)$$

副边绕组铜损为

$$P_{sCu} = I_o^2 R_s = 5^2 \times 0.0097 = 0.243(\text{W})$$

因此变压器引起的总的绕组损耗为

$$P_{Cu} = P_{pCu} + P_{sCu} = 0.207 + 0.243 = 0.45(\text{W})$$

步骤 3：验证损耗是否满足要求。

首先计算在效率 η 下允许的总损耗 P_Σ：

$$P_\Sigma = \frac{P_0}{\eta} - P_0 = \frac{18.6 \times 5}{0.98} - 18.6 \times 5 = 1.9(\text{W})$$

这样，允许的最大铁损为

$$P_{Fe} = P_\Sigma - P_{Cu} = 1.9 - 0.45 = 1.45(\text{W})$$

而在前面设计过程中，当选择确定了磁芯后，磁芯的重量、体积以及在该变压器工作条件下单位重量或体积的功率损耗也已确定。因此，由磁芯引起的总的损耗也可以计算得出。如果该值低于 1.45W，则设计方案通过；如果该值超过了 1.45W，一方面可考虑采用功耗更低的同尺寸的磁芯（前面的设计方案可不变），另一方面，如果没有具有更低功耗的磁芯材料，则必须考虑选择其他型号的磁芯，以上的设计方案需重新进行计算。

习 题

3-1 电力变压器的主要功能是什么，它是通过什么作用来实现其功能的？

3-2 变压器空载运行时的磁通是由什么电流产生的，主磁通和一次漏磁通在磁通路径、数量和与二次绕组的关系上有何不同？由此说明主磁通与漏磁通在变压器中的不同作用。

3-3 变压器二次绕组开路、一次绕组加额定电压时，虽然一次绕组电阻很小，但一次电流并不大，为什么？Z_m 代表什么物理意义？电力变压器不用铁芯而用空气心行不行？

3-4 变压器做空载和短路试验时，从电源输入的有功功率主要消耗在什么地方？在一、二次侧分别做同一试验，测得的输入功率相同吗，为什么？

3-5 某单相变压器的额定电压为 220/110V，在高压侧测得的励磁阻抗 $|Z_m| = 240\Omega$，短路阻抗 $|Z_k| =$

0.8Ω。则在低压侧测得的励磁阻抗和短路阻抗分别应为多大?

3-6 某单相变压器的额定容量 $S_N = 100kVA$，额定电压 $U_{1N}/U_{2N} = 3300/220V$，参数为 $R_1 = 0.45\Omega$，$X_1 = 2.96\Omega$，$R_2 = 0.0019\Omega$，$X_2 = 0.0137\Omega$。分别求折合到高、低压侧的短路阻抗，它们之间有什么关系?

3-7 一台三相变压器，$S_N = 2000kVA$，$U_{1N}/U_{2N} = 1000/400V$，一、二次绕组均为星形联结。一次绕组接额定电压，二次绕组接三相对称负载，负载为星形联结，每相阻抗为 $Z_L = 0.96 + j0.48\Omega$。变压器折合到高压侧的每相短路阻抗为 $Z_k = 0.15 + j0.35\Omega$。该变压器负载运行时，计算:

（1）一、二次电流 I_1 和 I_2；

（2）二次端电压 U_2。

3-8 一台三相变压器，$S_N = 750kVA$，$U_{1N}/U_{2N} = 10000/400V$，一、二次绕组分别为星形、三角形联结。在低压侧做空载试验，数据为 $U_{20} = 400V$，$I_{20} = 65A$，$P_0 = 3.7kW$。在高压侧做短路试验，数据为 $U_{1k} = 450V$，$I_{1k} = 35A$，$P_k = 7.5kW$。设 $R_1 = R_2'$，$X_1 = X_2'$，求变压器参数。

4 电 机

4.1 概 述

现代社会中，电能是使用最广泛的一种能源，在电能的生产、输送和使用等方面，电机起着重要的作用。电机主要包括发电机、变压器和电动机等类型。发电机可把机械能转换为电能，主要用于生产电能的发电厂。在火电厂、水电厂和核电厂中，水轮机、汽轮机带动发电机，把燃料燃烧的热能、水流的机械能或原子核裂变的原子能都转变为电能。电动机是将电能转换为机械能，用来驱动各种用途的生产机械。机械制造工业、冶金工业、煤炭工业、石油工业、轻纺工业、化学工业、汽车工业以及航空航天中，广泛地应用各种电动机。例如用电动机拖动各种机床、轧钢机、电铲、卷扬机、纺织机、造纸机、搅拌机、压缩机、鼓风机等生产机械。在交通运输中，铁道机车和城市电车是由牵引电机拖动的；在航运和航空中，使用船舶电机和航空电机。在农业生产方面，电力排灌设备、打谷机、碾米机、榨油机、饲料粉碎机等都由电动机拖动。在国防、文教、医疗及日常生活中，也广泛应用各种小功率电机和微型电机。随着国民经济的发展，工业生产自动化水平不断提高，各种高科技领域如计算机、通信、人造卫星等行业也广泛地应用各种控制电机。随着现代社会的发展，电机工业在国民经济中仍将起着重要作用，并将得到更大的发展。

事实上，无论软磁材料还是永磁材料，都在电机中具有广泛应用。所有电机均采用铁磁材料来定形和导向磁场，而磁场对能量传递和转换起着媒介的作用。如果没有这些材料，大多数为人们所熟悉的机电能量转换装置就不可能付诸实践。具备分析和描述含有磁性材料的系统的能力，是设计和理解机电能量转换装置的基础。

本章的目的是学习用于电能和机械能相互转换的装置。重点放在旋转电磁机械，因为大多数机电能量转换借此来实现。但是，所得到的方法普遍适用于各种其他装置，包括直线电机、执行机构和传感器。本书第一章简要介绍了磁场和电场理论的基本知识，以及磁场分析的基本方法，本章将这些知识与结论用于各类旋转电机的分析。特别是磁路分析方法提供了对精确的场理论解的代数近似，被广泛用于机电能量转换装置的研究，构成了本章所介绍的大多数电机分析的基础。

电机在各个领域内都得到广泛的应用，种类繁多，性能各异，分类方法也很多。主要有两种常用的分类方法，从能量传递、转换的功能及用途来分，电机有下列几类：

（1）变压器。主要是改变交流电的电压，也有改变相数、阻抗及相位的。

（2）发电机。把机械能转换为电能。

（3）电动机。把电能转换为机械能。

（4）控制电机。作为自动控制系统的控制元件。

这一种分类方法中，电动机与发电机的功能不同，用途也不一样，但从运行原理上看，电动机运行和发电机运行不过是电机的两种运行状态，它们之间可逆，而且电机还可以运行于其他的状态。

另一种分类方法是按照电机的结构特点及电源性质分类，电机主要有下列几类：

（1）变压器。属于静止的不旋转设备。

（2）旋转电机。包括直流电机和交流电机，交流电机中因结构不同又分为同步电机和感应电机。

1）直流电机。电源为直流电的电机。

2）交流同步电机。交流电机的一种，运行中转速恒为同步转速。电力系统中的发电机都是同步电机。

交流感应电机也叫异步电机，是一种交流电机，运行中转速不为同步转速。感应电机主要用于电动机。

还有其他分类方法，但不论哪种方法都不是绝对的。

本章主要介绍磁性材料在机电能量转换中的作用，因此只按照直流电机、感应电机、同步电机的顺序分别进行阐述，对变压器不做介绍。本章内容从具体电机入手，分析其主要原理，使初学者易于掌握。电机学习中常用的电工定律在前面已经进行了详细的阐述，本章不再赘述。

4.2 直 流 电 机

4.2.1 直流电机的用途、原理和结构

4.2.1.1 直流电机及其用途

电机是使机械能与电能相互转换的机械。直流发电机把机械能变为直流电能；直流电动机把直流电能变为机械能。历史上，最早的电源是电池，只能供应直流电能，所以直流电机的发展比交流电机早。后来交流电机发展比较快，这是因为交流电机与直流电机相比有许多优点，如易生产、成本低、能做到较大的容量等。目前电站的发电机全都是交流电机；用在各行各业的电机，大部分也是交流电机。然而，直流电机目前仍有相当多的应用。

直流电动机有以下几方面的优点：

（1）调速范围广，且易于平滑调节；

（2）过载、启动、制动转矩大；

（3）易于控制，可靠性高；

（4）调速时的能量损耗较小。

所以，在调速要求高的场所，如轧钢机、轮船推进器、电车、电气铁道牵引、高炉送料、造纸、纺织拖动、吊车、挖掘机械、卷扬机拖动等方面，直流电动机均得到广泛的应用。直流发电机用作直流电动机、电解、电镀、电冶炼、充电以及交流发电机的励磁等的直流电源。

直流电机的主要缺点是换向困难，它使直流电机的容量受到限制，不能做得很大。目

前极限容量也不过 1 万千瓦左右，而且由于有换向器，使它比交流电机费工费料，造价昂贵。运行时换向器需要经常维修，寿命也较短。所以很多人做了不少工作，以求用其他装置或改进交流电机的性能，来代替直流电机。拿直流电源来讲，很早就有用电力整流元件，直接由交流电源变成直流，以代替直流发电机。早期的器件有水银整流器、引燃管等。这些器件在价格、使用方便、可靠性等方面，不及直流发电机。近年来，大功率半导体元件发展很快，它的可靠性、价格、控制方便等指标日益改进，在某些场合，已经可以成功地用可控整流电源代替直流发电机了。不过，有些性能（如波形平滑等）仍不及直流发电机。至于电动机方面，采用电力电子技术配合同步电动机，构成电子换向的无换向器电动机，也可具有直流电动机的性能，已在大容量、高电压、高转速方面显示了很大优越性，并得到实际应用。但总的来说，还未做到全面代替直流电动机的程度。

4.2.1.2　直流电机的基本工作原理

直流电机使绕组在恒定磁场中旋转感生出交流电，再依靠换向装置，将此交流电变为直流电。通常采用的换向装置是机械式的，称为换向器。本节介绍这种具有机械式换向器的直流电机。

A　直流电动势的产生

图 4-1 是交流电机的工作原理图。设线圈 abcd 在恒定磁场中匀速旋转，则线圈中会感应出一个交变电动势。因为，线圈转至如图 4-1（a）所示的位置时，导线段 ab、cd 所感应的电动势方向，按右手定则可判定如图 4-1 中所示。此时集电环 1 呈正极性；集电环 2 呈负极性。当线圈转过去 180° 至图 4-1（b）所示的位置时，导线段 ab 和 cd 互换了位置，各线段中感应电动势的方向恰与在图 4-1（a）中的方向相反。此时，集电环 1 呈负极性；集电环 2 呈正极性。这样，由集电环 2 指向集电环 1 的电动势 e_{21} 是交变电动势。由于电刷 A、B 分别与集电环 1、2 相接触，所以

$$e_{BA} = e_{21}$$

也是一个交变电动势。如设垂直于导线运动方向上的磁通密度在空间按正弦规律分布，那么 e_{21} 和 e_{BA} 也将随着时间按正弦规律变化，如图 4-1（c）所示。图中 t_1、t_2 分别对应于图 4-1（a）（b）的时刻。

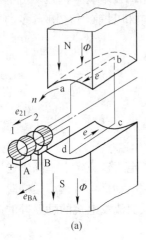
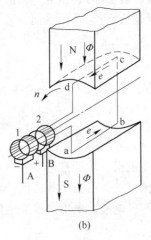
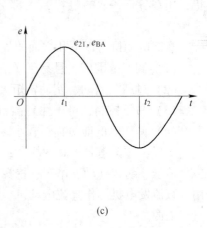

图 4-1　交流电机的工作原理

如果在线圈旋转、e_{21}改变方向的过程中，将电刷 A、B 与集电环 1、2 的接触加以变换，就可以在电刷 A、B 两端获得直流电动势。

图 4-2 是对图 4-1 略加改变后的情况。此时集电环 1、2 被改为对径放置的两个弧形导电片，这两个导电片在未与线圈相连时，彼此间是相互绝缘的。这就是最简单的换向器，导电片 1、2 称为换向片。电刷 A、B 的位置也改为沿换向器对径放置，且当线圈转至如图 4-2（a）（b）的位置时，电刷 A、B 正好在换向片 1、2 的中心。由图 4-2（a）可以看出，此时 e_{21} 为正值，$e_{BA}=e_{21}$ 也为正值。当线圈转至图 4-2（b）的位置时，e_{21} 变为负值，此时电刷 A 已改为与换向片 2 接触，而电刷 B 与换向片 1 接触。因此

$$e_{BA} = e_{12} = -e_{21}$$

仍为正值。电动势波形如图 4-2（c）所示。由图可以看出，线圈电动势 e_{21} 虽仍是交变的，但电刷间的电动势 e_{BA} 已是有脉动的直流电动势了。这完全是换向器造成的。

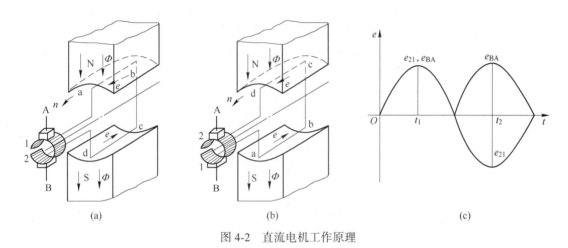

图 4-2 直流电机工作原理

图 4-2（c）中的直流电动势有很大的脉动，实际应用时，总是希望脉动值小点好。通常只要把感应电动势的线圈数目增多就能办到。图 4-3（a）是有 4 个线圈的直流电机。在电刷 A、B 间的电动势 e_{BA} 等于其间串联各线圈电动势的代数和，它的波形如图 4-3（b）所示。可以看出，电刷间电动势的脉动已大为减小。线圈的数目不同，电动势的脉动情况也不一样。电动势最大或最小瞬时值与平均值之差称为电动势的脉动值。如果每极下有 8 个线圈，脉动值最大也不会达到其平均值的 1%。

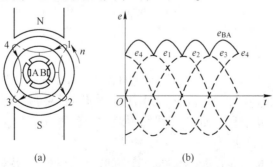

图 4-3 有 4 个线圈的直流电机及其电动势波形

上面所介绍的电动势情况，无论对直流发电机还是直流电动机都同样适用。即只要直流电机的电枢绕组在磁场中旋转，由于换向器的作用，在其电刷间都会产生一个带有脉动分量的平均直流电动势。

B 平均电磁转矩的产生

图 4-4 是和图 4-2 有同样结构的电机。现在我们考虑通过电刷 A、B 流过一个直流电流 i 时的情况。假设电流 i 的方向为从电刷 A 流进电枢后，自电刷 B 流出。电机中磁场的方向如图 4-4 所示。根据左手定则，可以看出，在图 4-4（a）（b）中，载流导体 ab、cd 受电磁力而产生的转矩方向都是逆时针方向。如果 i 的大小不变，磁通密度在垂直于导体运动方向的空间按正弦规律分布，电枢为匀速转动时，此电机由电流 i 和磁场所产生的电磁转矩随时间变化的波形，如图 4-4（c）所示，其中 t_1、t_2 分别对应载流导体在图 4-4（a）（b）所示的位置。

由图可以看出，转矩是变化的，除了平均转矩外，还包含着交变转矩。与前述的情形相仿，增多电枢线圈的数目，可以减小此交变转矩分量的大小。平均电磁转矩则是直流电机运转所必需的。同样，无论在直流发电机还是在直流电动机中，只要电枢绕组中有电流，都会有这样一个平均电磁转矩存在。

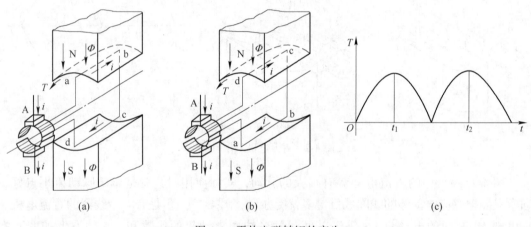

(a)   (b)   (c)

图 4-4 平均电磁转矩的产生

显然，如果在图 4-4 那样具有集电环结构的电机中，由电刷 A、B 通入一个直流电流时，要想产生一个单方向的平均电磁转矩，是不可能的。因为，当导体位于不同极性的磁极下时，导体中流过的电流必须改变方向，才能使电磁转矩的方向保持不变。换向器恰好又担负了把电刷外的直流电流改变为线圈内的交流电流的任务。

C 直流电机的换向

由上述分析可知，直流电机在电刷外部是直流电，电枢线圈内部却是交流电。图 4-5 是一个线圈中电流 i 随时间变化的波形，图中 T_k 是开始换向到换向结束所经历的时间，称为换向周期，一般为几毫秒；而 T_p 是线圈电流在一种方向下经历的时间，一般为几十毫秒。

直流电机换向不好时，会在电刷与换向器之间产生火花，火花超过一定限度时，会使电刷和换向器磨损加剧，大大缩短电机的寿命。严重时，甚至还会使换向器表面发生环火，损坏电机。此外，电刷下的火花还会对无线电通信产生干扰。

换向问题是限制直流电机进一步发展的主要问题，其影响因素相当复杂。一般来说有电磁原因、机械原因和物理化学原因。电磁原因是指当一个线圈中的电流进行换向时，该线圈中感生的各种电动势会影响电流换向的过程。电流的变化是线性变化，称为直线换向，直线换向不会产生火花，如果电流的变化是非线性的，就有可能在换向过程中在换向器与电刷之间产生火花。机械

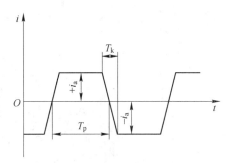

图 4-5 线圈中电流随时间变化波形

原因是指直流电机加工制造质量差或运行维护不好，造成诸如换向器偏心、换向器片间绝缘突出、换向器表面不清洁或因磨损而变粗糙、电刷上压力不合适、电刷接触而研磨得不好与换向器表面接触不良等，由此也会造成直流电机运行时在换向器与电刷之间产生火花。物理化学原因是指直流电机运行时，换向器表面会形成氧化亚铜薄膜，这层薄膜电阻较大，对改善换向有积极作用，但如果电机运行环境恶劣，如潮湿、缺氧、电刷压力过大等，就会破坏表面薄膜，容易引起火花。

为了改善换向，除了保证电机的制造工艺，加强运行维护，使电机不会因为机械原因产生火花，提高电刷质量也可改善换向，而最常用的方法是对于容量大于 1kW 的直流电机，为了消除换向不良的电磁原因，可在主磁极之间加装换向极，能有效地改善电机的换向，防止火花产生。

4.2.1.3 直流电机的主要结构

直流发电机和直流电动机在结构上没有差别。

直流电机工作时，其磁极和电枢绕组间必须有相对运动。理论上讲，这两部分，可任选其一放在定子上，而把另一个放在转子上。实际上，如果把磁极放在转子上，就要求电刷装置也随转子一道旋转。运行时，电刷势必无法维护，且易出故障。所以目前几乎所有的直流电机，电枢绕组都是装在转子上，而磁极则静止不动，装在定子上。这样，静止的电刷装置就便于检修维护了。

图 4-6 是一种常用的小型直流电机的剖面图。

下面对各部分进行简要的介绍。

A 定子部分

定子通常指磁路中静止部分及其机械支撑，包括机座、磁轭、主磁极、换向极等。

a 机座和磁轭

直流机的机座有两种型式：整体（磁轭）机座和叠片（磁轭）机座。

整体（磁轭）机座，如图 4-6 所示，它担负着双重的任务，既作为电机的机械支撑（机座），又是磁极间磁通的通路（磁轭）。所用的材料要求具有较好的导磁性能，因此一般不用铸铁，而用铸钢或钢筒做成。并且，为了使磁路中的磁通密度不致太高，要求有一定的导磁截面积。这常使其在机械强度和刚度上大有富余。

在调速要求高的电机中，这种整块钢做成的磁轭，比较不利。因为调速而要求主极磁通相应地有快速变化时，定子磁轭中的涡流效应常常阻尼了这种变化，使时间常数变大。

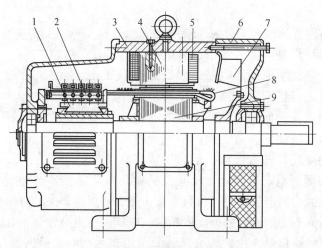

图 4-6 直流电机的剖面图

1—换向器；2—电刷；3—机座；4—主磁极；5—励磁绕组；
6—端盖；7—风扇；8—电枢绕组；9—电枢铁芯

同样的原因也会对换向不利。在这种情况下，就必须采用叠片（磁轭）机座以减少涡流效应。它的磁轭是用几毫米厚的薄钢板叠成的，钢板间涂漆，相互绝缘。整个叠片磁轭固定在机座上。此时，机座的机械支撑与磁轭的导磁作用是分开的。这样的机座可以用铸铁；微电机则可用铸铝；大型电机中常用钢板焊成。

    b   主磁极

    主磁极的作用，是使电枢表面的气隙磁通密度在空间按一定形状分布，并且能在磁极固定励磁绕组。

    主磁极通常用 0.5~3mm 厚的低碳钢板冲成一定形状的冲片，然后叠压成形。一种冲片形状如图 4-7 所示。这样比用铸钢材料的磁极生产率高且质量好。主磁极叠片一般用铆钉铆成整体，再用螺钉固定在磁轭上。

    主磁极分成极身和极靴两段。极身较窄，外装励磁绕组，极靴两边伸出极身之外的部分称为极尖。极靴面向电

图 4-7 直流电机主磁极冲片

枢的曲面称为极弧，极弧与电枢外圆之间的间隙称为气隙。在小容量电机中，气隙为 1~3mm；在大电机中，可达 10~12mm。极弧的形状对电机运行性能有一定的影响，通常使两极尖下的气隙较大。

    主磁极的励磁绕组有串励和并励两种。串励绕组匝数少，导线粗；并励绕组匝数多、导线细。各个主磁极上的励磁线圈组成励磁绕组，彼此间常用串联方式联结，这样可以保证各主磁极线圈的电流一样大。

    主磁极在电机中总是成对出现，其极性沿圆周是 N、S 交替的，因此串联时，相邻两主磁极线圈中电流环绕的方向是相反的。

    c   换向极

    容量大于 1kW 的直流电机，在相邻两主磁极之间有一小极，称为换向极，或称附加

极。它的作用是帮助换向，一般有几个主磁极就有几个换向极；个别小电机，换向极的数国也可以少于主磁极的数目。

换向极形状比较简单，因此常用厚钢板略加刨削而成。同样，在磁通变化快而换向要求高的场合，换向极也要求用钢片绝缘后叠装而成。

换向极的气隙通常分在两处：极弧与电枢表面间形成的气隙，称为换向极第一气隙，其值较大于主磁极气隙；在换向极与磁轭接触处，常用非导磁性材料垫出第二气隙，以减少漏磁。

换向极上装有换向极绕组，一般由粗的扁铜线绕成，只有几匝，换向极绕组总是与电枢绕组串联的。

B 转子部分

转子部分包括电枢铁芯、电枢绕组、换向器、风扇、转轴和轴承。

a 电枢铁芯

它提供主极下磁通的通路。当电枢在磁场中旋转时，铁芯中的磁通方向不断变化，因而也会产生涡流及磁滞损耗。通常用 0.5mm 厚的低硅硅钢片或冷轧硅钢片叠成，片间涂绝缘漆以减少损耗。硅钢片上还冲出转子槽，以便嵌放电枢绕组。

图 4-8 是转子电枢冲片示意图。容量稍大的电机，常把电枢铁芯在轴向分成几段，各段间留出 10mm 左右的间隙，作为径向通风沟。有时在绕组槽底至轴孔之间另冲出轴向通风孔，这些通风沟和通风孔，当电机运转时形成风路，以降低绕组及铁芯的温升。

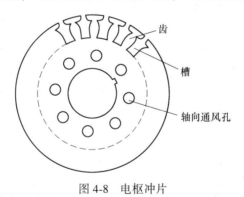

齿

槽

轴向通风孔

图 4-8 电枢冲片

b 电枢绕组

用带绝缘的铜导线绕成一个一个的线圈元件，嵌放在电枢铁芯的槽中，各元件按一定的规律联结到相应的换向片上，全部这些元件就组成了电枢绕组。

元件可能是多匝的，也可能只有一匝。在小容量电机中常是多匝的，在大电机中常是单匝的，每个元件可预先做成相同的形状，而使嵌放到槽中时可以彼此错开，如图 4-9 (a) 所示。可以看出，元件的一个边放在一个槽内，占着槽的上半部位置，另一边放在另一个槽内，占着槽的下半部位置。相邻的槽内将同样地安放其他元件，依次排列下去，直到填满所有的槽。每个元件嵌放在电枢槽中的直线部分是电机运行时感应电动势的有效部分，称为线圈边或元件边。在电枢槽外两端的部分起着把两个元件边联结起来的作用，称为端部。端部由上层弯到下层的拐弯部分称为鼻端。

微型直流电机的电枢绕组有时直接用导线绕在槽中，而不是预先做成元件的形式。

绕组导线的截面积取决于元件内通过电流的大小，几千瓦以下的小电机一般用带绝缘的圆导线；电流较大的电机，一般用矩形截面的导线。图 4-9（b）表示一个大容量直流电机电枢槽中的截面图，槽中上下层各包括 3 个元件边，每一个元件边就是一根矩形导线。在实际电机中常将几个元件边并排放在一个槽内，这样可以减少槽的数目。除了每根导线上都包有绝缘外，每一层的各元件边外面还包有绝缘，上下层之间有绝缘垫片，最外与铁芯接触处还有槽绝缘，在槽口用槽楔将元件压住，以免转动时元件因离心力而甩出。

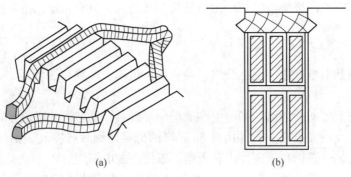

(a)　　　　　　　　(b)

图 4-9　绕组元件在槽中的位置

c　换向器

换向器由许多换向片组成。这些换向片彼此以云母片相互绝缘，全部又以云母环对地绝缘。换向片由铜料制成，尾端开沟或接有联结片（称升高片），以供电枢绕组元件端线焊于其中。

换向器的结构形式有多种。中小型电机常用一种燕尾式结构，如图 4-6 所示。它的换向片下面呈燕尾式，以便用 V 形截面的压圈夹紧。在燕尾与 V 形压圈间垫以 V 形云母环，使其互相绝缘。

C　其他部分

a　电刷装置

直流电机电枢绕组和电流均通过电刷装置与外电路相接，电刷装置如图 4-10 所示。电刷本身是由石墨等做成的导电块，放在刷握内，刷握再装于刷架上。根据电流大小的不同，每个刷架上装有一个电刷或一组并联的电刷，同极性刷架上的电流汇集到一起后，引向接线板，再通向机外。

电刷组的数目一般等于主极的数目，各电刷组在换向器表面的分布应是等距的。在正常运行时，电刷有其一定的正确位置，为了便于对电刷的位置进行调整，在小型直流电机中，各刷架都装在一个

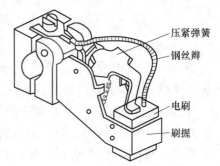

压紧弹簧
钢丝辫
电刷
刷握

图 4-10　直流电机的电刷装置

可以转动的座圈上。座圈套在端盖或轴承盖的凸出部位上。松开绝缘刷架把紧螺钉，座圈可以转动，当电刷位置找对后，再将座圈固定住。大中型电机，对每个刷架要求能单独进行调整。

电刷后面镶有细铜丝编织成的引线（称刷辫），以便引出电流。电刷装于刷握中时，还压以弹簧，保证电枢转动时电刷与换向器表面有良好的接触。弹簧的压力可以进行调节。电刷与刷握的配合也不能太松或太紧。电刷装置的好坏直接影响到直流电机是否能正常工作。

b　轴承支撑

中小电机一般用滚动轴承，大型电机用滑动轴承。中小电机的轴承座固定于机座两端的端盖上。这种方式在安装和运行时都比较方便。在大型电机中，用端盖轴承已不够坚固，这时轴承通过座式轴承座直接支撑在电机底板上。安装时，要求有较高的技术来调整轴的中心位置。

c　结构形式

直流电机的结构形式与其他交流电机一样，根据不同的冷却和保护方式，分为开启式、防护式、封闭式和防爆式几种。

最简单的结构是开启式，电机无专门的防护装置，并只靠转子本身在旋转时带动的空气来冷却电机。此时垂直下落的异物已不易进入电机内部。在两端的端盖上开了进风口和出风口，在转轴上装有风扇。运转时，机外的冷空气在换向器端被吸入机内，经过一定的路径冷却换向器、磁极线圈、电枢铁芯及绕组，然后由风扇从出风口将其排出机外。在端盖的进、出风口上都装有带孔的网罩，以防止外物落入电机。在空气中含尘或空气中腐蚀性成分较多的场合，电机做成封闭式的，电机内腔与机外不连通，只靠电机外表面的散热来冷却。此时机壳外表面常带有筋状散热片以增加其散热面积。大容量电机常用管道式通风。用另外的风机对电机进行吹风循环，冷风由管道引向电机，又由管道将热风带走。有些电机使用在含有可燃气体的场合如矿井中，电机就做成防爆式。这种电机的机壳有较高的机械强度，封闭得更严密，包括轴伸出处的轴封部分，以保证当电机内部逐渐积累的可燃气，因偶然的火花而引起爆炸时，能使此爆炸不致蔓延到机外而引起严重事故。

d　铭牌和额定值

每一台直流电机上都有一个铭牌，上面标明电机的必要数据，以供使用者辨识。

（1）电机的型号：说明电机总的特点（它适宜应用的场所、功率范围、尺寸等的大致概念）。

（2）额定功率 $P_N(kW)$：表示由温升和换向等条件的限制按所规定的工作方式电机所能供应的功率。对发电机而言，指出线端所输出的电功率；对电动机而言，指转轴所输出的机械功率。

（3）额定电压 $U_N(V)$：指在额定工作情况时电机出线端的平均电压值。直流电机的额定电压一般是不高的。除供电解工业及其他特殊应用的低压电机外，一般中小型直流电动机的额定电压为 110V、220V、440V 各级；发电机的额定电压为 115V、230V、460V 各级；大型直流电机的额定电压为 800V 左右。更高电压的直流电机就属于高压特殊机组的范围了，比较少用。

（4）额定电流 $I_N(A)$：直流发电机的额定电流为

$$I_N = \frac{P_N \times 10^3}{U_N}(A)$$

所以，有时在发电机中，此项可由 P_N、U_N 算得而不另给出。

直流电动机的额定电流为

$$I_N = \frac{P_N \times 10^3}{U_N \cdot \eta_N}(A)$$

式中，η_N 为电动机在额定状况下运行时的效率；I_N 为从电源输入给电动机的电流。

（5）额定转速 $n_N(r/min)$：指额定功率、额定电压、额定电流时的转速。对无调速要求的电机，一般不允许电机运行时的最大转速 n_{max} 超过 $1.2n_N$，以免发生危险。

（6）励磁方式：指并励、串励、他励、复励等。

（7）定额：分连续、短时、间歇三种定额工作方式。如未标注，即为连续定额工作方式，表示电机在额定情况下连续运转时，温升不致超过允许值。

（8）绕组温升或绝缘等级：绝缘等级越高，其允许温升就越高。同样体积的电机，在运行方式及冷却条件相同的情况下，它的额定功率就越大。

此外还有制造厂家、出厂年月、出厂序号等。

4.2.2　直流电机的磁路和电枢绕组

电机感应电动势和产生电磁转矩都离不开磁场，要了解电机的运行情况首先要了解电机的磁路和磁化特性。

电枢绕组是直流电机的核心部分。当电枢在磁场中旋转时，电枢绕组中会感应电动势。当电枢绕组中有电流流过时，会产生电枢磁动势，它与气隙磁场相互作用，又产生电磁转矩。电动势与电流相互作用，吸收或放出电磁功率。电磁转矩与转子转速相互作用，吸收或放出机械功率。二者同时存在，构成电磁能量与机械能量的相互转换，完成直流电机的基本功能。因此，电枢绕组在直流电机中起着重要的作用。

根据不同的联结方法，电枢绕组可分为：（1）单叠绕组；（2）单波绕组；（3）复叠绕组；（4）复波绕组；（5）混合绕组等。它们的主要差别在于从电刷外看进去，电枢绕组联结成了不同数目的并联支路，以满足不同额定电压和电流的要求，其中单叠绕组和单波绕组是两种基本的型式。由于篇幅的限制，本书主要介绍单叠和单波绕组。

4.2.2.1　直流电机的磁路和磁化特性

电机中电磁能与机械能的转换是在磁场之中完成的。要弄清电机的工作原理和性能，必须对电机的磁场情况有正确的了解。

直流电机工作时，首先需要建立一个磁场，它可以由永久磁铁或由直流励磁的励磁绕组来产生。一般永久磁铁所能建立的磁场比电流励磁所能建立的磁场弱。所以，现今绝大多数直流电机都是由励磁绕组励磁的。本节中将只讨论这种情况。

实际上，直流电机工作时的磁场是由电机中各个绕组（包括励磁绕组、电枢绕组、附加绕组、补偿绕组等）的总磁动势所共同产生的，其中励磁绕组的磁动势起着最主要的作用。了解清楚励磁磁场，就对直流电机工作时的磁场情况有了一个基本的概念，至于其他绕组中有电流流过所产生的磁动势对电机磁场的影响，将在后面陆续加以讨论。

现在开始分析励磁磁场的情况。图 4-11 是一个 4 极直流电机（有附加极）的励磁磁场示意图。图中画有箭头的细实线代表磁力线（铁里的磁力线没有画出），细虚线代表等磁位面。所有那些由 N 极经过气隙到转子再由另一个气隙返回 S 极的磁通是直流电机中起有效作用的磁通，称为主磁通，它能在旋转的电枢绕组中感应出电动势，并和电枢绕组的磁动势相互作用产生电磁转矩。其余不经过转子的磁通通称漏磁通。漏磁通只增加磁极和定子磁轭的饱和程度，不产生电动势和转矩。

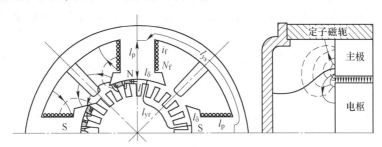

图 4-11　四极直流电机（有附加极）的励磁磁场

直流电机运行时，主极下必须有一定数量的气隙磁通 Φ_0。以感生电动势并产生电磁转矩，而要产生一定数量的每极气隙磁通 Φ_0，每个主极必须加上一定的励磁磁动势 F_f。通过磁路计算就可以得到它们之间的关系 $\Phi_0 = f(2F_f)$，主磁通 Φ_0 改变时，一对极所需要的励磁磁动势 $2F_f$，也跟着改变，这个函数关系就称为直流电机的磁化特性。

图 4-12 所示为直流电机的磁化特性曲线。当电机内磁通 Φ_0 较小时，磁路中的铁磁部分没有饱和，磁化特性是直线关系。此时的励磁磁动势基本上全消耗于气隙中。所以，将磁化特性曲线不饱和段按直线延长，可得 $\Phi_0 = f(2F_\delta)$ 的关系。

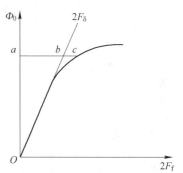

图 4-12　直流电机的磁化特性曲线

当电机中磁通 Φ_0 较大时，各段铁磁路将陆续饱和，所消耗的磁动势增长很快，磁化特性曲线呈现弯曲。当电机中磁通很大时，各段磁路均很饱和，磁化曲线又呈直线变化，但磁通增量所需的磁动势增量很大。电机磁路的饱和程度，可以用下式来表示：

$$K_\mu = \frac{2F_f}{2F_\delta} = \frac{\overline{ac}}{\overline{ab}}$$

式中，K_μ 称为磁路的饱和因数，它的大小对电机所用材料和工作性能有很大的影响。电机一般运行在磁化曲线开始弯曲处，如图 4-12 中的 c 点，此时的 $K_\mu = 1.1 \sim 1.35$。

磁化特性曲线的横坐标可以用不同的单位来表示，或用每对极的安匝；或用每极的安匝；也可以用全机所有极的安匝，有时也用励磁绕组中的电流，这些单位都可以互相换算。

图 4-12 的磁化特性曲线是平均磁化特性曲线，由于铁磁材料的 $B\text{-}H$ 曲线存在磁滞现象（磁滞回线、剩磁、次磁滞环等），所以直流电机的实际磁化特性曲线同样会有上述现象。

4.2.2.2 电枢绕组的一般知识

电枢绕组虽然有不同类型，但在结构上有其共同的特点：它们都是由结构形状相同的绕组元件（简称元件）按一定的规律联结而成。绕组元件又叫线圈，一台电机的总元件数用 S 表示、每个元件有两个放在槽中能切割磁通感生电动势的有效边，称为元件边。元件在槽外的部分不切割磁通，不感生电动势，称为端部，元件可分为单匝元件和多匝元件，前者的元件边只有一根导体，后者元件边则由多根导体串联绕制而成，元件匝数以 N 表示，每个元件有两根引出线，一根为首端，一根为尾端，它们接到不同的换向片上，如图 4-13 所示。

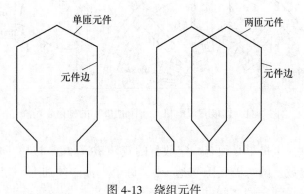

图 4-13 绕组元件

绕组的各个元件之间通过换向片相互联结起来，这样就必须在同一换向片上，既连有一个元件的首端，又连有另一个元件的尾端，使整个电枢绕组的元件数 S 和换向片数 K 相等，即 $S=K$。绕组元件被嵌放在电枢铁芯的槽内，如图 4-9（a）所示，它的一个元件边被放在槽的上层，称为上层边，另一个边被嵌放在另一槽的下层，称为下层边，同一槽上下两层放置了不同元件的有效边，而一个元件也只有两个边，这样电枢的槽数 Q 就应该等于元件数 S。

但在实际的电机中，为了提高槽的利用率和使制造工艺简单，常常在槽的上、下层各嵌放多个元件边。为了确切说明每一个元件边所处的具体位置，引入虚槽的概念，如果槽内上层有 u 个元件边，每个实际槽就包含 u 个虚槽。图 4-9（b）表示 $u=3$ 的情况，这时每个实际槽的上、下层各有 3 个元件边。电机的实槽数 Q 和虚槽数 Q_u 有如下关系：

$$Q_u = uQ$$

而电机的虚槽数应等于元件数，也等于换向片数，即

$$Q_u = S = K$$

为了正确地把绕组嵌放在槽内并与换向片相联结，首先应了解电枢和换向器上各种绕组元件的节距。所谓节距是指相关的两个元件边之间的距离，通常以所跨过的槽数或换向片数来表示，如图 4-14 所示。

（1）第一节距 y_1。y_1 是指同一元件两个边之间的距离，以虚槽数来计算。为了使元件感应出最大电动势，就要使 y_1 等于一个极距 τ。而

$$\tau = \frac{Q_u}{2p}$$

式中，p 为电机的极对数。满足 $y_1 = \tau$ 的元件称为整距元件。在 $Q_u/(2p)$ 不是整数时，由于 y_1 必须是一个整数，则 y_1 应该取与 $Q_u/(2p)$ 相近的一个整数，即

$$\tau = \frac{Q_u}{2p} \pm \varepsilon = 整数$$

式中，ε 为使 y_1 凑成整数的一个分数。当 $y_1 < Q_u/(2p)$ 时，称为短距元件。其感应电动势及电磁转矩均比整距时小。由于叠绕组元件短距时的端部长度比长距时的短，因此，在既可长距又可短距的情况下，通常取短距。

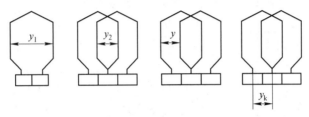

图 4-14　绕组的节距

（2）第一节距 y_2。y_2 为元件的下层边与其相联结的元件上层边之间的距离，以虚槽数计。

（3）合成节距 y 和换向片节距 y_k。y 是相串联的两个元件的对应边的距离，以虚槽数计。y 与 y_1、y_2 的关系为

$$y = y_1 - y_2$$

y_k 是一个元件的首尾端在换向器上的距离，以换向片数表示。y_k 的大小应使串接元件的电动势方向一致，以免方向相反相互抵消。图 4-14 为单叠绕组，其 $y_k = 1$。

4.2.2.3　单叠绕组

在本节中，先介绍表述绕组联结规律的节距、绕组展开图、元件联结图和并联支路图。这四个方面是分析直流电机电枢绕组的基本方法，彼此互相关联。

下面用一台 $2p = 4$，$Q_u = S = K = 16$ 的直流电机做例子，构成单叠绕组。

A　绕组的节距

$$y_1 = \tau = \frac{Q_u}{2p} \pm \varepsilon = \frac{16}{4} = 4$$
$$y = y_k = 1$$
$$y_2 = y - y_1 = -3$$

式中，y 和 y_1 是正数，表示是向右的跨距；y_2 是负数，表示是向左的跨距；y_k 为 1 表示是单叠绕组；取正数表示元件联结顺序是从左向右，构成一个右行绕组。若 y_k 取 -1，也可联成一个左行绕组，但一般不用。

B　单叠绕组的展开图

绕组展开图是将电枢表面沿轴向展开成平面，用展开图可清楚地表示各元件如何通过换向片联结成绕组。

图 4-15 中标出了换向片号及放置元件的虚槽号，为方便起见，通常将虚槽画成沿电

枢表面均匀分布，虚槽中的上层元件边用实线表示，下层边用虚线表示，元件边上下的斜线表示端部。图中画出了某一瞬间各磁极的位置，这些磁极在圆周上的位置彼此相距一个极距 π 而均匀分布，每极的宽度也是相等的。由于电枢是旋转的，磁极相对各元件的位置不断变动；画图时可以自由选定。我们可以找对称的位置，画起来比较方便，电刷在换向器圆周上的位置也必须是对称的，其宽度可取为等于或小于一个换向片宽。

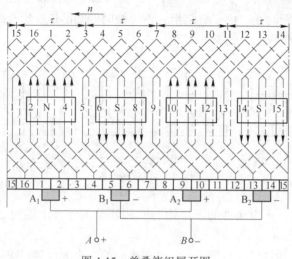

图 4-15　单叠绕组展开图

电刷位置相对磁极位置有一定的关系，不能随意放置在对称元件的情况下，一般应将电刷的中心线对准磁极中心线，这时被电刷所短路的元件中感应电动势是最小的，因为元件的两个有效边这时差不多处在两个磁极之间的位置上，它们的感应电动势接近零。这种情况也能使得正负电刷间获得最大感应电动势。

图 4-15 中所表示的磁极是在电枢表面的上边。因此 N 极的磁力线在气隙中的方向是远离读者进入纸面。当知道了电枢的旋转方向后，可以根据右手定则决定各元件边中感应电动势的方向，如元件边上的箭头所示，顺着各串联元件中电动势的方向，可以定出各电刷的极性。由图 4-15 可以看出，电枢向左旋转时，位于 N 极下的电刷为正极性。还可知道，当电刷在图示位置时，相邻电刷间串联各元件的电动势都是相加的，因此电刷间的感应电动势最大。假如电刷不对准磁极中心线，而是移动到其他位置上，正负电刷间的电动势将会减小。

C　单叠绕组的元件联结次序

根据图 4-15 的节距，可以直接看出绕组各元件之间是如何联结起来的。第 1 虚槽的上层元件边经过，$y_1 = 4$ 接到第 5 虚槽的下层元件边，形成第 1 个元件。它的首端和尾端分别接到第 1 和第 2 个换向片。第 5 虚槽的下层元件边经过 $y = -3$ 接到第 2 虚槽的上层元件边，这样与第 2 元件联结起来，以此类推，从左到右把各个元件依次联结起来。各元件的联结关系可以用图 4-16 来表示。数字表示元件边所在的虚槽号，上层的数字还表示元件的号数。从第 1 元件开始，绕电枢一周，将全部元件边都联了起来，又重回到起始点 1。可见单叠绕组自成一个闭合回路。现代直流电机的电枢绕组都是自成闭合回路的。

图 4-16 单叠绕组元件联结次序

D 单叠绕组的并联支路图

把图 4-15 中相同极性的电刷并联起来，并按照其中各元件联结的顺序，以及被电刷所短路的元件，可以画出图 4-17 的并联支路图。由图 4-17 可以看出，电枢绕组形成了几个并联支路，每一个支路所串联的元件是位于同一磁极下的全部元件。本例中，磁极数 $2p = 4$，所以共有 4 个支路并联。如果极数增加，并联的支路数将随极数同时增多。

因此可以看到单叠绕组的又一个特点是电枢绕组的并联支路数等于电机的极数，即

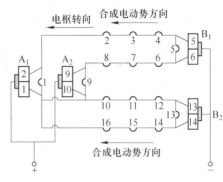

图 4-17 单叠绕组并联支路图

$$2a = 2p$$

或

$$a = p$$

式中，a 为支路对数。

当电枢旋转时，电刷位置不动，并联支路图中的整个电枢绕组在移动，每个元件不断地顺次移到它前面一个元件的位置上，但总的支路情况不变。

由图 4-17 还可看出，单叠绕组有几个磁极就应有几副电刷，称为全额电刷。如果缺少任意一副电刷，将使电枢绕组的一对支路不能工作，降低电机的容量。

4.2.2.4 单波绕组

A 单波绕组的节距

单波绕组元件第一节距 y_1 的决定原则与单叠绕组是一样的，区别在换向器节距 y_k 上。在选择 y_k 时，应使相串联的两个元件相距约两个极距，它们处在磁场中差不多相对应的位置上。这两个元件在相同极性的磁极下，感应电动势的方向相同，可以把它们串联在一个支路中。其次，当沿电枢向一个方向绕一周经过了 p 个串联的元件以后，其末尾所连换向片 py_k，必须落在与起始的换向片 1 相邻的位置，才能使第二周继续往下联结，即应满足

$$py_k = K \pm 1$$

因此，单波绕组元件的换向器节距

$$y_k = \frac{K \pm 1}{p}$$

式中，正负号的选择首先要满足 y_k 是一个整数。当取负号时，绕组联结成左行绕组，取正号时，可得右行绕组。在取正负号都能得到整数的 y_k 时，一般都取负号，这时端接可稍

微短些。由上式可以看出，两个相串联的元件，虽然处在相同极性的磁极下面，但它们在磁场中的相对位置，实际上是不相同的。这是因为，这两个元件之间相距的虚槽数为

$$y = y_k = \frac{K \pm 1}{p} = \frac{Q_u \pm 1}{p} = \frac{Q_u}{p} \pm \frac{1}{p}$$

其大小不等于两倍极距 $\frac{Q_u}{p}$，而是相差一个数值 $\frac{1}{p}$。就是说，相串联的两个元件在磁场中的位置有一个相对位移，等于 $\frac{1}{p}$ 个虚槽数。这个场移现象在波绕组中是必然存在的。

B 单波绕组的展开图

图 4-18 是一个 4 极单波绕组的展开图。它的数据如下：

$$2p = 4, \quad Q_u = S = K = 15$$

$$y_1 = \tau = \frac{Q_u}{2p} \pm \varepsilon = \frac{15}{4} + \frac{1}{4} = 4（长距元件）$$

$$y_k = \frac{K \pm 1}{p} = \frac{15 - 1}{2} = 7（左行绕组）$$

$$y = y_k = 7$$

$$y_2 = y - y_1 = 7 - 4 = 3$$

图 4-18 中磁极、电刷位置以及电刷极性判断均与单叠绕组中相同。

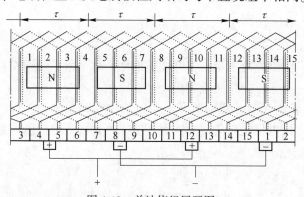

图 4-18 单波绕组展开图

C 单波绕组的元件联结次序

图 4-18 的绕组，按照它的节距，列出元件联结次序表，如图 4-19 所示。

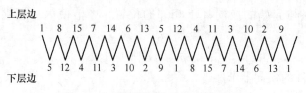

图 4-19 单波绕组的元件联结次序

D 单波绕组的并联支路图

图 4-18 的绕组，按照元件串联的顺序及短路的元件，可以画出单波绕组的并联支路，

如图 4-20 所示。由图可以看出，单波绕组把所有 N 极下面的元件全部串联起来组成一个支路；再把所有 S 极下面的元件串联起来组成另一个支路。它也是一个闭合绕组，通过电刷与外部产生联系，它的支路对数与极对数多少无关，总是 $a=1$。

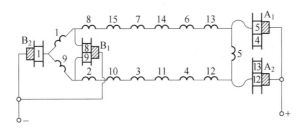

图 4-20 单波绕组并联支路图

由图 4-20 还可看到，单波绕组如不采用全额电刷，对支路情况并无影响。例如，在图 4-20 中，去掉电刷 A_1，则支路对数仍为 1。即使两支路的串联元件数不相等，但由于电动势相差很小，同时这种元件数不等的现象是轮番交替的，即一会儿上一支路多一元件，一会儿下一支路多一元件，频率甚高，因此，对支路电流的平衡分布也没什么影响。但是，由于电刷下的平均电流密度有一定的限制，当电刷减少后，为了要通过同样的电流，剩下的电刷必须增加其与换向器间的接触面积，从而将增加电机换向器的轴向尺寸。因此，单波绕组一般仍装全额电刷，即电刷组数等于极数。

4.2.2.5 直流电机电枢绕组的感应电动势

前面讨论了电枢绕组的一些联结方法。当电机中建立了励磁磁场后，旋转的电枢绕组会感应出一定的电动势。这里将分析电动势大小与每极磁通、电机转速、绕组型式、电刷位置的关系。为了便于理解，分析时作以下假定：

（1）电枢表面光滑无槽；

（2）电枢绕组导线数目极多，在电枢表面均匀连续分布；

（3）绕组为整距元件；

（4）电刷位置在磁极的中心线上。

先分析只有励磁磁动势的情况。图 4-21 表示一个极距内气隙磁通密度沿电枢表面的分布曲线。当一根长度为 l 的导体以线速度 v 垂直于磁通密度方向运动时，导体中的感应电动势为

$$e = b_\delta l v$$

式中，b_δ 为导体所在处的磁通密度。

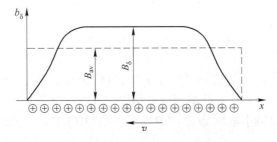

图 4-21 只有励磁磁动势时，气隙磁通密度分布波形

整个电枢绕组共有有效导体数为

$$z = 2SN_k$$

式中，N_k 为每个元件的串联匝数。绕组由 $2a$ 个支路组成，每一个支路的串联导体数为 $z/(2a)$。尽管电枢在转动，组成一个支路的具体导体在轮换，但支路串联导体的数目总保持为 $z/(2a)$ 不变，在前述假定下，这 $z/(2a)$ 根导体所感应的电动势方向都是相同的，串联后组成一个支路的电动势，也就是电枢绕组的感应电动势 E_a，故

$$E_a = \sum_{i=1}^{z/(2a)} e_i$$

式中，e_i 是支路中第 i 根导体中的感应电动势。

对叠绕组来说，一个支路的 $z/(2a)$ 根导体均匀连续分布于一个磁极下；对波绕组而言，一个支路的 $z/(2a)$ 根导体虽分别处于不同的磁极下，但是，因为它们相互之间在磁场中的位置不同，有场移，因此在计算支路电动势时，可以认为这 $z/(2a)$ 根导体等效于在一个磁极下均匀连续分布。这样只要求出一根导体在一个极下感应电动势的平均值 e_{av}，乘以 $z/(2a)$ 根导体数，即得一个支路的串联电动势，也就是绕组感应电动势 E_a。所以上式可写成

$$E_a = \sum_{i=1}^{z/(2a)} e_i = \frac{z}{2a} e_i$$

而一根导体的平均电动势为

$$e_{av} = B_{av} lv = \alpha' B_\delta lv$$

式中，B_{av}、B_δ 分别为每极平均磁通密度与最大磁通密度；$\alpha' = B_{av}/B_\delta$ 为平均磁通密度与最大磁通密度之比。线速度 $v = 2p\tau n/60$，其中 n 是电枢转速，单位是转/分（r/min），每极磁通

$$\Phi_0 = B_{av} \tau l = \alpha' B_\delta \tau l$$

代入上式，得每根导体的平均电动势为

$$e_{av} = 2pn\Phi_0/60$$

式中，$2p\Phi_0$ 为电枢每转一周导体切割的总磁通量，即平均电动势等于每一根导体每秒所切割的总磁通量。从上式可知，导体平均电动势与气隙磁通密度分布的形状无关。求出平均电动势后可得

$$E_a = \frac{z}{2a} e_{av} = \frac{z}{2a} 2p\, \Phi_0\, \frac{n}{60}$$

$$= \frac{pz}{60a} \Phi_0 n = C_e n\Phi_0 (\text{V})$$

式中，Φ_0 的单位是韦伯，Wb；C_e 为常数，$C_e = pz/60a$。

以上分析都是假定元件是整距的。如果元件短距，元件的两个边的电动势在一小段时间中是互相抵消的，使得元件的平均电动势稍有降低。但是直流电机中不允许元件短距太大，所以这个影响极小。在计算绕组感应电动势时一般不予考虑。

移动电刷的位置会减小电动势 E_a。如把图 4-15 中的电刷移到磁极间的几何中性线，则 E_a 等于零。

上式表示空载时电枢绕组中的感应电动势，Φ_0 是空载时的气隙每极磁通量。当电机带负载后，气隙每极磁通量变为 Φ，以上公式仍然可用，这时的感应电动势为

$$E_{\mathrm{a}} = \frac{pz}{60a}n\Phi = C_{\mathrm{e}}n\Phi\,(\mathrm{V}) \tag{4-1}$$

实际电机有齿槽存在，必然会影响电动势的大小。粗略考虑如下：

首先，当导体沿电枢表面为理想均匀密布时，论电枢转到什么位置，电枢各支路电动势都不变化。即电枢电动势的瞬时值 E_{a} 与它的平均值 e_{av} 相等，当有齿槽时，电枢导体不再是均匀密集分布，而是集中在有限的槽内。此时，电枢绕组电动势的瞬时值随着电枢转动而上下脉动。如果要求脉动值小，必须增加每极下的元件数 $K/(2p)$。一般设计成 $K/(2p)>8$，就能使脉动值小于 1%。

其次，要考虑齿槽的存在对气隙磁通密度的影响。图 4-22（b）锯齿形的实线表示电枢在某位置时气隙磁通密度的实际分布波形。一个极下的磁通 Φ_0，可由实线与横坐标之间的面积来代表；虚线是把锯齿部分找平以后的波形，可以称为气隙中考虑齿槽的平均磁通密度分布曲线，一个极下的磁通也是 Φ_0。

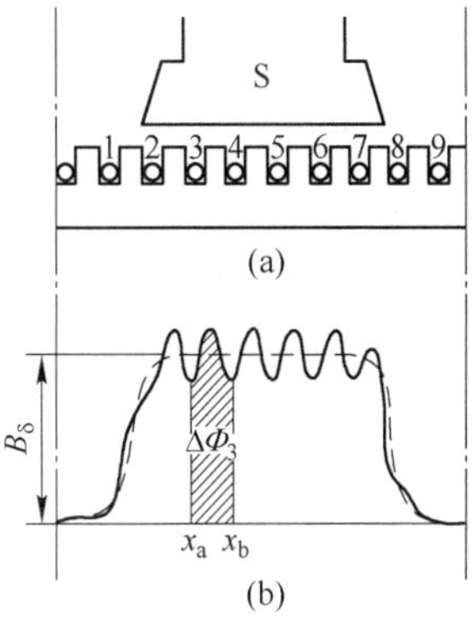

锯齿形磁通密度曲线的凹部，代表电枢表面槽口处的磁通密度，电枢绕组导体位于槽中，那里的磁通密度比凹部磁通密度值还要低。电枢旋转时，上述凹部磁通密度位置始终与槽位置一致，导体所在处的磁通密度始终是低的。那么根据 Blv 切割电动势的观点似乎感应电动势会小些。

图 4-22　电枢有齿槽时的
气隙磁通密度波形

但实际上在有齿槽的情况下，电枢每转过一定角度，电枢元件所扫过磁通的总数，仍可以用气隙磁通密度曲线下面的面积来代表。如图 4-22 中，当元件 3 由 x_{a} 转到 x_{b} 位置时，其所扫过的磁通仍为 $\Delta\Phi_3$。因此，可以看成槽内导体处磁通密度为 B'，扫过导体的相对速度为 v'，有 $Blv = B'l'v'$ 的关系，使电动势仍保持以式（4-1）所算出的数值。

由此可见，只要我们用不考虑齿槽存在时的气隙磁通密度分布曲线代替有齿槽时气隙磁通密度的实际分布曲线，就完全可以用式（4-1）去计算电枢电动势的平均值。本书中后面除非特别提到，均用气隙平均磁通密度的分布曲线和电枢电动势的平均值，而不再考虑齿槽效应。

4.2.2.6　直流电机电枢绕组的电磁转矩

当电枢绕组中有电流 I_{a} 流过时，绕组每个导体中流过电流为 $I_{\mathrm{a}}/(2a)$。这些载流导体在电机磁场中作用，使电枢受到一个转矩，称为电磁转矩，用 T 来表示。本节分析电磁转矩的大小与每极磁通、电枢绕组中电流、绕组型式以及电刷位置的关系。这里仍采用上节中的 4 个假定。

电枢绕组中有负载电流 I_{a} 流过时，电机中一个极距内电枢表面的磁通密度分布曲线如图 4-23 所示。当一根长度为 l 的导体中流过 $I_{\mathrm{a}}/(2a)$ 电流时，此导体受的电磁力为

$$f = b_{\delta}l\frac{I_{\mathrm{a}}}{2a}$$

式中，b_δ 为导体所在处的磁通密度。力 f 的方向由左手定则决定，如图 4-23 所示。导体距电枢轴心的径向距离为 $D/2$。因此，力 f 所产生的转矩为

$$t = fD/2$$

全部 z 根受力导体所产生的转矩总和就是电枢绕组的电磁转矩

$$T = \sum_{i=1}^{z} t_i$$

式中，t_i 是第 i 根导体产生的转矩。

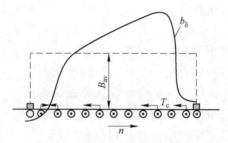

图 4-23 理想化电枢的电磁转矩

与上节中的分析相同，无论是叠绕组还是波绕组，每一个支路的 $z/(2a)$ 根导体可以认为是均匀连续分布在一个极距内。因此，上式同样可以用一根导体受的平均电磁转矩来表示，即

$$t_{av} = B_{av} l \frac{I_a}{2a} \frac{D}{2}$$

全部 z 根导体受力所产生的电磁转矩的总和就是电枢绕组的总电磁转矩，为

$$T = \sum_{i=1}^{z} t_i = z t_{av} = z B_{av} l \frac{I_a}{2a} \frac{D}{2}$$

以 $D = 2p\tau/\pi$ 及 $\Phi = B_{av}\tau l$ 代入上式得

$$T = \frac{pz}{2a\pi} \Phi I_a = C_t \Phi I_a (\text{N} \cdot \text{m}) \tag{4-2}$$

式中，$C_t = \dfrac{pz}{2a\pi}$ 是一个常数，并且 $C_t = \dfrac{60}{2\pi} C_e$。

同样，不是整距元件时，有一部分元件的两个元件边处在同一个磁极之下，它们的电磁力方向相反，会使总的电磁转矩减小。在实际直流电机中，这个影响是不大的。

关于电刷位置的影响，究竟是减小还是加大电磁转矩，在介绍电枢反应的影响后会讨论。

下面简单分析一下电枢有齿槽时对转矩的影响。导体集中放在槽内，由式（4-2）求得的电磁转矩是它的平均值，而不是瞬时值。实际上瞬时电磁转矩也是脉动的，脉动值的相对大小与电动势的相同。

当电枢存在齿槽时，由于导体所在处的槽中磁通密度较小，导体所受的力也应较小，此时电磁力转移到电枢齿上去了。用图 4-24 定性地说明一下，当槽中导体没有电流时，齿槽磁场如图 4-24（a）所示。由电磁理论可知，铁磁性物质表面有磁场时，每单位面积所受磁场作用力与其法向磁通密度的平方成正比，力的方向为向外的法线方向，因此电枢所受切向力是

平衡的，没有电磁转矩。当槽中导体有电流时，齿槽磁场如图 4-24（b）所示，此时槽右侧齿壁所受向左的法向力大于槽左侧齿壁所受向右的法向力，产生了逆时针方向的转矩。详细的电磁理论分析可以证明，有齿槽存在时的电磁转矩与假定无齿槽时作用在导体上的力所产生的电磁转矩完全相等。而利用导体受力的方法计算电磁转矩要简便得多，在电机学中一般都沿用这个方法计算，但是请读者从概念上理解，有齿槽时，主要是齿受力。

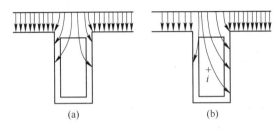

图 4-24　电枢槽中的磁场

4.2.3　直流发电机

现代的电力系统绝大多数是三相交流电，一般用电部门也是用交流电，但在有些工业部门，例如化工、冶金、采矿、运输等部门中，除了用交流电外，还要用直流电。这时，可以用静止的整流装置把交流电变为直流电；或者通过旋转电机（利用交流电动机拖动直流发电机）得到直流电。近年来，由于电力电子技术的发展，前者的使用范围不断扩大。但终究能全部代替后者。通常在火车、飞机、轮船、电铲等移动的单元中，作为独立电源，直流发电机还经常使用。

直流发电机的种类很多，其分类方法也不一样。本章介绍最常用的按励磁方式分。因为励磁方式不同，它的基本特性就不同，共分为两类。

（1）他励发电机。这类发电机的励磁电流由其他直流电源供给，如图 4-25（a）所示，永磁直流发电机也属于这一类。

（2）自励发电机。发电机需要的励磁电流由电机本身供给。它又分为：

1）并励发电机。如图 4-25（b）所示，它的励磁绕组与电机的电枢两端并联，由电机自身发出的端电压供给励磁电流。

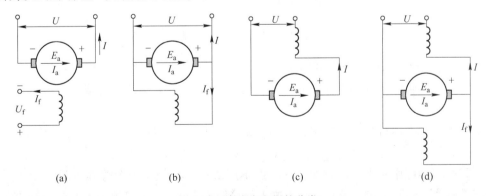

图 4-25　直流发电机的分类

（a）他励发电机；（b）并励发电机；（c）串励发电机；（d）复励发电机

2）串励发电机。如图 4-25（c）所示，它的励磁绕组与电枢串联。发电机的负载电流同时也是它本身的励磁电流。

3）复励发电机。如图 4-25（d）所示，它同时有并励的和串励的两种励磁绕组，本节先介绍直流发电机的基本工作原理，然后介绍各种励磁方式发电机的运行特性。

4.2.3.1 直流发电机的运行原理

A 直流发电机稳态运行时的基本方程式

图 4-26 是一台两极直流发电机运行原理示意图。电枢绕组导线在电枢表面上连续分布。图中为清楚起见，电刷位置已移到磁极间的几何中性线处，因为在绕组展开图中，电刷位于磁极中心线处，这时电刷所接触的元件有效边正是处在两磁极之间的几何中性线处，所以图 4-26 中电刷位置与绕组展开图中电刷位置在原理上是一样的。设定子磁极极性如图 4-26 中的 N、S。当电枢在原动机机械转矩作用下，以转速 n，逆时针方向旋转时，在电枢绕组导体中会感应电动势 e。感应电动势的方向由右手定则判定，如图中电枢外层小圈中的+、·符号，而电枢绕组感应电动势的大小，根据式（4-1）为

$$E_a = C_e n \Phi \tag{4-3}$$

如果负载电阻 R_L 接在电枢两端，如图 4-27 所示，电枢回路中会有电流 I_a 流过。在发电机中，I_a 与 E_a 同方向。把图 4-27 中各电量的方向选为正方向，这就是所谓的发电机惯例。

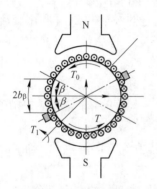

图 4-26 直流电机原理图

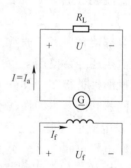

图 4-27 直流发电机负载时的线路

根据给定的正方向，可以写出电枢回路电压方程式

$$e_a = i_a R_L + i_a R_{a\Sigma} + \Delta U_b + L_a \frac{di_a}{dt}$$

式中，$R_{a\Sigma}$ 为电枢回路串联各绕组（包括电枢绕组、附加极绕组、补偿绕组等）的总电阻；ΔU_b 为一对电刷下接触电阻的电压降，对一般碳石墨电刷，通常取 $\Delta U_b = 2V$，为常数；L_a 为电枢回路的电感。

对于电机稳态运行情况的特性，即 $di_a/dt = 0$，上式可写成

$$E_a = I_a R_{a\Sigma} + \Delta U_b + I_a R_L$$

此式在实际应用时不是很方便，一般都不用 ΔU_b，而是用一个等效电阻 R_a。它是电枢回路总电阻，包括了 $R_{a\Sigma}$ 及正、负电刷下的接触电阻在内。尽管正、负电刷下的接触电阻随负载电流 I_a 的大小而变化，但电枢回路还有其他电阻 $R_{a\Sigma}$，这个变化的影响也就不去

考虑了。因此，我们认为 R_a 是一个常数。只有在设计电机时，才把电刷压降 ΔU_b 单独考虑。于是上式可以写成

$$E_a = U + I_a R_a \tag{4-4}$$

式中，$U = I_a R_L$ 是电机的端电压。这是稳态运行情况下，直流发电机的电压平衡等式。

在发电机中，电流 I_a 与电动势 E_a 的实际方向相同。可见，在图 4-26 中，电枢绕组导体中电流的方向应该与支路电动势。同方向，如图中电枢内层小圈中的符号所示。电枢线组中有了电流以后，一方面要产生电枢反应磁动势 F_a，它与励磁磁动势共同作用，产生气隙磁通；另一方面使电枢在磁场中受力，产生电磁转矩 T。由式 (4-2) 得

$$T = C_t \Phi I_a \tag{4-5}$$

电磁转矩作用的方向，根据左手定则判定为顺时针方向，如图 4-26 所示。注意，T 的方向与转速 n 的方向是相反的。即在发电机中，电磁转矩 T 属于制动性质，它企图使电机的转速 n 慢下来。作用在发电机轴上的转矩，除了电磁转矩外，还有原动机拖动发电机的转矩 T_1，它的作用方向与电机的转速 n 同方向。当电机工作时，由机械损耗及电枢铁损耗产生了制动性的转矩，通常称为空载转矩，用 T_0 表示。在写发电机转动方程之前，应先规定各转矩的正方向。在图 4-26 里，把 T、T_0、T_1 的实际方向当作它们的正方向，于是转动方程为

$$T_1 - T - T_0 = J \frac{\mathrm{d}\Omega}{\mathrm{d}t}$$

式中，J 为发电机机组的转动惯量；Ω 为发电机转轴的角速度。

当发电机的转速稳定以后，上式可写成

$$T_1 = T + T_0 \tag{4-6}$$

这就是直流发电机稳态运行情况下的转矩平衡等式。

并励或他励发电机励磁回路里的励磁电流稳定以后，励磁回路电压方程为

$$U_f = R_f I_f$$

式中，U_f 为励磁绕组回路的端电压，他励时为给定值；并励时，$U_f = U_N$；R_f 为励磁回路的总电阻。

气隙磁通

$$\phi = f(I_f, I_a)$$

由空载磁化特性及电枢反应而定。

B 稳态运行时的功率关系和电磁功率

把式 (4-4) 乘以电枢电流 I_a，可得

$$E_a I_a = I_a^2 R_a + I_a^2 R_L = p_{cu} + P_2 \tag{4-7}$$

式中，$p_{cu} = I_a^2 R_a$，为包括电枢回路串联各绕组中的铜损耗功率和电机各电刷接触电阻损耗的总电损耗功率；$P_2 = U I_a = I_a^2 R_L$，为发电机的输出电功率。

把式 (4-6) 乘以机械角速度 Ω，可得

$$T_1 \Omega = T\Omega + T_0 \Omega \tag{4-8}$$

或写成

$$P_1 = T\Omega + p_0$$

式中，$P_1 = T_1\Omega$ 为原动机由轴上输入给发电机的机械功率；$p_0 = T_0\Omega = p_m + p_{Fe}$ 为发电机空载时的损耗功率，其中 p_m 为机械损耗功率，p_{Fe} 为铁损耗功率。

利用式（4-3）和式（4-5），不难证明式（4-7）中的 $E_a I_a$ 和式（4-8）中的 $T\Omega$ 是相等的。我们称 $E_a I_a$ 为电磁功率，用 P_{em} 表示。即

$$P_{em} = E_a I_a = \frac{pz}{60a} n\Phi I_a = \frac{pz}{2\pi a} I_a \Phi \frac{2\pi a}{60} = T\Omega$$

这是一个很重要的关系，即电磁功率 P_{em}，一方面代表电动势为 E_a 的电源发出电流 I_a 时，所发出的电功率；另一方面代表制动转矩为 T 的转子，被强迫以 Ω 角速度旋转时，所消耗的机械功率。这就是直流发电机中，由机械能转变为电磁能用功率表示的两个方面。

把式（4-7）代入式（4-8）可得

$$P_1 = P_{em} + p_0 = p_{Cuf} + p_{Cua} + p_m + p_{Fe} + P_2$$

由此式画出的直流发电机的功率流程，如图 4-28 所示。图中还画出了励磁功率 p_{Cuf}。在他励时，p_{Cuf} 由其他直流电源供给。

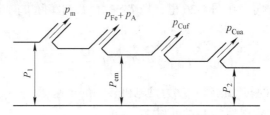

图 4-28　他励直流发电机功率流程

总损耗

$$\sum p = p_{Cuf} + p_m + p_{Cua} + p_{Fe} + p_A$$

式中，p_A 为前几项损耗中没有考虑到的杂散损耗，称为附加损耗。计算时，对无补偿绕组的直流电机，通常取

$$P_A = 0.01 P_N$$

发电机的效率

$$\eta = 1 - \frac{\sum p}{P_2 + \sum p} \tag{4-9}$$

额定负载时，直流发电机的效率与电机的容量有关。10kW 以下的小型电机，效率为 $75\% \sim 85\%$；$10 \sim 100$kW 的电机，为 $85\% \sim 90\%$；$100 \sim 1000$kW 的电机，为 $88\% \sim 93\%$。效率高的电机，制造所费的材料多。

4.2.3.2　直流发电机的电枢反应

直流电机电枢绕组中有负载电流时，它所产生的磁动势对励磁绕组磁场的影响，称为电枢反应。电枢反应对气隙磁通的大小和分布、电机的运行性能、换向的好坏都有影响。

A　电枢磁动势的空间分布

图 4-29 表示了电刷在几何中性线上时，电枢绕组电流所产生的磁场。这个磁场是不

旋转的，其磁动势轴心（即最大磁动势）的位置总是与电刷轴线相重合。磁动势在空间的分布只取决于电枢绕组中电流的分布，而不论其导线是如何联结的，因此根据图 4-29 所得出的结论可用于任何型式的直流电机绕组上。

　　按照图 4-29 的对称情况，由全电流定律分析整个磁场，不难发现磁极中心线下的气隙处，正是电枢磁动势作用为零之处。将图 4-29 展开得图 4-30，S 极和 N 极中心处磁动势为零、其余电枢表面各处，可根据磁回路包围的安匝数，确定磁动势大小，整个回路的磁动势主要作用在两个气隙中，并规定磁力线出电枢进磁极为正方向，由此得到电枢表面沿圆周方向磁动势的分布、图 4-30 中曲线 1 表示导线极多且连续排列时的磁动势分布，由它所产生的气隙磁通密度的分布如曲线 2 所示。曲线 2 在两极之间下陷，是由于极间磁阻较大。

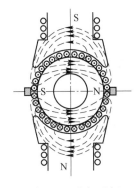

图 4-29　电枢磁场

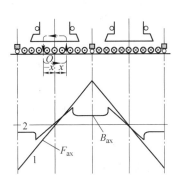

图 4-30　电枢磁场展开图

　　电枢磁动势的最大值 F_a 可如下计算：当电枢电流为 I_a 时，每个导体中的电流为

$$i_a = I_a/(2a)$$

式中，$2a$ 为并联支路数，而每对极有 zi_a/p 安匝导体数，故每对极电枢磁动势的最大值为 $zi_a/2p$，其中 $z/(2a)$ 是每对极下的导线匝数，这个磁动势作用在一对极下的磁场全回路中，降落在一个气隙中的磁动势将为上式的一半（图 4-31 中曲线 1 的最大值），故在电刷轴线处的电枢表面处，每极电枢磁动势为

$$F_a = \frac{z}{4p} i_a (A) \tag{4-10}$$

　　在计算中常引用电机设计中一个很重要的量——电机的电负荷 A，它的意义是电枢圆周单位长度上的安培导体数，即

$$A = \frac{zi_a}{2p\tau} (A/m)$$

代入式（4-10），得每极电枢磁动势

$$F_a = \frac{1}{2} A\tau (A)$$

式中，τ 为极距，m。

当电刷不在几何中性线而在电枢表面移了一段距离 b 时（见图 4-31），每极电枢磁动势沿气隙的分布，如图 4-31 曲线 2 和曲线 3 所示，可以将它分为两个分量：与励磁磁动势轴重合的直轴磁势 F_{ad} 和与励磁磁动势轴垂直的交轴磁势 F_{aq}，即

$$F_{ad} = F_a \cdot \frac{2b}{\tau} = A \cdot b(\mathrm{A})$$

$$F_{aq} = F_a \cdot \frac{\tau - 2b}{\tau} = A\left(\frac{\tau}{2} - b\right)(\mathrm{A})$$

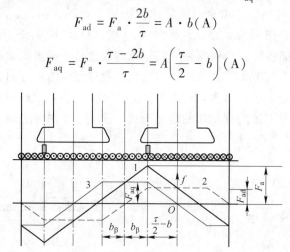

图 4-31　电刷不在几何中性线上时的电枢磁势

B　发电机中的电枢反应

a　直轴电枢反应

在图 4-31 中可见，电刷顺旋转方向转动 b，其直轴电枢反应磁动势 F_{ad} 的方向与主极励磁磁动势 F_f 的方向相反，所以直轴电枢反应是去磁的。如果将电刷逆旋转方向移动，不难看出直轴电枢反应是增磁的。

这种去增磁效应，在电动机中正好相反，即电刷顺移时，电动机中产生增磁的直轴电枢反应，反之为去磁的，读者可自行证明。

b　交轴电枢反应

图 4-32 表示电刷在几何中性线处，只有交轴电枢反应磁动势时气隙磁场的情况。图 4-32（a）为气隙磁力线分布，图 4-32（b）中曲线 1 为主极绕组单独通电时主极磁通密度分布曲线，而曲线 2 为电枢绕组单独通电时电枢磁通密度分布曲线，当磁路不饱和时，可用叠加法将曲线 1 和 2 上的各对应点的纵坐标逐点相加得到曲线 3，这就是发电机电枢反应的合成磁通密度分布曲线。它只是使主磁通扭歪，使气隙磁通密度为零的地方即物理中性线偏离了几何中性线，而每极下总磁通量没变。

4.2.3.3　直流发电机的运行特性

这里介绍各种直流发电机的不同特性，均以转速 n 为常数进行分析，通常有以下三种特性：

当负载电流 $I =$ 常数时的负载特性 $U = f(I_f)$。如果 $I = 0$，这条特性称为空载特性。

当励磁回路电阻 $R_r + R_f =$ 常数时的外特性 $U = f(I)$。

当 $U =$ 常数时的调节特性 $I_f = f(I)$。

以上各特性中，空载特性和外特性比较重要，为所有用户所要求。其他的特性，只有部分用户需要。

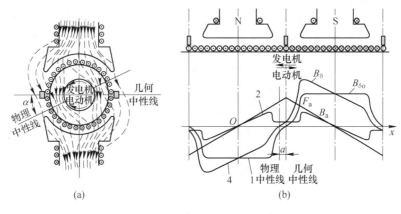

(a)

(b)

图 4-32　直流电机电枢反应

A　他励直流发电机

a　空载特性曲线

求他励发电机空载特性曲线的试验线路，如图 4-33 所示。发电机电枢由原动机带动以恒速 n 旋转。刀闸 K_1 拉开，因此 $I=0$。通过 K_2 加上励磁电流 I_f，并由调节电阻 R_r 使 I_f 能在较大范围内变化。

当励磁绕组中有电流 I_f 时，在电机中建立一定的磁场，有气隙磁通 Φ_0 在电枢绕组中感应电动势 E_0。由于负载电流 $I=0$，因此端电压 U 等于电动势 E_0，即 $U=E_0$。空载特性曲线实际上是 $E_0=f(I_f)$ 特性曲线。

由于转速 n 不变，E_0 与 Φ_0 成正比。又因为励磁磁动势 F_f 与励磁电流 I_f，也是正比关系，所以空载特性曲线 $E_0=f(I_f)$ 与空载磁化特性曲线 $\Phi_0=f(I_f)$ 的形状完全相似，所有空载磁化特性曲线中的磁滞、剩磁、次磁环等现象均会在空载特性曲线中反映。图 4-34 是他励发电机的典型空载特性曲线。试验时，需注意单方向调节励磁电流。这样作出上升和下降两条支线，然后再

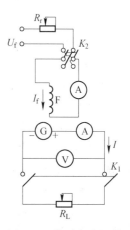

图 4-33　他励发电机的
试验线路

求它们的平均空载特性曲线。在实际应用时，经常还要考虑它与实际磁化状况的差别。空载特性曲线也可以在设计电机时，根据磁路的磁化特性，由计算方法求出。如果改变转速 n，空载特性曲线随 n 成正比变化。

b　外特性曲线

用试验的方法求外特性的线路如图 4-33 所示。把刀闸 K_1 合上，保持转速 n 为额定值不变，调节励磁电流 I_f，当负载电流为额定值，即 $I=I_N$ 时，端电压 U 也是额定值，即 $U=U_N$。此时的励磁电流称为额定励磁电流 I_N。保持 I_N 不变，记录当负载电流 I 改变时的端电压 U，即得外特性曲线 $U=f(I)$，如图 4-35 中的曲线所示。外特性曲线通常随负载电流的增大而向下垂。下垂的原因有二：一是因为在励磁磁动势不变的情况下，当负载电流 I 增加时，由于电枢反应通常是去磁效应，使气隙磁通量减少，从而减小了电枢电动势 E_a；

二是由于电枢回路各绕组的电阻压降 $I_a R_a$（包括电刷压降 ΔU_b），使端电压 U 进一步降低。不过，在他励发电机中，当负载电流 I 由零变到 I_N 时，端电压 U 下降不算太大。基本上可认为是一个恒压电源。工程上称这种变化不大的特性为硬特性。

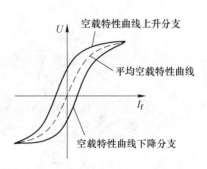

图 4-34　他励直流发电机的空载特性

外特性的软硬，通常用电压调整率 ΔU 来表示。按照国家技术标准（直流电机试验方法）规定，直流发电机的电压调整率，指发电机由额定负载（$U = U_N$，$I = I_N$）状况，过渡到空载时，端电压所升高的数值对额定电压的比值，即

$$\Delta U = \frac{U_0 - U_N}{U_N} \times 100\%$$

式中，U_0 为空载时的端电压，一般他励发电机的 ΔU 为 $5\% \sim 10\%$。

c　短路电流

他励直流发电机在正常运行时，如果电枢出线端发生短路，稳态短路电流 I_k 将达到危险的数值。

实际上，在额定电枢电流时，电枢反应的去磁作用和电枢回路的电阻压降各只占额定励磁和额定电压的百分之几。因此，在额定励磁下的短路电流将超过额定电流十几倍或二三十倍。这样大的短路电流，通常会引起换向器环火，对电机造成严重的损害。所以，必须在外电路中装设保护装置，当电流超过电机允许的电流值时，保护装置快速将电路切断，以保护电机不受短路电流的危害。

d　调节特性

在负载电流变化时，可以用调节励磁电流 I_f 的方法，来维持发电机的端电压 U 不变，调节特性曲线 $I_f = f(I)$ 表明在端电压 U 一常数时，应如何调节励磁电流 I_f。他励发电机的这条特性曲线画在图 4-36 中。

调节特性曲线之所以略显上翘，是因为在负载电流 I 增加时，如果不增加一些励磁电流以补偿电枢反应的去磁作用及电枢回路的电阻压降，则不能维持端电压的恒定。

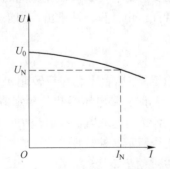

图 4-35　他励直流发电机的外特性

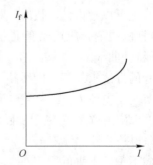

图 4-36　他励直流发电机调节特性曲线

B 并励直流发电机

自励直流发电机，由于不需要由另外的直流电源供给励磁，所以比他励直流发电机用得多。其中，并励直流发电机用得最多。图 4-37 是并励直流发电机的线路。其中电枢电流 I_a 等于负载电流 I 和励磁电流 I_f 之和。这种电机空载时，负载电流 $I=0$，但电枢电流 $I_a = I_f \neq 0$。这点和他励直流发电机不一样。

并励直流发电机励磁回路的励磁电压 U_f 也就是电枢的端电压 U。由于这种关系，当电机旋转起来以后，要求能自己建立起励磁电压，称为自励。并励直流发电机电压的建立是一个特殊的问题，首先要加以讨论。

a 并励直流发电机的自励

图 4-38 表示并励直流发电机电压自励的条件和过程。曲线 1 是发电机转速为 n 时的空载特性曲线 $E_0 = f(I_f)$，曲线 2 是励磁回路接法正确时的电阻特性曲线 $U_f = f(I_f)$，其斜率

$$\tan\alpha = \frac{U_0}{I_{f0}} = \frac{I_f(R_r + R_f)}{I_f} = R_r + R_f$$

式中，$R_r + R_f$ 为励磁回路总电阻；R_r 为外加的电阻。

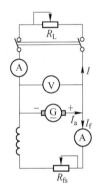

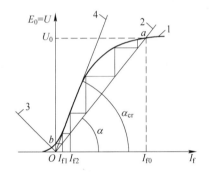

图 4-37 并励直流发电机的接线　　图 4-38 并励直流发电机无载时电压的建立

由于负载电流 $I=0$，电枢电流 $I_a = I_f$，此值一般较小，忽略它产生的电枢反应以及电枢回路的压降，于是电枢端电压 $U \approx E_0$。这个电压也是励磁绕组两端的电压。所以图 4-38 中曲线 1 和 2 的交点 A 即可近似代表此时的工作点。即电机端电压为 U_0，这时励磁绕组里的电流是 I_{f0}。

电压建立的过程如下：当电机以转速 n 旋转以后，由于电机中有剩磁，会在电枢绕组中产生剩磁电动势 E_r。E_r 作用于励磁回路，会产生一个励磁电流 I_{f1}。由于励磁绕组的接法正确，I_{f1} 在电机中产生的磁动势又增强电机中的磁通，使电枢绕组感应电动势增至 E_1，E_1 又产生 I_{f2}，如此不断增长，直至 A 点为止。

如果励磁绕组接法反了，励磁回路中的电流所产生的磁势会削弱剩磁磁通。励磁回路的电阻特性曲线为图 4-38 中的曲线 3，此时电机工作在 b 点。有励磁电流以后的电压比剩磁电压 E_r 还低。电机不能自励。这种情况称为并联极性不正确。

如果加大励磁回路的电阻 R_r，励磁回路电阻特性曲线的 α 角增大。当 α 角大于 α_{cr}

时，发电机就不能自励建立电压，我们称 α_{cr} 角的励磁回路电阻为该转速 n 下的临界电阻 R_{cr}，即

$$R_{cr} = \tan\alpha_{cr}$$

总结上述几点，并励直流发电机电压自励建立需要满足三个条件：

（1）一般电机都是有剩磁的。如果电机闲置过久或其他原因失去剩磁，只需利用其他直流电源在励磁绕组两端励磁一下即可获得。

（2）励磁绕组并联到电枢两端的极性正确。如果不对，只要把励磁绕组两端反接或电枢反转，即可改正。

（3）励磁回路的总电阻必须小于该转速下的临界值。由于空载特性曲线与转速 n 成正比，因此，在励磁回路电阻对某一转速能自励时，当转速降低到另一值时，可能不能自励。可见，对某一励磁回路电阻值，存在一个最小转速 n_{cr} 称为临界转速。转速小于此值，就不能自励。

b　空载特性

并励直流发电机的空载特性曲线，一般指用他励方法试验或按他励计算所得的 $E_0 = f(I_f)$ 曲线。这是因为，空载特性的定义是指只有励磁绕组有电流，所以应该用他励空载特性曲线。当条件不允许时，也可以用并励方法由试验求出。但这样做时，曲线的不饱和部分是测不出来的。

由于并励直流发电机励磁电压一般不反向，空载特性曲线只作第一象限的就够了。

c　外特性

图 4-39 的曲线 2 是并励发电机在 R_r+R_f = 常数时的外特性曲线 $U = f(I)$。图 4-39 中的曲线 1 是同样的电机在他励时的外特性。比较曲线 1 和 2 后可以看出，并励时的电压调整率比他励时的要大。这是因为，在并励发电机中不仅有电枢反应和电枢电阻压降起作用，而且端电压的降低，还会引起励磁电流减小并励直流发电机的电压调整率 ΔU 可达30%左右。

d　调节特性

并励直流发电机的电枢电流 I_a 只比他励直流发电机的电枢电流 I_a 多一个不大的励磁电流 I_f，所以它的调节特性与他励直流发电机的没有多大差别。

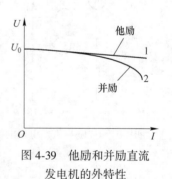

图 4-39　他励和并励直流发电机的外特性

4.2.4　直流电动机

直流电动机能把直流电能转变为机械能。它有良好的启动性能和调速特性，因此在对启动、调速性能要求高的场合，如电车、轧钢机、龙门刨等，常常选用直流电动机拖动。

直流电动机的分类方式很多。按励磁方式分，可分为：（1）他励电动机，包括永磁电动机；（2）并励电动机；（3）串励电动机；（4）复励电动机。它们的联结线路与发电机的完全相同。不同的励磁方式有不同的运行特性。

这里着重介绍直流电动机的基本工作原理以及工作特性。

4.2.4.1 直流电动机的运行原理

从原理上讲，一台电机，不论是交流电机，还是直流电机，都可以在一种条件下，作为发电机运行，把机械能转变为电能；而在另一种条件下，作为电动机运行，把电能转变为机械能。这个原理称为电机的可逆原理。

以他励直流电机为例来说明这个原理。一台他励直流发电机在直流电网上并联运行，电网电压 U 保持不变。电机中各物理量的正方向如图 4-40 中所示。

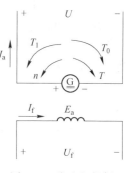

图 4-40 发电机惯例

在发电机状态运行时，电枢感应电动势 E_a 大于电网电压 U，电枢电流 I_a 为正值，电功率 $P_2 = UI_a$ 为正，表示向电网输出电功率。由于拖动转矩 T_1 与转速 n 同方向，$P_1 = T_1\Omega$ 为正，表示由原动机输入机械功率。电磁功率 $P_M = E_a I_a = T\Omega$ 为正，表示由机械功率转变成了电磁功率。这时，电磁转矩 T 与转速 n 的方向相反，是制动转矩。

如果保持这台发电机的励磁不变，仅减少它的输入机械功率，例如让 $P_1 = 0$，即 $T_1 = 0$。在刚开始的瞬间，因整个机组有转动惯量 J，转速 n 来不及变化，因此 E_a、I_a、T 都不能立即变化。这时作用在电机转轴上的转矩仅剩下两个制动性转矩 T 和 T_0。根据转动方程

$$-T - T_0 = J\frac{\mathrm{d}\Omega}{\mathrm{d}t}$$

可见这时角加速度 $\mathrm{d}\Omega/\mathrm{d}t$ 为负，电机减速。随着转速的下降，从式（4-3）～式（4-5）看出，E_a、I_a、T 也都要下降。如果转速下降到某一数值 n_0，电枢感应电动势

$$E_a = C_e n\Phi = U$$

根据式（4-4）可知，电枢电流 $I_a = 0$，输出的功率 $P_2 = UI_a = 0$。也就是说，电机这时已不再向电网输出电功率了。这时虽然电磁转矩 $T = 0$，但由于有空载损耗转矩 T_0，电机的转速将继续下降。

当这台直流电机的转速 n 下降到 $n < n_0$ 后，电机的工作状况就将发生本质的变化。此时 $E_a < U$，由式（4-4）知道，电枢电流 I_a 为负值。表示从原来向直流电网输出电能，变为从直流电网吸收电能了。电磁转矩 T 也变为负值，说明它的作用方向已从原来的与转速反方向而变成了同方向，从制动转矩变成拖动转矩了。当转速降低到某一数值、产生的电磁转矩等于空载损耗转矩即 $T - T_0 = \mathrm{d}Q/\mathrm{d}t = 0$ 时，转速就不再降低，电机将稳定在这个转速下运行。此时，$P_2 = UI_a$ 为负值，表示电机从电网吸收电功率。电磁功率 $P_M = E_a I_a = T\Omega$ 为负值，表示由电功率转变为机械功率。可见，这时直流电机的运行状态已经不是发电机而是电动机了。如果在电机轴上另外还带有生产机械的转矩 T_2（它的作用方向与 n 相反），则转速还要降低一些，I_a、T 的绝对值就会更大，使 $-T = T_2 + T_0$，电机仍能作为电动机以恒速运转。显然，这时在电机轴上输出了机械功率。

同样，上述的物理过程还可以再反过来，这就是直流电机运行的可逆性原理。

4.2.4.2 直流电动机的基本方程式

A 基本方程式

由以上分析可知，直流电动机的运行状况，完全符合上面介绍过的作为发电机运行时

的基本方程式。只是当作为电动机运行时，所得 I_a、T、P_1、P_2、P_M 都为负值。为了方便起见，重新规定直流电机中物理量的正方向，如图 4-41 所示。根据图中规定的正方向，如果端电压 U 和电枢电流 I_a 都为正，表示电机从电源吸收 UI_a 的电功率；如果 U、I_a 中有一个是负值，表示电机发出 UI_a 的电功率。这就是所谓的电动机惯例。再看电枢感应电动势 E_a 和 I_a，如果它们都为正，表示电枢吸收了 $E_a I_a$ 的电磁功率；如果有一个是负值，就是电枢发出 $E_a I_a$ 的电磁功率。关于转矩正方向，在图 4-41 里分别规定了电磁转矩和负载转矩的正方向。在写转动方程时，要注意弄清楚各转矩的性质和它们的正方向。

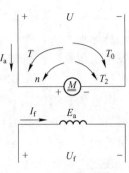

图 4-41　电动机惯例

按已规定好的正方向，写出电动机的基本方程式，为

$$E_a = C_e n \Phi$$
$$U = E_a + I_a R_a$$
$$T = C_t \Phi I_a$$
$$T = T_L = T_2 + T_0$$
$$I_f = U_f / R_f$$
$$\phi = f(I_f, \ I_a)$$

通常把电动机的空载转矩 T_0 加上生产机械的转矩 T_2，总称为负载转矩 T_L。根据以上基本方程，用与发电机中相似的方法，即可分析电动机的运行特性。

顺便说明一下，分析时，应特别注意在电动机状态和在发电机状态中电枢反应的不同。由于两种状态时电枢电流的方向相反，如果发电机运行时，直轴电枢反应磁动势 F_{ad} 是增磁效应，那么变成电动机运行时，就是去磁效应。对交轴电枢反应来说，电机中磁路的饱和情况，在发电机和电动机运行时基本相同，所以都是去磁效应。

B　功率关系式

把式 $U = E_a + I_a R_a$ 两边都乘以 I_a，得

$$UI_a = E_a I_a + I_a^2 R_a$$

改写成

$$P_1 = P_e + p_{Cu}$$

式中，$P_1 = UI_a$ 为从电源输入的电功率；$P_e = E_a I_a$ 为电枢吸收的电磁功率；p_{Cu} 为电枢回路总的铜损耗。

把式 $T = T_L = T_2 + T_0$ 两边都乘以机械角速度 Ω，得

$$T\Omega = T_2\Omega + T_0\Omega$$

写成

$$P_e = P_2 + p_0$$

式中，$P_e = T\Omega$ 为电磁功率；$P_2 = T_2\Omega$ 为输出的机械功率；$p_0 = T_0\Omega$ 为空载损耗功率，包括机械摩擦损耗 p_{mec} 和铁损耗 p_{Fe}。

他励直流电动机稳态运行时的功率关系，如图 4-42 所示。图中 p_f 为励磁回路所消耗的功率。

总损耗

$$\sum p = p_{\mathrm{f}} + p_{\mathrm{Cu}} + p_{\mathrm{mec}} + p_{\mathrm{Fe}} + p_{\mathrm{A}}$$

式中，p_{A}是附加损耗。

电动机效率

$$\eta = 1 - \frac{\sum p}{P_2 + \sum p}$$

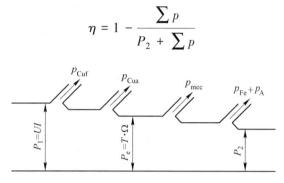

图 4-42　直流电动机的功率流程图

4.2.4.3　直流电动机的工作特性和机械特性

A　他励直流电动机的工作特性

他励直流电动机的工作特性是指当外加电压为额定值 $U = U_{\mathrm{N}}$ 励磁电流为额定值 $I_{\mathrm{f}} = I_{\mathrm{fN}}$、电机带有机械负载时，电动机的转速 n、电磁转矩 T、效率 η 以及输出功率 P_2 与电枢电流 I_{a} 的关系，即 n、T、η、$P_2 = f(I_{\mathrm{a}})$，或 n、T、η、$I_{\mathrm{a}} = f(P_2)$ 的关系。前者较为常用。关于直流电动机的额定励磁电流是这样规定的：当直流电动机加上额定电压 U_{N}，带上负载后，电枢电流、转速、输出的机械功率都达到额定值，这时的励磁电流就称为额定励磁电流 I_{fN}。

图 4-43 是他励直流电动机典型工作特性。下面说明它们的变化规律。

（1）转速特性 $n = f(I_{\mathrm{a}})$。把式 $E_{\mathrm{a}} = C_e n \Phi$ 代入 $U = E_{\mathrm{a}} + I_{\mathrm{a}} R_{\mathrm{a}}$，可得

$$n = \frac{U - I_{\mathrm{a}} R_{\mathrm{a}}}{C_e \Phi} \qquad (4\text{-}11)$$

当电枢电流 I_{a} 增加时，如气隙磁通 Φ 不变，转速 n 将随 I_{a} 的增加而直线下降。一般他励直流电动机电枢回路总电阻 R_{a} 的标准值很小（在 0.05 左右），转速下降不多。如果考虑去磁的电枢反应，Φ 会变小，转速下降会更小些。

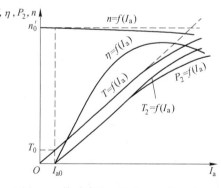

图 4-43　他励直流电动机的工作特性

（2）转矩特性 $T = f(I_{\mathrm{a}})$。由式（4-5）可知，当气隙磁通 Φ 不变时，电磁转矩 T 与电枢电流 I_{a} 成正比，转矩特性应是直线关系，如图 4-43 中的虚线所示。实际上，随着电枢直流 I_{a} 的增加，气隙磁通 Φ 略有减少。因此，转矩特性略向右偏。

图 4-43 中，$T_2 = f(I_{\mathrm{a}})$ 的关系，是假定空载损耗转矩 T_0 不变，根据 $T_2 = T - T_0$ 画出的。

（3）效率特性 $\eta = f(I_a)$。与发电机相似，效率曲线也有最大值。在额定负载时，小容量电动机的效率为 75%~85%；中大容量电动机的效率为 85%~94%。

B　他励直流电动机的机械特性

他励直流电动机的机械特性是指当电动机加上一定的电压 U 和一定的励磁电流 I_f 时，转速 n 与电动机电磁转矩 T 的关系，即 $n = f(T)$。它是电动机的一个重要特性。可以从上述的工作特性中直接得出。

$$n = \frac{U - I_a R_a}{C_e \Phi} = \frac{U}{C_e \Phi} - \frac{R_a}{C_e C_t \Phi^2} T = n_0' - \alpha T \tag{4-12}$$

式中，$n_0' = U/C_e \Phi$ 是理想空载转速；$\alpha = R_a/(C_e C_t \Phi^2)$ 是机械特性的斜率。

以转速 n 为纵坐标，电磁转矩 T 为横坐标，机械特性是一条略向下倾斜的直线，如图 4-44 所示。

转速变化的大小用转速调整率 Δn 来表示，即

$$\Delta n = \frac{n_0 - n_N}{n_N} \times 100\%$$

式中，n_0、n_N 分别是电动机空载和额定的转速。一般他励直流电动机的 Δn 为 2%~8%。

图 4-44 中的机械特性与纵坐标的交点就是理想空载转速 n_0'。实际运行时电动机的空载转速 n_0 要比 n_0' 小一些，如图 4-44 中的机械特性与空载损耗转矩 T_0 线的交点。

式（4-12）中的 α 是机械特性的斜率。通常把 α 小的机械特性称为硬特性，α 大的机械特性称为软特性。究竟哪种性好，要看生产机械的要求。例如，机床、轧钢机等要求电动机有硬特性，而电力机车等则要求电动机具有软特性。

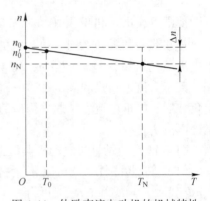

图 4-44　他励直流电动机的机械特性

从式（4-12）看出，对应于不同的端电压 U、不同的磁通 Φ 以及不同的电枢回路电阻值。直流电动机有许多条机械特性。把额定电压 U_N、额定励磁电流 I_{fN}、电枢回路里没有串任何电阻时的机械特性，称为他励直流电动机的固有机械特性。他励直流电动机的固有机械特性是比较硬的。

C　并励直流电动机的运行特性

并励直流电动机属于他励直流电动机的一个特例，即在联结方法上使励磁绕组与电枢回路并联。所以它的工作特性以及机械特性与他励直流电动机的相同，这里不再赘述。

D　串励直流电动机的运行特性

串励直流电动机的励磁绕组与电枢回路串联。电流关系为

$$I_a = I_f$$

串励直流电动机的气隙磁通 Φ 随电枢电流 I_a 而变化。这是它的主要特点。

当电机的磁路不饱和时，串励直流电动机的电磁转矩为

$$T = C_t \Phi I_a = C_t k I_a^2$$

或

$$I_{\mathrm{a}} = \frac{\sqrt{T}}{\sqrt{C_{\mathrm{t}}k}}$$

代入式（4-11），得

$$n = \frac{U - I_{\mathrm{a}}R_{\mathrm{a}}}{C_{\mathrm{e}}\Phi} = \frac{\sqrt{C_{\mathrm{t}}}}{C_{\mathrm{e}}\sqrt{k}}\frac{U}{\sqrt{T}} - \frac{R_{\mathrm{a}}}{C_{\mathrm{e}}k}$$

图 4-45 画出了这种情况的机械特性曲线。当电磁转矩 T 较大时，由于磁路饱和，机械特性如图中曲线所示。

串励直流电动机的机械特性是软特性。随着电磁转矩 T 的增大，转速下降得很快。当电磁转矩 T 较小时，由于气隙磁通减小，转速迅速增大，T 为零时，理想空载转速为无穷大。由此可见，串励直流电动机不允许空载运行，也不允许以平皮带传动方式带动负载，因为不慎皮带脱落时，可能引起电动机过速。此外，串励直流电动机的机械特性上各点的 $\mathrm{d}T/\mathrm{d}n$ 都是负值。因此，它在工作时，总是稳定的。

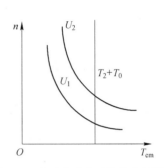

图 4-45　串励直流电动机的机械特性

4.3　交流绕组基本理论

交流电机主要分为同步电机和异步电机两类。这两类电机虽然在励磁方式和运行特性有很大差别，但它们的定子绕组的结构形式是相同的，定子绕组的感应电动势、磁动势的性质、分析方法也相同。这里统一起来进行讲述。

4.3.1　交流绕组的基本要求

交流绕组的基本要求如下：
（1）绕组产生的电动势（磁动势）接近正弦波。
（2）三相绕组的基波电动势（磁动势）必须对称。
（3）在导体数一定时能获得较大的基波电动势（磁动势）。
下面以交流绕组的电动势为例进行说明。

图 4-46 所示为一台交流电机定子槽内导体沿圆周分布情况，定子槽数 $Z = 36$，磁极个数 $2p = 4$，励磁磁极由原动机拖动以转速 n 逆时针旋转。这就是一台同步发电机。试分析为了满足上述三项基本要求，应遵循的设计原则。

4.3.1.1　正弦分布的磁场在导体中感应正弦波电动势

以图 4-46 所示中 N_1 的中心线为轴线，在 N_1 磁极下的气隙中磁感应强度分布曲线 $B(\theta)$，如图 4-47 所示。只要合理设计磁极形状，就可以使得气隙中磁感应强度 $B(\theta)$ 呈正弦分布，即

$$B(\theta) = B_{\mathrm{m}}\cos\theta$$

旋转磁极在定子导体（例如 13、14、15、16 号导体）中的感应电动势为

$$e_c = B(\theta)lv = B_m lv\cos\theta$$

式中，l 为导体有效长度；v 为磁极产生的磁场切割导体的线速度。

设 $t=0$ 时，某根导体对准磁极轴线，即 $\theta=0$、当转子磁极转速为 n_1 时，磁极切割导体的角速度为 $\omega = 2\pi pn_1/60$，$\theta = \omega t$，上式变为

$$e_c = B_m lv\cos\omega t$$

式中，B_m、l、v 均为常数。此式表明，只要在设计电机时保证励磁磁动势在气隙中产生的磁场在空间按正弦规律分布，则它在交流绕组中感应的电动势就随时间按正弦规律变化。

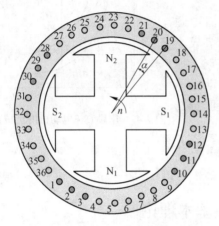

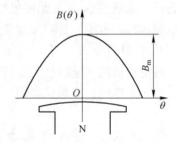

图 4-46　槽内导体沿定子圆周的分布情况　　　　图 4-47　正弦分布的主极磁场

4.3.1.2　用槽电动势星形图分相以保证三相感应电动势对称

当正弦分布的磁场以转速 n_1 旋转时，在定子圆周上每槽导体中感应的电动势都是正弦波，幅值相等，但在时间上相位不同。为了用电动势相量来表示它们之间的相位差，引入如下参数。

槽距角 α 为相邻两槽之间的机械角度。对于图 4-46 所示电机定子，有

$$\alpha = \frac{360°}{Z} = \frac{360°}{36} = 10°$$

槽距电角 α_1 为相邻两槽间相距的电角度。在一对磁极范围内，电气角度等于 360°；对于 p 对磁极，电角度等于 $p\times360°$，则

$$\alpha_1 = \frac{p\times360°}{36} = \frac{360°}{36} = 10°$$

对于图 4-46 所示电机定子，$\alpha_1 = 2\times10° = 20°$。因此，各槽导体感应电动势大小相等，在时间相位上彼此相差 20°电角度。槽 1 导体电动势相量用相量 1 表示，槽 2 导体电动势相量 2 比相量 1 滞后 20°电角度。同理，相量 3 比相量 2 滞后 20° 电角度。以此类推，可以给出 36 个槽导体的电动势相量，组成一个星形，称为槽电动势星形图，如图 4-48 所示。

利用槽电动势星形图分相可以保证三相绕组电动势的对称性。最简单的办法就是将图

4-48 所示的星形图圆周分为三等分，每等分 120°（称为 120°相带），将每个相带内的所有导体电动势相量正向串联起来，得到相电动势，显然三相绕组的相电动势是对称的。

4.3.1.3 采用 60°相带可获得较大的基波电动势

采用 120°相带，虽然能保证三相绕组对称，但在一个相带内的所有相量（例如 A 相带中的 1、2、3、4、5、6、19、20、21、22、23、24）分布较分散，其相量和较小，即合成的感应电动势较小一般不采用 120°相带，而采用图 4-49 所示的 60°相带。60°相带这样来分相：将槽电动势星形分为 6 等份，每等份 60°，故称为 60°相带。A、B、C 三个相带中心线依次相距 120°，X 相带中心线与 A 相带中心线相距 180°。同样，Y 相带中心线与 B 相带中心线相距 180℃，Z 相带中心线与 C 相带中心线相距 180°。在 A 相带中将导体电动势相量 1、2、3、19、20、21 依次正向串联；在 X 相带中将导体电动势相量 10、11、12、28、29、30 也依次正向串联，然后再将 A 相带与 X 相带的电动势反向串联得到 A 相电动势相量 $\dot{E}_A$。同理，将 B、Y 相带（C、Z 相带）反向串联得到 B（C）相电动势相量 $\dot{E}_B(\dot{E}_C)$。显然 $\dot{E}_A$、$\dot{E}_B$、$\dot{E}_C$ 是对称的，且每相的导体相量分布较为集中，可得到较大的感应电动势。

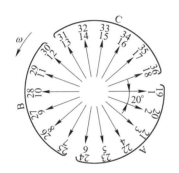

图 4-48 槽电动势星形图（120°相带）

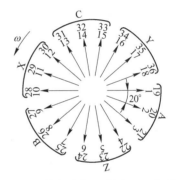

图 4-49 槽电动势星形图（60°相带）

4.3.2 三相交流绕组

4.3.2.1 单层绕组

单层绕组每槽只嵌放一个线圈边，因此线圈数等于槽数的 1/2。在槽电动势星形图中，A 相带和 X 相带导体感应电动势的反向串联可以通过构造线圈来实现，例如导体 1、10 构成一个线圈，就实现了电动势 $\dot{E}_1$、$\dot{E}_{10}$ 的反向串联。为方便描述线圈构成关系，引入两个重要参数：

极距（τ）为一个磁极在定子圆周上所跨的距离，一般以槽数计，表示为

$$\tau = \frac{Z}{2p}$$

节距（y_1）为一个线圈的两边在定子圆周上所跨的距离，通常也以槽数计。

当 $y_1 = \tau$ 时，称为整距；$y_1 < \tau$ 称为短距；$y_1 > \tau$ 称为长距。

一般的单层绕组都是整距绕组。

【例 4-1】 已知一交流电机，定子槽数 $Z = 36$，极数 $2p = 4$，并联支路数 $a = 1$，试绘制三相单层绕组展开图。

【解】 （1）绘制槽电动势星形图（见图 4-48）。

（2）分相、构成线圈。

首先引入一个术语：

每极每相槽数（q），即每相定子线圈在每个磁极下所占有的槽数，亦称为极相组

$$q = \frac{Z}{2pm}$$

式中，m 为相数，当 $m = 3$ 时，$Z = 6pq$。

对于本例，$q = 3$，$\alpha = 20°$。每个极相组占 $qa_1 = 60°$ 电角度，故称为 60° 相带。

按照图 4-48 所示槽电动势屋形图分相，共分为 A、B、C、X、Y、Z 六个相带。将 A 相带中导体 1 与 X 相带中的导体 10 构成一个线圈，就实现了 $\dot{E}_1$ 与 $\dot{E}_{10}$ 的反向串联。同理，将 $2\frown11$、$3\frown12$ 分别构成线圈，再将这 3 个线圈串联，就得到 A 相带第 1 个极相组。用同样的办法，可以构造出第 2 个极相组的 3 个线圈 $19\frown28$、$20\frown29$、$21\frown30$。最后将 2 个极相组串联起来，构成 A 相绕组，如图 4-50 所示。

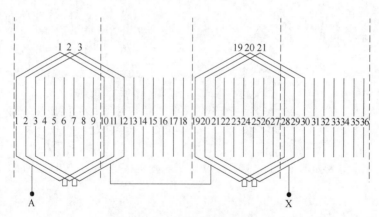

图 4-50 单层叠绕组的相绕组展开图

（3）确定并联支路数。一相绕组可能有多条支路，这些支路能够并联的条件是每条支路电动势相量必须相等，否则会产生环流。根据槽电动势星形图（见图 4-49）和单层绕组展开图（见图 4-50），A 相第 1、2 两个极相组电动势相量相等。这两个极相组可以作为两条支路并联（$a = 2$），当然也可以串联成为一条支路（$a = 1$），如图 4-49 所示。一般而言，对于单层绕组，每相最大并联支路数等于极对数，即

$$a_{max} = p$$

（4）画出三相绕组展开图。若选定并联支路数 $a = 1$，则根据槽电动势星形图（见图 4-49），A、B、C 三相绕组连接顺序为

$$A \to 1\frown10 \to 2\frown11 \to 3\frown12 \to 19\frown28 \to 20\frown29 \to 21\frown30 \to X$$

$$B \to 7\frown16 \to 8\frown17 \to 9\frown18 \to 25\frown34 \to 26\frown35 \to 27\frown36 \to Y$$

$$C \to 13 \frown 22 \to 14 \frown 23 \to 15 \frown 24 \to 31 \frown 4 \to 32 \frown 5 \to 33 \frown 6 \to Z$$

图 4-51 是与图 4-50 中 A 相对应的单层三相绕组展开图。由图 4-51 可以看出，将 A 相绕组整体右移 120°电角度即 6 个槽，即得到 B 相绕组；将 A 相绕组整体右移 240°电角度即 12 个槽，就得到 C 相绕组。单层绕组一般用于 10kW 以下的小型交流电机。

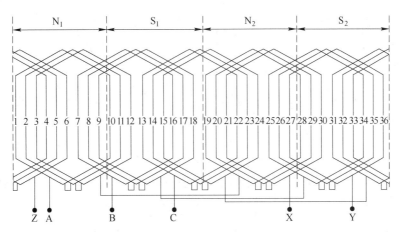

图 4-51 三相单层等元件绕组展开图（$Z=36$，$2p=4$，$a=1$）

4.3.2.2 双层绕组

双层绕组的线圈数等于槽数。每个槽有上、下两层，线圈的一个边放在一个槽的上层，另外一个边则放在相隔节距为 y_1 槽的下层。双层绕组有叠绕和波绕两种，这里只讨论叠绕组。下面举例说明三相双层叠绕组的构成方法。

【例 4-2】 已知 $Z=36$，$2p=4$，并联支路数 $a=2$，试绘制三相双层叠绕组展开图。

【解】 （1）选择线圈节距。为了改善电动势和磁动势波形，一般采用短距线圈。本例中

$$\tau = \frac{Z}{2p} = \frac{36}{2 \times 2} = 9（槽）$$

选择节距 $y_1 = 7$ 槽，这意味着当一个线圈的一个边位于第 1 槽上层时，它的另一个边就在第 8 槽的下层。

（2）绘制槽电动势星形图。槽电动势星形图仍然如图 4-49 所示。在双层绕组中，上层线圈边的电动势星形图与下层边的电动势星形图是相似的，其差别在于下层边的电动势相量相对于其对应的上层边的电动势相量位移了 $y_1 \alpha_1$ 电角度。将各线圈上层边的电动势相量减去其对应的下层边的电动势相量就构成了所有线圈的电动势星形图。在该电动势星形图中，相邻两线圈的电动势相量的相角差仍然是 α_1。假定所有线圈以上层边来编号，并与槽号一致，则槽电动势星形图与线圈电动势星形图一致，所不同的是单位相量所代表的电动势的值变了，但对于画展开图无影响。

（3）分相。根据图 4-49 所示，按 60°相带分相，有

$$q = \frac{Z}{3 \times 2p} = \frac{36}{3 \times 2 \times 2} = 3$$

各个相带所分配的线圈号列于表 4-1。

4 电 机

表 4-1 各相带线圈分配表

极对	相 带					
	A	Z	B	X	C	Y
	槽 号					
第一对极下 (1~18槽)	1, 2, 3	4, 5, 6	7, 8, 9	10, 11, 12	13, 14, 15	16, 17, 18
第二对极下 (19~36槽)	19, 20, 21	22, 23, 24	25, 26, 27	28, 29, 30	31, 32, 33	34, 35, 36

表 4-1 表示，A 相在 S_1 极下有 $q(q=3)$ 个线圈，串联成一个极相组，在 N_1、S_2、N_2 极下都各有 q 个线圈（即一个极相组）。B 相和 C 相在 S_1、N_1、S_2、N_2 极下也各有 q 个线圈。

（4）确定并联支路。支路并联的条件依然是各支路电动势相量相等。利用槽电动势星形图（见图 4-49），可得到不同 a 值下线圈的连接方式（见图 4-52）。本例选定 $a=2$。

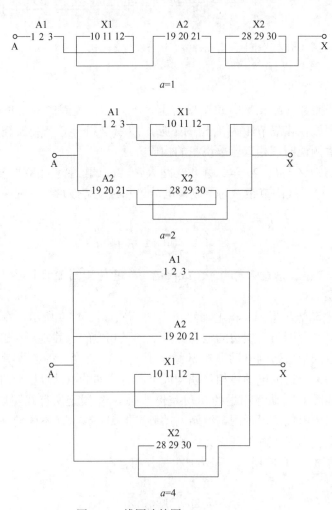

图 4-52 线圈连接图（$a=1, 2, 4$）

对于本例，显然最大并联支路数为4。一般而言，对于双层绕组，每相绕组最大并联支路 $a_{\max}=2p$。

（5）绘制绕组展开图。根据图 4-52 中 $a=2$ 的连接情况，可以画出 A 相绕组展开图（见图 4-53）。将 A 相绕组右移 120°、240°电角度（即 6、12 槽），可得到 B、C 相绕组。10kW 以上的交流电机一般都采用双层绕组。

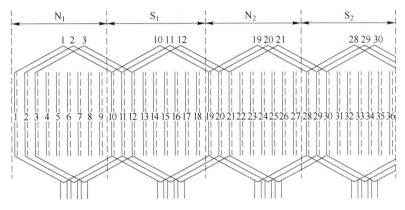

图 4-53　三相双层叠绕组展开图（A 相）（$Z=36$，$2p=4$，$a=2$）

4.3.3　交流绕组的电动势

4.3.3.1　正弦分布磁场下的绕组电动势

本节先讨论励磁磁动势在气隙中形成正弦波磁场的情况，稍后再讨论非正弦波磁场的影响。

A　导体电动势

如图 4-45 所示，当 p 对极的正弦分布磁场以 n_1 切割导体时，在导体中感应电动势为正弦波，其有效值为

$$E_{c1} = \frac{1}{\sqrt{2}} B_{m1} l v \tag{4-13}$$

式中，B_{m1} 为磁感应强度基波的幅值，Wb/m^2。而

$$v = 2p\tau \frac{n_1}{60} \tag{4-14}$$

式中，τ 为以长度计的极距，m；n_1 为转子转速，r/min。

当转子只有一对磁极，它旋转一周时，任一导体中的正弦波感应电动势正好交变一次；当转子有 p 对磁极，它旋转一周时，任一导体中感应电动势就交变 p 次。若转子以 n_1 速度旋转，则导体中感应电动势每秒钟就交变 $pn_1/60$ 次，即导体中感应电动势的频率 f 为

$$f = pn_1/60 \tag{4-15}$$

对于正弦波磁感应强度，其每极磁通（即磁感应强度每半个周波之面积）

$$\Phi_1 = \frac{2}{\pi} B_{m1} \tau l$$

于是有

$$B_{m1} = \frac{\pi}{2} \frac{\Phi_1}{\tau l} \tag{4-16}$$

将式（4-13）~式（4-15）代入式（4-12），得导体感应电动势之有效值为

$$E_{c1} = \frac{\pi}{\sqrt{2}} f\Phi_1 = 2.22f\Phi_1 \tag{4-17}$$

由此可见，导体中感应电动势的有效值与每极磁通量和频率的乘积成正比。当磁通 Φ_1 单位取 Wb、频率 f 取 Hz 时，电动势 E_{c1} 单位为 V。

B　匝电动势与短距系数

用端接线将导体 c_1、c_2 连接成一个线匝（即匝数为 1 的线圈），如图 4-54 所示，其节距为 y_1 槽。在线匝中，导体 c_1、c_2 感应电动势分别为 $\dot{E}_{c1}$、$\dot{E}_{c2}$，且 $\dot{E}_{c2}$ 滞后于 $\dot{E}_{c1}$。相量 $y_1\alpha_1$ 电角度。线匝中电动势为

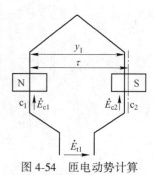

图 4-54　匝电动势计算

$$\dot{E}_{t1} = \dot{E}_{c1} - \dot{E}_{c2} = \dot{E}_{c1} - \dot{E}_{c2}e^{-j\frac{y_1}{\tau}\pi}$$

$$E_{t1} = 2E_c\sin\left(\frac{y_1}{\tau}\frac{\pi}{2}\right) \tag{4-18}$$

仅当 $y_1 = \tau$，即线匝为整距时

$$E_{t1}\big|_{y1=\tau} = 2E_{c1} \tag{4-19}$$

用式（4-18）除以式（4-19），可得到线圈的短距系数为

$$k_{y1} = \frac{E_{t1}(\text{节距为}y_1\text{的线匝电动势})}{2E_{c1}(\text{对应的整距线匝电动势})}$$

$$k_{y1} = \sin\left(\frac{y_1}{\tau}\frac{\pi}{2}\right) \tag{4-20}$$

由式（4-20）可知，短距系数 $k_{y1} \leqslant 1$。

对于同一个电机的线匝，若采用长距 $y_1' = \tau+\Delta$，则短距系数为 k_{y1}'；若采用短距 $y_1'' = \tau-\Delta$，则短距系数为 k_{y1}''。由式（4-20）可知，$k_{y1}' = k_{y1}''$，即两者产生的感应电动势相等，但长距线匝端部接线较长，用铜量多，故一般不采用。

当一个线圈有 N_c 匝时，该线圈的基波电动势为

$$E_{y1} = N_cE_{t1} = \sqrt{2}\,\pi N_ck_{y1}f\Phi_1 = 4.44N_ck_{y1}f\Phi_1 \tag{4-21}$$

C　线圈组电动势与分布系数

每个线圈组（亦称为极相组）都是由 q 个线圈串联而成的，故线圈组的电动势等于 q 个线圈电动势的相量和。每个线圈电动势为 E_{y1}，依次相差槽距电角度 α_1，则图 4-55 所示中 q 个线圈电动势之相量和为

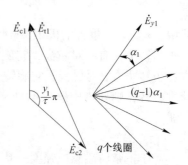

图 4-55　线圈组电动势相量

$$\dot{E}_{q1} = \dot{E}_{y1}\left[1 + e^{-j\alpha_1} + e^{-j\alpha_2} + \cdots + e^{-j(q-1)\alpha_1}\right]$$

线圈组电动势之模为

$$E_{q1} = E_{y1} \frac{\sin \dfrac{q\alpha_1}{2}}{\sin \dfrac{\alpha_1}{2}} = qE_{y1} \frac{\sin \dfrac{q\alpha_1}{2}}{q\sin \dfrac{\alpha_1}{2}} = qE_{y1}k_{q1} \qquad (4\text{-}22)$$

式中

$$k_{q1} = \frac{E_{q1}(q \text{ 个分布线圈的电动势相量和})}{qE_{y1}(\text{对应的 } q \text{ 个集中线圈电动势的代数和})} = \frac{\sin \dfrac{q\alpha_1}{2}}{q\sin \dfrac{\alpha_1}{2}} \qquad (4\text{-}23)$$

称为分布系数。对于集中绕组（$q=1$），$k_{q1}=1$；对于分布绕组，k_{q1} 总是小于 1。

将式（4-21）代入式（4-22）得线圈组电动势之有效值为

$$E_{q1} = \sqrt{2}\,\pi q N_c k_{y1} k_{q1} f\Phi_1 = 4.44 q N_c k_{N1} f\Phi_1 \qquad (4\text{-}24)$$

式中，qN_c 为 q 个线圈的总匝数。

$$k_{N1} = k_{y1}\,k_{q1} \qquad (4\text{-}25)$$

称为基波绕组系数，它表示在用短距线圈和分于绕组时，基波电动势应打的折扣。

D　相电动势

在图 4-56 中，电机每相绕组有 a 条并联支路，每条支路有 c 个极相组串联而成。由于每个极相组的感应电动势相量相等，故相电动势的有效值为

$$E_{\phi 1} = cE_{q1} = \sqrt{2}\,\pi c q N_c\, k_{N1} f\Phi_1$$

令 $N = cqN_c$，代表一相绕组中一条支路串联的匝数，称为相绕组的串联匝数。于是相电动势表示为

$$E_{\phi 1} = \sqrt{2}\,\pi N k_{N1} f\Phi_1 = 4.44\, N k_{N1} f\Phi_1 \qquad (4\text{-}26)$$

相绕组串联匝数 N 亦可用下式计算，即

$$N = \frac{\text{整个电机绕组总匝数}}{3a}$$

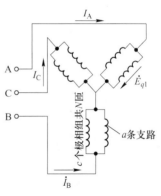

图 4-56　三相绕组接线图

4.3.3.2　非正弦分布磁场下电动势中的谐波

在实际电机中，由于磁极的励磁磁动势在气隙中产生的磁场并非是正弦波，因此在定子绕组内感应的电动势也并非正弦波，除了基波外还存在一系列谐波。

A　感应电动势中的高次谐波

在同步电机气隙中，磁极磁场沿电枢表面的分布一般呈平顶波形，如图 4-57 所示。利用傅里叶级数，可将其分解为基波和一系列谐波。根据磁场波形的对称性，谐波次数 $\upsilon = 1,\ 3,\ 5,\ 7,\ \cdots$，如图 4-57 所示，$\upsilon$ 次谐波极对数 $p_\upsilon = \upsilon p$，其极距 $\tau_\upsilon = \tau/\upsilon$。

由于谐波磁场也因转子旋转而形成旋转磁场，其转速等于转子转速，即 $n_\upsilon = n_1$，故谐波磁场在定子绕组中感应的高次谐波电动势频率仿式（4-15）得到

$$f_\upsilon = p_\upsilon n_\upsilon / 60 = \upsilon p n_1 / 60 = \upsilon f_1$$

式中，$f_1 = p n_1 / 60$ 表示基波电动势频率。

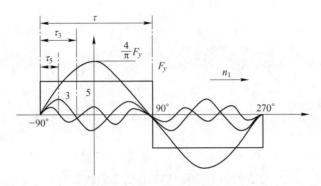

图 4-57 主极磁密的空间分布波

仿照式（4-26），可得到谐波相电动势有效值为

$$E_{\phi v} = 4.44\, Nk_{Nv}f_v\Phi_v$$

式中，Φ_v 为第 v 次谐波每极磁通量；k_{Nv} 为第 v 次谐波绕组系数。

$$k_{Nv} = k_{yv}k_{qv}$$

对于第 v 次谐波，槽距电角为 $v\alpha_1$，则第 v 次谐波的短距系数

$$k_{yv} = \sin\left(\frac{vy_1}{\tau}\frac{\pi}{2}\right)$$

第 v 次谐波的分布系数

$$k_{qv} = \frac{\sin\dfrac{q\alpha_1 v}{2}}{q\sin\dfrac{\alpha_1 v}{2}}$$

根据各次谐波电动势的有效值，可以求得相电动势的有效值

$$E_{\phi v} = \sqrt{E_{\phi 1}^2 + E_{\phi 3}^2 + E_{\phi 5}^2 + \cdots} = E_{\phi 1}\sqrt{1 + \left(\frac{E_{\phi 3}}{E_{\phi 1}}\right)^2 + \left(\frac{E_{\phi 5}}{E_{\phi 1}}\right)^2 + \cdots}$$

对于同步发电机的相电动势波形，$(E_{\phi v}/E_{\phi 1})^2 \ll 1$，$v = 3, 5, 7, \cdots$，所以 $E_\phi \approx E_{\phi 1}$。说明正常情况下高次谐波电动势对相电动势大小的影响不明显，主要影响电动势的波形。

若高次谐波电动势比较大，会使发电机本身的杂散损耗增大，温升增高，串入电网的谐波电流还会干扰通信。因此，要尽可能地削弱谐波电动势，以使发电机发出的电动势接近正弦波。

B 削弱谐波电动势的方法

a 使气隙中磁场分布尽可能接近正弦波

对于凸极同步电机，把气隙设计得不均匀，使磁极中心处气隙最小，而磁极边缘处气隙最大，以改善磁场分布情况，如图 4-46 所示。对于隐极同步电机，可以通过改善励磁线圈分布范围来实现。

b 采用对称的三相绕组

对称三相绕组，无论接成星形或三角形，其三相相电动势中的 3 次谐波在相位上都彼

此相差 $3 \times 120° = 360°$，即它们是同相位同大小的，$\dot{E}_{A3} = \dot{E}_{B3} = \dot{E}_{C3}$。当三相绕组接成星形时，由于 $\dot{E}_{AB3} = \dot{E}_{A3} - \dot{E}_{B3} = 0$，即对称三相绕组的线电动势中不存在 3 次谐波，同理也不存在 3 的倍数的奇次谐波。当三相绕组接成三角形时，由于同相位同大小的 3 次谐波电动势在三角形回路中形成 3 次谐波环流 $\dot{I}_3$，有

$$\dot{E}_{A3} + \dot{E}_{B3} + \dot{E}_{C3} = 3\dot{E}_{\phi3} = 3\dot{I}_3 Z_3$$

3 次谐波的相电动势 $\dot{E}_{\phi3}$ 正好等于 3 次谐波环流在该相产生的阻抗压降 $\dot{I}_3 Z_3$。因此，线电动势中也不存在 3 次谐波及其倍数的奇次谐波。

c 采用短距绕组

适当地选择线圈的节距，可以使某一次谐波的短距系数为零或很小，以达到消除或削弱该次谐波的目的。若要消除第 v 次谐波电动势，即要使 $k_{yv} = 0$，则只要选取 $y_1 = (1 - 1/v)\tau$ 就可以。

d 采用分布绕组

当每极每相槽数 q 越大时，谐波电动势的分布系数的总趋势变小，从而抑制谐波电动势的效果越好。但当 q 太大时，电机成本增高，且 $q > 6$ 时，高次谐波分布系数下降已不太显著，因此一般交流电机选择 $2 \leq q \leq 6$。例如 $q = 3$ 时，$k_{q1} = 0.960$，$k_{q5} = 0.217$，$k_{q7} = 0.177$。可见采用分布绕组时，基波分布系数略小于 1，而 5、7 次谐波分布系数就小很多，因此可以改善电动势波形。

4.3.4 交流绕组的磁动势

4.3.4.1 单相绕组的脉振磁动势

上一节研究了交流绕组的电动势，本节将要研究交流绕组的磁动势。为了简化分析，假定：

（1）槽内导体集中于槽中心处；

（2）线圈中电流为正弦波；

（3）铁芯不饱和，即磁动势全部降在气隙上。

A $p = 1$、$q = 1$ 短距绕组磁动势

对于正规 60° 相带双层绕组，当 $p = 1$、$q = 1$，整个电机只有 6 个线圈，其线圈分布如图 4-58（a）所示，短距线圈节距为 y_1，槽距电角度为 α_1。由图中可知，A 相只有 2 个线圈，即 A 相带一个线圈（上层边为 A，下层边为 A'），X 相带一个线圈（上层边为 X，下层边为 X'）。该相导体电流分布如图 4-58（a）所示。这是一种很简单的情况，掌握了这种情况的磁动势分析，就可以进一步分析 p、q 为任意值时相绕组的磁动势。现在作图 4-58（a）的磁动势波形图。

在图 4-58（b）所示中选取 A、A' 的中心线为磁动势 f_c 的轴线，电角度 θ 的零点为 f_c 的零点。点 1 处的磁动势为

$$f_c^{(1)} = \oint \boldsymbol{H} \mathrm{d}l = N_c i$$

式中，N_c 为线圈匝数；i 为线圈电流，且

$$i = \sqrt{2} i_c \cos\omega t$$

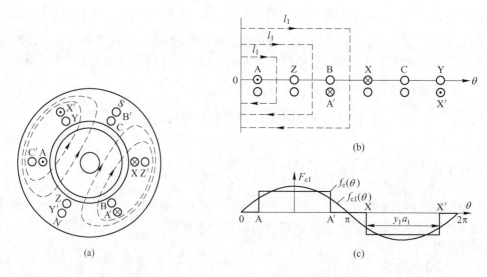

图 4-58　$p=1$，$q=1$ 单相短距绕组磁动势（A 相）

（a）磁场分布；（b）绕组展开图；（c）磁动势波形图

同理，对于闭合回线 l_2、l_3，可求得点 2、3 处的磁动势为

$$f_c^{(2)} = N_c i$$

$$f_c^{(2)} = 0$$

照此在 $\theta[0，2\pi]$ 范围内作出一系列回线，便可得到 A 相绕组磁动势波形，如图 4-58（c）所示。由图 4-58（c）可见，磁动势波形是关于点 π 呈奇函数对称的正、负矩形波，且满足 $f_c(\theta) = -f(\pi+\theta)$ 磁动势波形关于线圈 AA′ 的轴线是偶函数，故只存在奇数次谐波。当电流 i 随时间作正弦规律变化时，该正负矩形波高度也随时间按正弦规律变化，变化的速度取决于电流的频率。当 $i=0$ 时，矩形波高度为零；当电流达到最大值（$i=\sqrt{2}i_c$）时，矩形波的高度达到各自的最大值；当电流为负，即改变方向时，矩形波也随之改变符号。这种空间位置固定不动，但波幅的大小和正负随时间变化的磁动势称为脉振磁动势。

为了得到该磁动势波形的基波和谐波，以线圈 AA′ 的轴线为中心，利用傅里叶级数将该磁动势波形展开为如下级数形式，即

$$f_c(\theta) = \frac{4}{\pi} \sum_{v=1，3，5，\cdots}^{\infty} \frac{N_c i}{v} \sin\frac{y_1 \alpha_1}{2} v\cos v$$

由图 4-58 可知，$y_1 \alpha_1 = \dfrac{y_1}{\tau}\pi$，上式中的 $\sin\dfrac{y_1 \alpha_1}{2} = \sin\dfrac{y_1}{\tau}\dfrac{\pi}{2} = k_{y1}$，即它就是基波磁动势的短距系数，与基波电动势的短距系数相同，仅与节距 y_1、槽距电角 α_1 有关。当 $i=\sqrt{2}I_c\cos\omega t$ 时，此工况下 A 相绕组磁动势波形就是时间和空间的函数，即脉振磁动势，可表示为

$$f_c(t，\theta) = \frac{4\sqrt{2}}{\pi} N_c I_c \sum_{v=1，3，5，\cdots}^{\infty} \frac{k_{yv}}{v} \sin\frac{y_1 \alpha_1}{2} \cos v\theta \cos\omega t$$

当电流 i 达到最大值 $\sqrt{2}\,I_c$ 时，该绕组的基波磁动势幅值为

$$F_{c1} = \frac{4\sqrt{2}}{\pi} N_c k_{y1} I_c \tag{4-27}$$

根据磁动势波形的对称性，$f_c(\theta)$ 关于 $\theta = \dfrac{\pi}{2}$ 轴线是偶函数，基波磁动势幅值一定在线圈 AA′ 的轴线上，并用相量 F_{c1} 代表此基波磁动势，如图 4-58（c）所示。

B　$p=1$ 分布短距绕组的磁动势

当 $p=1$，每极每相有 q 个线圈时，其相绕组磁动势应该是 q 个正负矩形波的叠加。这些矩形波依次位移 α_1 电角度（即槽距电角）。每一个矩形波对应着一个基波，q 个矩形波磁动势的基波叠加起来，就等于该分布线圈组磁动势的基波。设第 1 个矩形波 $A_1 A_1' X_1 X_1'$，基波相量为 F_{c1}，则第 2 个矩形波 $A_2 A_2' X_2 X_2'$ 基波相量为 $F_{c1} e^{-j\alpha_1}$，$\cdots$，第 q 个矩形波 $A_q A_q' X_q X_q'$ 基波相量为 $F_{c1} e^{-j(q-1)\alpha_1}$，于是该相绕组磁动势基波相量为

$$F_{A1} = F_{c1} \left[1 + e^{-j\alpha_1} + e^{-j2\alpha_1} + \cdots + e^{-j(q-1)\alpha_1} \right]$$

$$F_{A1} = F_{c1} \frac{\sin \dfrac{q\alpha_1}{2}}{\sin \dfrac{\alpha_1}{2}} = \frac{4\sqrt{2}}{\pi} q N_c k_{y1} k_{q1} I_c \tag{4-28}$$

式中，$k_{q1} = \dfrac{\sin \dfrac{q\alpha_1}{2}}{q\sin \dfrac{\alpha_1}{2}}$ 为基波磁动势的分布系数，与基波电动势的分布系数相同，仅与每极每相槽数 q、槽距电角 α_1 有关。

将 q 个正负矩形波叠加，得到 $p=1$，每极每相槽数为 q 的相绕组磁动势波形，如图 4-59（b）所示。它是一个具有 q 个阶梯的多级阶梯波 $f_A(\theta)$，其基波波形为 $f_{A1}(\theta)$。由图 4-59（b）可以看出，该相绕组磁动势的基波幅值在与相绕组轴线重合的 $A_1 A_q'$ 的中心线上，幅值为 F_{A1}。

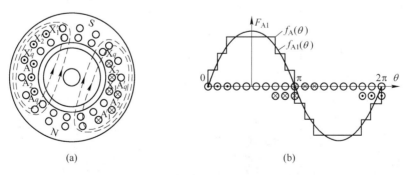

(a)　　　　　　　　　　　　　　(b)

图 4-59　$p=1$，$q=3$ 单相分布短距绕组磁动势（A 相）

（a）磁场分布；（b）合成磁动势波形

C 一般情况下的相绕组磁动势

当 $p=1$ 时，相绕组磁动势波形如图 4-59（b）所示。当 p 为任意正整数时，其磁动势波形是图 4-59（b）波形的 p 次重复。由傅里叶级数理论，其磁动势基波、谐波的大小、相位与 $p=1$ 时完全相同。区别仅在于：对于 $p=1$ 的绕组，其基波为 1 对极；对于 $p>1$ 的绕组，其基波为 p 对极。将式（4-28）变形为

$$F_{A1} = \frac{2\sqrt{2}}{\pi p} (2pqN_cI_c) k_{y1}k_{q1}$$

式中，$2pqN_cI_c$ 表示相绕组的总安匝数。

为了利用相绕组有关参数来描述相绕组磁动势，将相绕组的总安匝数进行如下变换，得

$$(2pqN_c)I_c = aN\frac{I}{a} = NI$$

式中，a 为相绕组并联支路数。

于是相绕组磁动势基波幅值为

$$F_{A1} = \frac{2\sqrt{2}}{\pi p}N k_{N1} I = \frac{0.9}{p}Nk_{N1}I \tag{4-29}$$

F_{A1} 的单位为安匝/极。

考虑到第 v 次谐波磁动势的极对数 $p_v = vp$，其绕组系数为 k_{Nv}，则相绕组第 v 次谐波磁动势的幅值为

$$F_{Av} = \frac{2\sqrt{2}}{\pi vp}Nk_{Nv}I$$

其中

$$k_{Nv} = k_{qv}k_{yv} \tag{4-30}$$

$$k_{qv} = \frac{\sin\dfrac{q\alpha_{1v}}{2}}{q\sin\dfrac{\alpha_1 v}{2}}$$

$$k_{yv} = \sin\left(\frac{y_1}{\tau}\frac{\pi}{2}v\right)$$

式（4-30）与谐波电动势的分布系数、如距系数计算公式完全相同，它表明电动势与磁动势具有相似性，时间波与空间波具有统一性。

相绕组磁动势波的傅里叶级数展开式可表示为

$$f_A(t,\theta) = \frac{2\sqrt{2}NI}{\pi p}\left(\sum_{v=1,3,5,\cdots}^{\infty}\frac{1}{v}K_{Nv}\cos v\theta\right)\cos\omega t \tag{4-31}$$

该式表明：

（1）单相绕组磁动势是脉振磁动势，它既是时间 t 的函数，又是空间 θ 角的函数；

（2）单相绕组第 v 次谐波磁动势幅值与 k_{Nv} 成正比，与 v 成反比；

（3）基波、谐波的波幅必在相绕组的轴线上；

（4）为了改善磁动势波形，可以采用短距和分布绕组来削弱高次谐波。

4.3.4.2 三相绕组的基波合成磁动势

在三相交流电机中，定子绕组是对称设置的，即 A、B、C 三相绕组的轴线在空间相差 120°电角度。因此，三相绕组各自产生的基波磁动势在空间互差 120°电角度。在对称运行时，三相电流亦是对称的，即幅值相等，在时间上互差 120°电角度。取 A 相绕组的轴线作为空间电角度 θ 的坐标原点，并选择 A 相电流达到最大值的瞬间作为时间的零点，则三相绕组流过的电流分别为

$$i_A = \sqrt{2}I\cos\omega t$$

$$i_B = \sqrt{2}I\cos\left(\omega t - \frac{2}{3}\pi\right)$$

$$i_C = \sqrt{2}I\cos\left(\omega t - \frac{4}{3}\pi\right)$$

于是 A、B、C 各相绕组脉振磁动势的基波为

$$\begin{cases} f_{A1} = F_{\phi 1}\cos\theta\cos\omega t \\ f_{B1} = F_{\phi 1}\cos\left(\theta - \frac{2}{3}\pi\right)\cos\left(\omega t - \frac{2}{3}\pi\right) \\ f_{C1} = F_{\phi 1}\cos\left(\theta - \frac{4}{3}\pi\right)\cos\left(\omega t - \frac{4}{3}\pi\right) \end{cases} \tag{4-32}$$

式中，$F_{\phi 1}$ 为相磁动势基波幅值，按式（4-29）计算。

利用三角函数积化和差关系式，可将式（4-32）改写为

$$\begin{cases} f_{A1}(t,\theta) = \frac{1}{2}F_{\phi 1}\cos(\omega t - \theta) + \frac{1}{2}F_{\phi 1}\cos(\omega t + \theta) \\ f_{B1}(t,\theta) = \frac{1}{2}F_{\phi 1}\cos(\omega t - \theta) + \frac{1}{2}F_{\phi 1}\cos\left(\omega t + \theta - \frac{4}{3}\pi\right) \\ f_{C1}(t,\theta) = \frac{1}{2}F_{\phi 1}\cos(\omega t - \theta) + \frac{1}{2}F_{\phi 1}\cos\left(\omega t + \theta - \frac{2}{3}\pi\right) \end{cases} \tag{4-33}$$

为了得到三相合成磁动势，将式（4-33）三式相加。由于等式右边后三项正波在空间上互差 120°，三者之和为零，故得三相基波磁动势为

$$f_1(t,\theta) = f_{A1}(t,\theta) + f_{B1}(t,\theta) + f_{C1}(t,\theta) = F_1\cos(\omega t - \theta) \tag{4-34}$$

式中，F_1 为三相基波合成磁动势的幅值，有

$$F_1 = \frac{3}{2}F_{\phi 1} = \frac{3\sqrt{2}}{\pi p}Nk_{N1}I = \frac{1.35}{p}Nk_{N1}I \tag{4-35}$$

对于 m 相对称绕组，经过类似推导，可得出其基波磁动势幅值为

$$F_1 = \frac{3}{2}F_{\phi 1} = \frac{m\sqrt{2}}{\pi p}Nk_{N1}I$$

下面分析三相合成磁动势基波的性质。

性质 1 三相合成磁动势的基波是一个波幅恒定不变的旋转波。

关于这一点，由式（4-34）可清楚看到，也可以通过观察图 4-60 中的波幅来说明。

令 $F_1\cos(\omega t - \theta) = F_1$，当 $\omega t = 0$ 时，波幅在 $\theta = 0$ 处；当 $\omega t = \omega\Delta t$ 时，波幅在 $\theta = \omega\Delta t$

处。因为 $F_1\cos(\omega\Delta t - \omega\Delta t) = F_1$，在图 4-60 中，在 $\omega\Delta t$ 时刻的磁动势波如虚线波形所示。显然，虚线波超前实线波 $\omega\Delta t$ 电角度，即磁动势波沿 θ 正方向前进了 $\omega\Delta t$ 电角度。在磁动势波前进过程中，波幅恒定不变。

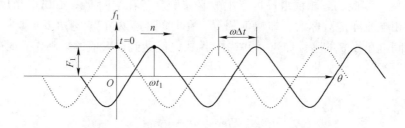

图 4-60 $\omega t = 0$ 和 $\omega\Delta t$ 时三相合成磁动势基波的位置

性质2   当电流在时间上经过多少电角度，旋转磁动势在空间转过同样数值的电角度。

性质3   旋转磁动势基波的电角速度等于交流电流角频率 ω。

转速为同步转速 n_1，仍观察波幅点，并令 $G = F_1\cos(\omega t - \theta)$，则旋转磁动势的电角速度为

$$\omega_1 = \frac{\mathrm{d}\theta}{\mathrm{d}t} = -\frac{\dfrac{\partial G}{\partial t}}{\dfrac{\partial G}{\partial \theta}} = -\frac{F_1\sin(\omega t - \theta)\omega}{F_1\sin(\omega t - \theta)(-1)}$$

$$= \omega = 2\pi f_1$$

极对数为 p 的基波旋转磁动势的同步转速为

$$n_1 = \frac{\omega_1}{2\pi p} \times 60 = \frac{2\pi f_1}{2\pi p} \times 60 = \frac{60f_1}{p}$$

其机械角速度

$$\Omega_1 = \frac{\omega_1}{p}$$

性质4   旋转磁动势由超前相电流所在的相绕组轴线转向滞后相电流所在的相绕组轴线。

由于三相对称电流的相序是 A→B→C 依次滞后，当 $\omega t = 0$ 时，$i_A = I_m$，A 相电流达到最大值，三相合成磁动势的基波 $f_1 = F_1\cos(0 - \theta)$ 在 $\theta = 0$，即在 A 相轴线上达到最大值。当 $\omega t = \dfrac{2}{3}\pi$ 时，$i_A = I_m$，B 相电流达到最大值，$f_1 = F_1\cos\left(\dfrac{2}{3}\pi - \theta\right)$ 在 $\omega t = \dfrac{2}{3}\pi$；即在 B 相轴线上达到最大值；当 $\omega t = \dfrac{4}{3}\pi$，旋转磁动势在 $\theta = \dfrac{4}{3}\pi$，即 C 相轴线上达到最大。以上说明，旋转磁动势是沿 i_A 所在的绕组轴线转到 i_B（滞后于 $i_A 120°$）所在的绕组轴线，再转向 i_C（滞后于 $i_B 120°$）所在的绕组轴线。

性质5   改变电流相序，则改变旋转磁动势的方向。

由于绕组空间位置不变，但电流相序改变，由性质4，旋转磁动势仍然由 i_A 所在的绕组轴线 A 转向 i_B 所在的绕组轴线 C 再转向 i_c 所在的绕组轴线 B，即改变了转向。实现起来很简单，只要将从电网接到电机绕组的三根电线任意对调两根就可以了。

由以上5条性质，可得出如下结论：对称三相绕组中流过对称的三相电流时，在气隙中产生旋转磁动势。

旋转磁动势的求得也可以采用图解法。在图4-61中，首先确定绕组 AX、BY、CZ 的轴线分别为 OA、OB、OC。由于 A 相绕组的基波磁动势在空间按正弦分布，正弦波的幅值总在 OA 轴线上，其幅值的大小、正负取决于 A 相电流的大小、正负。B 相、C 相绕组的基波磁动势的轴线位置、幅值大小、正负也与 A 相绕组具有相同的规律。

在图4-61（a）中，$\omega t = 0$，$i_A = I_m$，$i_B = \frac{1}{2}I_m$，$i_C = -\frac{1}{2}I_m$，故 A 相磁动势达到最大。$\boldsymbol{F}_A = F_\phi$，$\boldsymbol{F}_A$ 与 OA 同方向；$\boldsymbol{F}_B = \boldsymbol{F}_C = -\frac{1}{2}F_\phi$，$\boldsymbol{F}_B$ 为 OB 轴线的反方向；$\boldsymbol{F}_C$ 为 OC 轴线的反方向。$\boldsymbol{F}_A$、$\boldsymbol{F}_B$、$\boldsymbol{F}_C$ 三个空间矢量合成得到 $\boldsymbol{F}$，由图4-61（a），$F = \frac{3}{2}F_\phi$，$\boldsymbol{F}$ 与 OA 轴线重合。

图4-61（b）表示 $\omega t = \frac{1}{3}\pi$，$i_A = \frac{1}{2}I_m$，$i_B = \frac{1}{2}I_m$，$i_C = -I_m$，合成磁动势 $\boldsymbol{F}$ 与 OC 反方向重合，$F = \frac{3}{2}F_\phi$，此时 $\boldsymbol{F}$ 相对于 OA 逆时针旋转了 $\frac{1}{3}\pi$ 电角度。

图4-61（e）表示 $\omega t = \frac{4}{3}\pi$，$i_A = -\frac{1}{2}I_m$，$i_B = -\frac{1}{2}I_m$，$i_C = I_m$，$\boldsymbol{F}$ 与 OC 正方向重合，$F = \frac{3}{2}F_\phi$，$\boldsymbol{F}$ 相对于 OA 轴线逆时针旋转了 $\frac{4}{3}\pi$ 电角度。

当 $\omega t = 2\pi$ 时，$\boldsymbol{F}$ 将相对 OA 旋转 2π 电角度，$\boldsymbol{F}$ 与 OA 轴线重合，$F = \frac{3}{2}F_\phi$。

上述步骤表示旋转磁动势是一个幅值恒定不变的旋转波。

式（4-33）是根据三角函数积化和差关系而进行的变换，实际上它也有明显的物理意义；一个单相脉振磁动势可以分解成为大小相等、方向相反、转速相等的两个旋转磁动势。正、反转磁动势与三相合成磁动势具有相同的性质，但转向或同（正转）或异（反转）。

4.3.4.3 圆形和椭圆形旋转磁动势

在对称的三相绕组中流过对称的三相电流时，气隙中的合成磁动势是一个幅值恒定、转速恒定的旋转磁动势，其波幅的轨迹是一个圆，故这种磁动势称为圆形旋转磁动势，相应的磁场称为圆形旋转磁场。当三相电流 I_A、I_B、I_C 不对称时，可以利用对称分量法，将它们分解成为正序分量 $\dot{I}_A^+$、$\dot{I}_B^+$、$\dot{I}_C^+$ 和负序分量 $\dot{I}_A^-$、$\dot{I}_B^-$、$\dot{I}_C^-$，以及零序分量 $\dot{I}_A^0$、$\dot{I}_B^0$、$\dot{I}_C^0$。由于三相绕组在空间彼此相差 $120°$ 电角度，故三相零序电流各自产生的三个脉振磁动势在时间上同相位、在空间上互差 $120°$ 电角度，合成磁动势为零。正序电流将产生正向旋转磁动势 $\boldsymbol{F}_+$，而负序电流将产生反向旋转的磁动势 $\boldsymbol{F}_-$，即在气隙中建立磁动势

$$f(t,\theta) = \boldsymbol{F}_+\cos(\omega t - \theta) + \boldsymbol{F}_-\cos(\omega t + \theta) \tag{4-36}$$

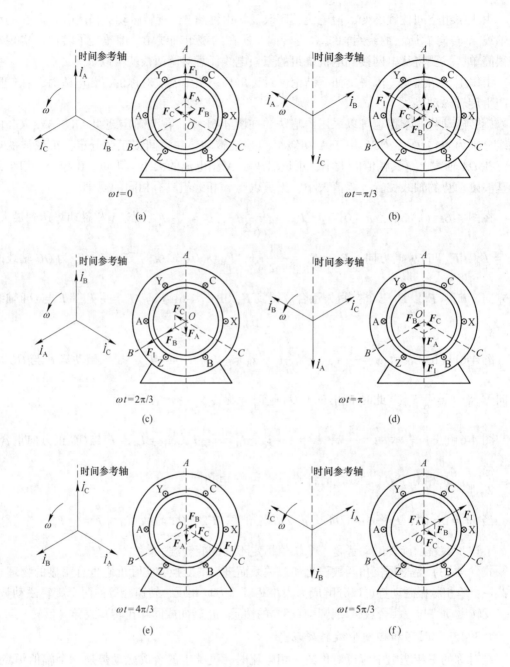

图 4-61 不同瞬时三相合成的基波磁动势

在图 4-62 中，选择 F_+、F_- 两矢量重合的方向作为 x 轴正方向，并将此时刻记为 $t=0$。当经过时间 t 后，正向旋转磁动势 F_+ 逆时针转过了电角度 $\theta^+=\omega t$，而反向旋转磁动势 F_- 顺时针转过了电角度 $\theta^+=\omega t$，两者转过的电角度相等。从图中还可以看出，当 F_+ 和 F_- 沿相反的方向旋转时，其合成磁动势 F 的大小和位置也随之变化。设 F 在横轴的分量为 x，纵轴的分量为 y，则

$$\begin{cases} x = \boldsymbol{F}_+ \cos\omega t + \boldsymbol{F}_- \cos\omega t = (\boldsymbol{F}_+ + \boldsymbol{F}_-)\cos\omega t \\ y = \boldsymbol{F}_+ \sin\omega t - \boldsymbol{F}_- \sin\omega t = (\boldsymbol{F}_+ - \boldsymbol{F}_-)\sin\omega t \end{cases}$$

可变换得

$$\frac{x^2}{(\boldsymbol{F}_+ + \boldsymbol{F}_-)^2} + \frac{y^2}{(\boldsymbol{F}_+ - \boldsymbol{F}_-)^2} = 1$$

上式表明，合成磁动势矢量 $\boldsymbol{F}$ 旋转一周时，矢量端点的轨迹是一个椭圆，故将这种磁动势称为椭圆形旋转磁动势。式（4-36）是交流绕组磁动势的通用表达式，当 $\boldsymbol{F}_+ = 0$ 或 $\boldsymbol{F}_- = 0$ 时，就得到圆形旋转磁动势；当 $\boldsymbol{F}_+ = \boldsymbol{F}_-$ 时，便得到脉振磁动势；当 $\boldsymbol{F}_+$、$\boldsymbol{F}_-$ 都存在且 $\boldsymbol{F}_+ \neq \boldsymbol{F}_-$ 时，便是椭圆形旋转磁动势。

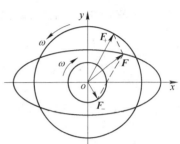

由于负序旋转磁动势幅值 $\boldsymbol{F}_- > \boldsymbol{F}_+$，故气隙磁动势是椭圆形旋转磁动势，且沿负序磁动势转向旋转，由 i_A 所在的绕组轴线 A 转向 i_C 所在的绕组轴线 C，再转向轴线 B，即顺时针方向旋转。

图 4-62　不对称电流产生的椭圆形旋转磁动势

4.3.4.4　谐波磁动势

根据相绕组磁动势波的傅里叶级数展开式（4-31），相绕组磁动势中除了基波外，还含有 3，5，7，…奇次空间谐波，下面分析这些谐波三相合成的结果。

（1）3 次谐波。对于 3 次谐波，$v = 3$，仿照式（4-32），可得

$$\begin{cases} f_{A3} = F_{\phi3}\cos3\theta\cos\omega t \\ f_{B3} = F_{\phi3}\cos3\left(\theta - \frac{2}{3}\pi\right)\cos\left(\omega t - \frac{2}{3}\pi\right) \\ f_{C3} = F_{\phi3}\cos3\left(\theta - \frac{4}{3}\pi\right)\cos\left(\omega t - \frac{4}{3}\pi\right) \end{cases}$$

故得 3 次谐波合成磁动势为

$$\begin{aligned} f_3(t, \ \theta) &= f_{A3} + f_{B3} + f_{C3} = F_{\phi3}\cos3\theta\left[\cos\omega t + \cos\left(\omega t - \frac{2}{3}\pi\right) + \cos\left(\omega t - \frac{4}{3}\pi\right)\right] \\ &= 0 \end{aligned}$$

一般地说，在三相对称绕组中，不存在 3 次及 3 的倍数次谐波，即不存在 3，9，15，…次谐波。

（2）5 次谐波。对于 5 次谐波，仿照式（4-33）~式（4-35）的推导过程可得

$$\begin{aligned} f_5(t, \ \theta) &= f_{A5} + f_{B5} + f_{C5} \\ &= F_{\phi5}\cos5\theta\cos\omega t + F_{\phi5}\cos5\left(\theta - \frac{2}{3}\pi\right)\cos\left(\omega t - \frac{2}{3}\pi\right) + \\ &\quad F_{\phi5}\cos5\left(\theta - \frac{4}{3}\pi\right)\cos\left(\omega t - \frac{4}{3}\pi\right) \\ &= \frac{3}{2}F_{\phi5}\cos(\omega t + 5\theta) \end{aligned} \tag{4-37}$$

式（4-37）表明，三相 5 次谐波的合成磁动势也是一个幅值恒定的旋转波，其旋转的

电角速度 $\dfrac{\mathrm{d}\theta}{\mathrm{d}t} = \dfrac{\omega_1}{5} = \dfrac{2\pi f_1}{5}$，其转速为基波旋转转速的 1/5，即 $\dfrac{1}{5}n_1$，转向与基波磁动势转向相反。一般地，当 $v = 6k-1$（$k = 1$，2，…）时，三相合成磁动势都与基波转向相反。

（3）7 次谐波。按照同样的方法，将三相脉振磁动势的 7 次谐波相加得到合成磁动势为

$$f_7(t, \; \theta) = \frac{3}{2}F_{\phi 7}\cos(\omega t - 7\theta) \tag{4-38}$$

式（4-38）表明，合成磁动势的 7 次谐波转速为 $\dfrac{1}{7}n_1$，转向与基波相同。一般地，当 $v = 6k + 1(k = 1$，2，…) 时，f_v 都与 f_1 转向相同。

谐波磁动势的存在，在交流电机绕组中感应出谐波电动势，产生谐波电流，引起附加损耗、振动、噪声，对异步电机还产生附加力矩，使电动机启动性能变差。因此，设计电机时应尽量削弱磁动势中的高次谐波，采用短距和分布绕组就是达到这个目的的重要方法。

4.4 异步电机

4.4.1 三相异步电机的结构和基本工作原理

4.4.1.1 异步电机的用途与分类

三相异步电机主要用作电动机，拖动各种生产机械。例如，在工业应用中，它可以拖动风机、泵、压缩机、中小型轧钢设备、各种金属切削机床、轻工机械、矿山机械等。在农业应用中，可以拖动水泵、脱粒机、粉碎机以及其他农副产品的加工机械等。在民用电器中，电扇、洗衣机、电冰箱、空调机等都由单相异步电机拖动。总之，异步电机应用范围广，需求量大，是实现电气化不可缺少的动力设备。

异步电机的主要优点为结构简单、容易制造、价格低廉、运行可靠、坚固耐用、运行效率较高和具有适用的工作特性。缺点是功率因数较差。异步电机运行时，必须从电网里吸收滞后性的无功功率，它的功率因数总是小于 1。由于电网的功率因数可以用别的办法进行补偿，这并不妨碍异步电机的广泛使用。

对那些单机容量较大、转速又恒定的生产机械，一般采用同步电动机拖动为好。因为同步电动机的功率因数是可调的（可使 $\cos\varphi = 1$ 或超前），但并不是说，异步电机就不能拖动这类生产机械，而是要根据具体情况进行分析比较，以确定采用哪种电机。

异步电机运行时，定子绕组接到交流电源上，转子绕组自身短路，由于电磁感应的关系，在转子绕组中产生电动势、电流，从而产生电磁转矩。所以，异步电机又叫感应电机。

异步电机的种类很多，从不同角度看，有不同的分类方法。例如：

按定子相数分，有单相异步电机、两相异步电机和三相异步电机。

按转子结构分，有绕线型异步电机和鼠笼型异步电机。后者又包括单鼠笼异步电机、双鼠笼异步电机和深槽异步电机。

4.4.1.2 三相异步电机的结构

图 4-63 是一台鼠笼型三相异步电机的结构图。它主要是由定子和转子两大部分组成的，定、转子中间是空气隙。此外，还有端盖、轴承、机座、风扇等部件。

高电压大、中型容量的异步电机定子绕组常采用 Y 联结，只有三根引出线，对中、小型容量低电压异步电机，通常把定子三相绕组的六根出线头都引出来，如图 4-64 所示，图 4-64（a）为 Y 联结，图 4-64（b）为 D 联结。

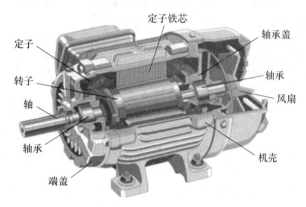

图 4-63 三相鼠笼型异步电机的结构图

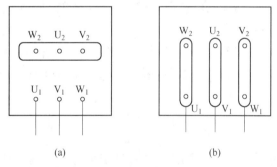

图 4-64 三相异步电机的引出线

（a）Y 联结；（b）D 联结

如果是绕线型异步电机，则转子绕组也是三相绕组。转子绕组的三条引线分别接到三个集电环上，用一套电刷装置装引出来，如图 4-65 所示，这就可以把外接电阻或其他装置串联到转子绕组回路里，其目的是调速或软启动。

鼠笼型绕组与定子绕组大不相同，它是一个自己短路的绕组。在转子的每个槽里放上一根导体，每根导体都比铁芯长，在铁芯的两端用两个端环把所有的导条都短路起来，形成一个自己短路的绕组。如果把转子铁芯拿掉，则可看出，剩下的绕组形状像个松鼠笼子，如图 4-66 所示，因

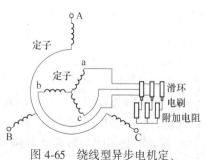

图 4-65 绕线型异步电机定、转子绕组联结方式

此叫鼠笼转子。导条的材料有用铜的，也有用铝的。

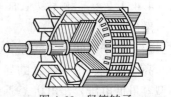

图 4-66　鼠笼转子

4.4.1.3　三相异步电机的额定值

（1）额定功率 P_N：指电动机在额定运行时，转轴输出的机械功率，单位是 kW。

（2）额定电压 U_N：指额定运行状态下，加在定子绕组上的线电压，单位为 V。

（3）额定电流 I_N：指电动机在定子绕组上加额定电压、转轴输出额定功率时，定子绕中的线电流，单位为 A。

（4）额定频率 f：我国规定工业用电的频率是 50Hz。

（5）额定转速 n_N：指电动机定子加额定频率的额定电压，且轴端输出额定功率时电机的转速，单位为 r/min。

（6）额定功率因数 $\cos\varphi_N$：指电动机在额定负载时，定子边的功率因数。

此外，还应标明电动机定子绕组的联结法。对绕线型异步电机，还应标明转子绕组的额定电动势 E_{2N}（指定子绕组加额定电压、转子绕组开路时，集电环之间的线电动势）和转子额定线电流 I_{2N}。

电动机的额定输出转矩可以由额定功率 P_N、额定转速 n_N 计算，公式为

$$T_{2N} = 9550 \frac{P_N}{n_N}$$

式中，功率的单位是 kW；转速的单位是 r/min；转矩的单位是 N·m。

4.4.1.4　三相异步电机的工作原理

当异步电机定子绕组接到三相电源上时，定子绕组中将流过三相对称电流，气隙中将建立基波旋转磁动势，从而产生基波旋转磁场，其同步转速取决于电网频率和绕组的极对数，即

$$n_1 = \frac{60f_1}{p} \tag{4-39}$$

这个基波旋转磁场在短路的转子绕组（若是笼型绕组则其本身就是短路的，若是绕线式转子则通过电刷短路）中感应电动势并在转子绕组中产生相应的电疏，该电流与气隙中的旋转磁场相互作用而产生电磁转矩。由于这种电磁转矩的性质与转速大小相关，下面将分三个不同的转速范围来进行讨论。

为了描述转速，引入参数转差率。转差率为同步转速 n_1 与转子转速 n 之差（n_1-n）对同步转速 n_1 之比值，以 s 表示，即

$$s = \frac{n_1 - n}{n_1} \tag{4-40}$$

当异步电机的负载发生变化时，转子的转差率随之变化，使得转子导体的电动势、电流和电磁转矩发生相应的变化，因此，异步电机转速随负载的变化而变动。按转差率的正负、大小，异步电机可分为电动机、发电机、电磁制动三种运行状态，如图 4-67 所示。图中 n_1 为旋转磁场同步转速，并用旋转磁极来等效旋转磁场，2 个小圆圈表示一个短路线圈。

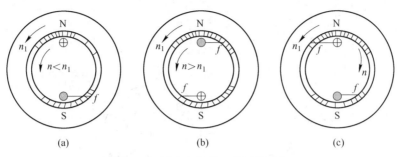

图 4-67 异步电机的三种运行状态

（a）电动机状态；（b）发电机状态；（c）制动运行

（1）电动机状态。当 $0<n<n_1$，即 $0<s<1$ 时，如图 4-67（a）所示，转子中导体以与 n 相反的方向切割旋转磁场，导体中将产生感应电动势和感应电流。由右手定则，该电流在 N 极下的方向为 $\otimes$；由左手定则，该电流与气隙磁场相互作用将产生一个与转子转向同方向的拖动力矩。该力矩能克服负载制动力矩而拖动转子旋转，从轴上输出机械功率。根据功率平衡关系，该电机一定从电网吸收有功电功率。

如果转子被加速到 n_1，此时转子导体与旋转磁场同步旋转，它们之间无相对切割，因而导体中无感应电动势，也没有电流，电磁转矩为零。因此，在电动机状态，转速 n 不可能达到同步转速 n_1。

（2）发电机状态。用原动机拖动异步电机，使其转速高于旋转磁场的同步转速，即 $n>n_1$、$s<0$，如图 4-67（b）所示。转子上导体切割旋转磁场的方向与电动机状态时下的相反，从而导体上感应电动势、电流的方向与电动机状态下的相反，N 极下导体电流方向为 ；电磁转矩的方向与转子转向相反，电磁转矩为制动性质。此时异步电机由转轴从原动机输入机械功率，克服电磁转矩，通过电磁感应由定子向电网输出电功率（因导体中电流方向与电动机状态下的相反），电机处于发电机状态。

（3）电磁制动状态。由于机械负载或其他外因，转子逆着旋转磁场的方向旋转，即 $n<0$、$s>1$，如图 4-67（c）所示。此时转子导体中的感应电动势、电流与在电动机状态下的相同，N 极下导体电流方向为 $\otimes$；转子转向与旋转磁场方向相反，电磁转矩表现为制动转矩。此时电机运行于电磁制动状态，即由转轴从原动机输入机械功率的同时又从电网吸收电功率（因导体中电流方向与电动机状态下的相同），两者都变成了电机内部的损耗。

4.4.2 三相异步电机的基本方程与等效电路

正常运行的异步电动机转子总是旋转的，本书只分析转子旋转的情况。在下面的分析过程中，先讨论绕线型异步电动机，再讨论鼠笼型异步电动机。

4.4.2.1 规定正方向

图 4-68 是一台绕线型三相异步电动机，定、转子绕组都是 Y 联结，定子绕组接在三相对称电源上，转子绕组开路。其中图 4-68（a）仅仅画出定、转子三相绕组的联结方式，并在图中标明各有关物理量的正方向。图 4-68（b）是定、转子三相等效绕组在定、转子铁芯中的布置图。此图是从电机轴向看进去的，应该想象它的铁芯和导体都有一定的轴向长度。这两个图是一致的，是从不同的角度画出的，应当弄清楚。

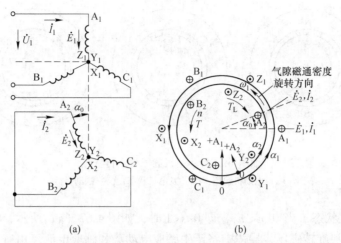

图 4-68   三相绕线型异步电动机转子绕组短路时各物理量的正方向

(a) 转子绕组开路接线图；(b) 定、转子空间坐标

图 4-68 中，$\dot{U}_1$、$\dot{E}_1$、$\dot{I}_1$ 分别是定子绕组的相电压、相电动势和相电流；$\dot{U}_2$、$\dot{E}_2$、$\dot{I}_2$ 分别是转子绕组的相电压、相电动势和相电流，图中箭头的指向，表示各量的正方向。还规定磁动势、磁通和磁通密度都以从定子出来、进入转子的方向为它们的正方向。另外，把定、转子空间坐标轴的纵轴都选在 A 相绕组的轴线处，如图 4-68 (b) 中的 $+A_1$ 和 $+A_2$，其中 $+A_1$ 是定子空间坐标轴；$+A_2$ 是转子空间坐标轴。假设 $+A_1$ 和 $+A_2$ 两轴之间相距 α_0 空间电角度。

4.4.2.2　转子回路电压方程

当三相异步电动机转子以转速 n 恒速旋转时，转子回路的电压方程式为

$$\dot{E}_{2s} = \dot{I}_{2s}(R_2 + jX_{2s}) \tag{4-41}$$

式中，$\dot{E}_{2s}$ 为转子转速为 n 时，转子绕组的相电动势；$\dot{I}_{2s}$ 为上述情况下转子的相电流；X_{2s} 为转子转速为 n 时，转子绕组一相的漏电抗（注意，X_{2s} 与 X_2 的数值不同，下面还要介绍）；R_2 为转子一相绕组的电阻。

转子以转速 n 恒速旋转时，转子绕组的感应电动势、电流和漏电抗的频率（下面简称转子频率）用 f_2 表示，这就和转子不转时大不一样。异步电动机运行时，转子的转向与气隙旋转磁通密度 B_δ 的转向一致，它们之间的相对转速为 $n_2 = n_1 - n$，表现在电动机转子上的频率 f_2 为

$$f_2 = \frac{pn_2}{60} = \frac{p(n_1 - n)}{60} = \frac{pn_1}{60} \frac{n_1 - n}{n_1} = f_1 s \tag{4-42}$$

式中，s 为转差率。

转子频率 f_2 等于定子频率 f_1 乘以转差率 s。为此，转子频率 f_2 也叫转差频率。s 为任何值时，上式的关系都成立。

正常运行的异步电动机，转子转速 n 接近于同步转速 n_1，转差率 s 很小，一般 $s = 0.01 \sim 0.05$，转子频率 f_2 为 0.5～2.5Hz。

转子旋转时，转子绕组中感应电动势为

$$E_{2s} = 4.44 f_2 N_2 k_{dp2} \Phi_m = 4.44 s f_1 N_2 k_{dp2} \Phi_m = sE_2$$

式中，E_2 为转子不转时转子绕组中的感应电动势。当转子旋转时，每相感应电动势与转差率 s 成正比。

值得注意的是，电动势 E_2 并不是异步电动机堵转时真正的电动势。因为，电动机堵转时，气隙主磁通 Φ_m 的大小要发生变化。上式中的 Φ_m 是电动机正常运行时气隙里每极磁通量，可认为是常数。

转子漏电抗 X_{2s} 是对应转子频率 f_2 时的漏电抗，它与转子不转时转子漏电抗 X_2（对应于频率 $f_1 = 50\text{Hz}$）的关系为

$$X_{2s} = sX_2$$

可见，当转子以不同的转速旋转时，转子的漏电抗 X_{2s} 是个变数，它与转差率 s 成正比变化。

正常运行的异步电动机，$X_{2s} \ll sX_2$。

4.4.2.3 定、转子磁动势关系

下面对转子旋转时，定、转子绕组电流产生的空间磁动势进行分析。

A 定子磁动势 $\dot{F}_1$

当三相异步电动机旋转起来后，定子绕组里流过的电流为 $\dot{I}_1$，产生旋转磁动势 $\dot{F}_1$，它相对于定子绕组以同步转速 n_1 逆时针方向旋转。定子磁动势 $\dot{F}_1$ 的大小为

$$\dot{F}_1 = \frac{3}{2} \frac{4}{\pi} \frac{\sqrt{2}}{2} \frac{N_1 k_{dp1}}{p} \dot{I}_1$$

B 转子磁动势 $\dot{F}_2$

a 幅值

当三相异步电动机以转速 n 旋转时，由转子电流 $\dot{I}_{2s}$ 产生的磁动势 $\dot{F}_2$ 的幅值为

$$\dot{F}_2 = \frac{m_2}{2} \frac{4}{\pi} \frac{\sqrt{2}}{2} \frac{N_2 k_{dp2}}{p} \dot{I}_{2s}$$

b 转向

当转子堵转、转子绕组短路时，气隙旋转磁通密度 B_δ 逆时针旋转时，在转子绕组里感应电动势、电流的相序为 $A_2 \to B_3 \to C_2$。而当转子已经旋转起来，有一定的转速 n，由于是电动机状态，转子旋转的方向与气隙旋转磁通密度 B_δ 相同，仅仅是转子的转速 n 小于气隙旋转磁通密度 B_δ 的转速 n_1。这时，如果站在转子上看气隙旋转磁通密度 B_δ，它相对于转子的转速为 n_1-n，转向为逆时针方向。这样，由气隙旋转磁通密度 B_δ 在转子每相绕组感应电动势、电流的相序，仍为 $A_2 \to B_3 \to C_2$。

既然转子电流 $\dot{I}_{2s}$ 的相序为 $A_2 \to B_3 \to C_2$，由转子电流 $\dot{I}_{2s}$ 产生的旋转磁动势 $\dot{F}_2$ 的转向，相对于转子绕组而言，也是由 $+A_2$ 到 $+B_2$，再转到 $+C_2$，为逆时针方向旋转。

c 转速

转子电流 $\dot{I}_{2s}$ 的频率为 f_1，显然，由转子电流 $\dot{I}_{2s}$ 产生的旋转磁动势 $\dot{F}_2$，它相对于转

子绕组的转速，用 n_2 表示，为

$$n_2 = \frac{60f_2}{p}$$

C 励磁磁动势

定子旋转磁动势 $\dot{F}_1$ 相对于定子绕组的转速为 n_1。转子旋转磁动势 $\dot{F}_2$ 相对于转子绕组以转速为 n_2 逆时针方向旋转，转子本身相对于定子绕组以转速 n 逆时针方向旋转。为此，站在定子绕组上看转子旋转磁动势 $\dot{F}_2$，其转速应为 n_2+n，且也为逆时针方向旋转。

已知

$$n_2 = \frac{60f_2}{p} = \frac{60sf_1}{p} = sn_1$$

于是，转子旋转磁动势 $\dot{F}_2$ 相对于定子绕组的转速为

$$n_2 + n = sn_1 + n = \frac{n_1 - n}{n_1}n_1 + n = n_1$$

这就是说，站在定子绕组上看转子旋转磁动势 $\dot{F}_2$，它以转速 n_1 逆时针方向旋转着。可见，磁动势 $\dot{F}_1$、$\dot{F}_2$ 相对于定子来说，是同转向、同转速、一前一后旋转着，称为同步旋转。

作用在三相异步电动机磁路上的定、转子旋转磁动势 $\dot{F}_1$ 与 $\dot{F}_2$，既然以同步转速一道旋转，就应该把它们按矢量法加起来，得到一个合成磁动势，也就是励磁磁动势。用 $\dot{F}_0$ 表示，即

$$\dot{F}_1 + \dot{F}_2 = \dot{F}_0$$

由此可见，当三相异步电动机转子以转速 n 旋转时，定、转子磁动势关系并未改变。只是每个磁动势的大小及相互之间的相位有所不同而已。

4.4.2.4 转子绕组的折算

异步电动机定、转子之间没有电路上的联系，只有磁路的联系，这点和变压器的情况相类似。从定子侧看，转子只有转子旋转磁动势 $\dot{F}_2$ 与定子旋转磁动势 $\dot{F}_1$ 起作用。只要维持转子旋转磁动势 $\dot{F}_2$ 的大小、相位不变，至于转子边的电动势、电流以及每相串联有效匝数是多少都无关紧要。根据这个道理，我们设想把实际电动机的转子抽出，换上一个新转子，它的相数、每相串联匝数以及绕组因数都分别和定子的一样（新转子也是三相，N_1k_{dp1}）。这时，在新换的转子中，每相的感应电动势为 E_2'，电流为 I_2'，转子漏阻抗为 $Z_2' = R_2' + jX_2'$，但产生的转子旋转磁动势 $\dot{F}_2$ 却和原转子产生的一样。虽然换成了新转子，但转子旋转磁动势 $\dot{F}_2$ 并没有改变，所以不影响定子侧，这就是进行折算的依据。

根据定、转子磁动势的关系

$$\dot{F}_1 + \dot{F}_2 = \dot{F}_0$$

可以写成

$$\frac{3}{2} \frac{4}{\pi} \frac{\sqrt{2}}{2} \frac{N_1 k_{dp1}}{p} \dot{I}_1 + \frac{m_2}{2} \frac{4}{\pi} \frac{\sqrt{2}}{2} \frac{N_2 k_{dp2}}{p} \dot{I}_2 = \frac{3}{2} \frac{4}{\pi} \frac{\sqrt{2}}{2} \frac{N_1 k_{dp1}}{p} \dot{I}_0$$

令

$$\frac{m_2}{2} \frac{4}{\pi} \frac{\sqrt{2}}{2} \frac{N_2 k_{dp2}}{p} \dot{I}_2 = \frac{3}{2} \frac{4}{\pi} \frac{\sqrt{2}}{2} \frac{N_1 k_{dp1}}{p} \dot{I}_2' \tag{4-43}$$

这样可得

$$\frac{3}{2} \frac{4}{\pi} \frac{\sqrt{2}}{2} \frac{N_1 k_{dp1}}{p} \dot{I}_1 + \frac{3}{2} \frac{4}{\pi} \frac{\sqrt{2}}{2} \frac{N_1 k_{dp1}}{p} \dot{I}_2' = \frac{3}{2} \frac{4}{\pi} \frac{\sqrt{2}}{2} \frac{N_1 k_{dp1}}{p} \dot{I}_0$$

简化为

$$\dot{I}_1 + \dot{I}_2' = \dot{I}_0 \tag{4-44}$$

至于电流 $\dot{I}_2'$ 与原来电流 $\dot{I}_2$ 的关系，可以从式（4-43）得到，为

$$m_2 N_2 k_{dp2} \dot{I}_2 = 3 N_1 k_{dp1} \dot{I}_2'$$

$$\dot{I}_2' = \frac{m_2}{3} \frac{N_2 k_{dp2}}{N_1 k_{dp1}} \dot{I}_2 = \frac{1}{k_i} \dot{I}_2$$

式中， $k_i = \dfrac{\dot{I}_2}{\dot{I}_2'} = \dfrac{3 N_1 k_{dp1}}{m_2 N_2 k_{dp2}} = \dfrac{3}{m_2} k_e$ ，称为电流变比。

上式中 m_2 是转子绕组的相数，只有绕线型三相异步电动机转子绕组是三相，鼠笼型异步电动机转子绕组一般不是三相，而是 m_2 相。

本来三相异步电动机定、转子之间存在着磁动势的联系，没有电路上的直接联系，经过上述的变换，把复杂的相数、匝数和绕组因数统统消掉后，剩下来的是电流之间的联系。从表面上看，好像定、转子之间真的在电路上有了联系。所以式（4-44）的关系只是一种存在于等效电路上的联系。

在计算三相异步电动机时，如果能求得转子折合电流 $\dot{I}_2'$ 而又想找出原转子的实际电流 $\dot{I}_2$ ，并不困难，只要知道电流变比 k_i ，用 k_i 去乘 $\dot{I}_2'$ 就是电流 $\dot{I}_2$ 了。电流变比 k_i 除了用计算的方法得到外，也能用试验的方法求得。

以上把异步电动机转子绕组的实际相数 m_2 、匝数 N_2 和绕组因数 k_{dp2} ，硬看成和定子的相数 3、匝数 N_1 和绕组因数 k_{dp1} 完全一样的办法，称为转子绕组向定子绕组折算。 $\dot{I}_2'$ 称为转子折算电流。

折算过的转子绕组感应电动势为 $\dot{E}_2'$ ，有

$$\dot{E}_1 = \dot{E}_2'$$

既然对异步电动机的转子相数、匝数和绕组因数都进行了折算，折算后的电动势为 $\dot{E}_2'$ ，电流为 $\dot{I}_2'$ ，显然，新转子的漏阻抗也不应再是原来的漏阻抗 $Z_2 = R_2 + jX_2$ 了，也存在着折算的问题。转子绕组漏阻抗的折算值，用 $Z_2' = R_2' + jX_2'$ 表示。于是，转子回路的电

压方程式由式为

$$0 = \dot{E}'_2 - \dot{I}'_2(R'_2 + jX'_2)$$

Z'_2 与 Z_2 的关系为

$$Z'_2 = R'_2 + jX'_2 = \frac{\dot{E}'_2}{\dot{I}'_2} = \frac{k_e \dot{E}_2}{\dfrac{\dot{I}_2}{k_i}} = k_e k_i (R_2 + jX_2)$$

$$= k_e k_i R_2 + jk_e k_i X_2$$

于是折算后转子漏阻抗与折算前转子漏阻抗的关系为

$$R'_2 = k_e k_i R_2$$

$$X'_2 = k_e k_i X_2$$

阻抗角

$$\varphi'_2 = \arctan \frac{X'_2}{R'_2} = \arctan \frac{k_e k_i X_2}{k_e k_i R_2} = \varphi_2$$

折算前后漏阻抗的阻抗角没有改变。

折算前后的功率关系不变。折算前后，在转子绕组电阻里的损耗不变，在电抗里的无功功率也不变。

4.4.2.5 转子绕组频率折算

转子电流频率 f_2 的大小仅仅影响转子旋转磁动势 $\dot{F}_2$ 相对于转子坐标轴$+A_2$的转速，而 $\dot{F}_2$ 相对于定子坐标轴$+A_1$的转速永远为 n_1，与 f_2 的大小无关。另外，定、转子之间是通过磁动势相联系的，只要保持转子磁动势 $\dot{F}_2$ 大小不变，站在定子侧看，产生 $\dot{F}_2$ 的转子电流其频率是多少无所谓。根据这个概念，把式（4-41）变换为

$$\dot{I}_{2s} = \frac{\dot{E}_{2s}}{R_2 + jX_{2s}} = \frac{s\dot{E}_2}{R_2 + jsX_2} = \frac{\dot{E}_2}{\dfrac{R_2}{s} + jX_2} = \dot{I}_2$$

式中，$\dot{E}_{2s}$、$\dot{I}_{2s}$、X_{2s} 分别为三相异步电动机转子旋转时，转子绕组一相的电动势、电流和漏电抗（其对应的频率为 f_2）；$\dot{E}_2$、$\dot{I}_2$、X_2 分别为电动机转子不转时，转子绕组一相的电动势、电流和漏电抗（其对应的频率为 f_1）。

由上式还可看出，在频率变换的过程中，除了电流有效值保持不变外，转子电路中电动势与电流之间的功率因数角 φ_2 也没有发生任何变化。即

$$\varphi_2 = \arctan \frac{X_{2s}}{R_2} = \arctan \frac{sX_2}{R_2} = \arctan \frac{X_2}{\dfrac{R_2}{s}}$$

在上式的变换过程中，并没有任何假设，只是变换的结果保持两个电流 $\dot{I}_{2s}$ 和 $\dot{I}_2$ 的有效值和相角完全相等。

关于电流 $\dot{I}_{2s}$，它是由转子绕组的转差电动势 $\dot{E}_{2s}$ 和转子绕组本身的电阻 R_2 以及实际运行时转子的漏电抗 X_{2s} 求得的，对应的电路是图4-69（a）。电流 $\dot{I}_2$ 却是由转子不转时的电动势 $\dot{E}_2$ 和转子的等效电阻 R_2/s、转子不转时转子漏电抗 X_2（注意，$X_2 = X_{2s}/s$）得到的。对应的电路是图4-69（b）。图4-69（b）是等效电路。所谓等效，就是两个电路的电流有效值大小彼此相等而已。两个电流的频率虽然不同，由于有效值相等，产生磁动势 $\dot{F}_2$ 的幅值都一样。从定子侧看磁动势 $\dot{F}_2$ 并没有任何不同。这就是转子电路的频率折算，即把转子旋转时实际频率为 f_2 的电路，变成了转子不转、频率为 f_1 的电路。

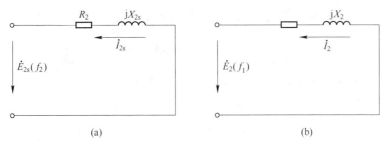

图 4-69 转子频率折合

（a）电动机实际运行转子一相电路；（b）等效电路

对图4-69（a）进行频率折算后，得到图4-69（b）所示电路，它的电动势为转子不转时的 $\dot{E}_2$，转子回路的电阻变成 R_2/s，漏电抗变成 X_{2s}/s。对其中转子回路电阻来说，除了原来转子绕组本身电阻 R_2 外，相当于多串一个大小为 $\dfrac{1-s}{s}R_2$ 的电阻；漏电抗也变成了转子不转时的漏电抗 X_2 了。

再考虑把转子绕组的相数、匝数以及绕组因数都折算到定子侧，转子回路的电压方程式变为

$$\dot{E}_2' = \dot{I}_2'\left(\frac{R_2'}{s} + jX_2'\right) \tag{4-45}$$

4.4.2.6 基本方程式

将前面分析得到的方程式列写如下，得到三相异步电动机转子旋转时的基本方程：

$$\dot{U}_1 = -\dot{E}_1 + \dot{I}_1(R_1 + jX_1)$$

$$-\dot{E}_1 = \dot{I}_0(R_m + jX_m)$$

$$\dot{E}_1 = \dot{E}_2'$$

$$\dot{E}_2' = \dot{I}_2'\left(\frac{R_2'}{s} + jX_2'\right)$$

$$\dot{I}_1 + \dot{I}_2' = \dot{I}_0$$

4.4.2.7 等效电路

根据上述基本方程式，可以画出如图4-70所示的等效电路。

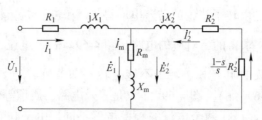

图 4-70　三相异步电动机的 T 形等效电路

从图 4-70 等效电路看出，当异步电动机空载时，转子的转速接近同步速，转差率 s 很小，R_2'/s 趋于 ∞，电流 $\dot{I}_2'$ 可认为等于零，这时定子电流 $\dot{I}_1$ 就是励磁电流 $\dot{I}_0$，电动机的功率因数很低。

当电动机运行于额定负载时，转差率 $s \approx 0.05$，R_2'/s 约为 R_2' 的 20 倍，等效电路中转子侧呈电阻性，功率因数 $\cos\varphi_2$ 较高。这时，定子侧的功率因数 $\cos\varphi_1$ 也比较高，可达似 $0.8 \sim 0.85$。

已知气隙主磁通 Φ_m 的大小与电动势 E_1 的大小成正比，而 $-\dot{E}_1$ 的大小又取决于 $\dot{U}_1$ 与 $\dot{I}_1 Z_1$ 的相量差。由于异步电动机定子漏阻抗 Z_1 不很大，所以，定子电流 $\dot{I}_1$ 从空载到额定负载时，在定子漏阻抗上产生的压降 $I_1 Z_1$ 与 U_1 相比也是较小的，可见 $\dot{U}$ 差不多等于 $-\dot{E}_1$。这就是说，异步电动机从空载到额定负载运行时，由于定子电压 U_1 不变，主磁通 Φ_m 基本上也是固定的数值。因此，励磁电流也差不多是个常数。但是，当异步电动机运行于低速时，例如刚启动时，转速 $n = 0$（$s = 1$），这时，定子电压 U_1 全部降落在定、转子的漏阻抗上。已知定、转子漏阻抗 $Z_1 \approx Z_2'$，这样，定、转子漏阻抗上的电压降各近似为定子电压 U_1 的一半。也就是说，E_1 近似是 U_1 的一半，气隙主磁通 Φ_m 也将变为空载时的一半左右。

既然异步电动机稳态运行可以用一个等效电路表示，那么，当知道了电动机的参数时，通过等效电路就可以计算出电动机的性能。

4.4.2.8　简化等效电路

为了方便，把图 4-70 三相异步电动机的 T 形等效电路简化为图 4-71 所示的简化等效电路。虽然有些误差，工程上也是允许的。图中

$$\dot{I}_0' = \frac{\dot{U}_1}{Z_1 + Z_m}, \quad -\dot{I}_2'' = \frac{-\dot{I}_2'}{\dot{c}_1}, \quad \dot{c}_1 = 1 + \frac{Z_1}{Z_m}$$

4.4.3　异步电机的参数测定

为了利用等效电路去计算异步电动机的运行特性，必须先知道参数 R_1、$X_{1\sigma}$、R_2'、$X_{2\sigma}'$、R_m、X_m。对于已制成的异步电机可以通过空载试验和短路试验来测定其参数。

4.4.3.1　空载试验

空载试验的目的是测定励磁电阻 R_m、励磁电抗 X_m、铁耗 P_{Fe}、机械损耗 P_{mec}。试验时电机轴上不带负载，用三相调压器对电机供电，使定子端电压从（$1.1 \sim 1.3$）U_N 开始，

逐渐降低电压、空载电流逐渐减少，直到电动机转速发生明显变化、空载电流明显回升为止。在这个过程中，记录电动机的端电压 U_1、空载电流 I_0、空载损耗 P_0、转速 n，并绘制空载特性曲线如图 4-72 所示。

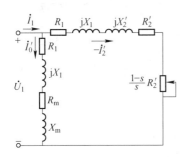

图 4-71 三相异步电动机的简化等效电路

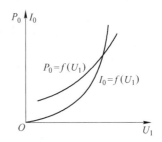

图 4-72 异步电机的空载特性

由于异步电动机空载运行时转子电流小，转子铜耗可以忽略不计。在这种情况下，定子输入功率消耗在定子铜耗 $m_1 I_0^2 R_1$、铁耗 P_{Fe}、机械损耗 P_{mec}，空载附加损耗 P_{ad0} 上

$$P_0 = m_1 I_0^2 R_1 + P_{Fe} + P_{mec} + P_{ad0}$$

从输入功率 P_0 中扣除定子铜耗，得

$$P_0' = P_0 - m_1 I_0^2 R_1 = P_{Fe} + P_{mec} + P_{ad0}$$

在 P_0' 的三项损耗中，机械损耗 P_{mec} 与电压 U_1 无关，在电动机转速变化不大时，可以认为是常数。$P_{Fe}+P_{ad0}$ 可以近似认为与磁密的平方成正比，因而可近似认为与电压的平方成正比，故 P_0' 与 U_1^2 的关系曲线近似为一条直线，如图 4-73 所示，其延长线与 P_0' 轴交点之值代表机械损耗 P_{mec}。

空载附加损耗相对较小，可以用其他试验将之与铁耗分离，也可根据统计值估计 P_{ad0}，从而得到铁耗 P_{Fe}。由空载试验测得的额定相电压 $U_{0\phi}$ 和相电流 $I_{0\phi}$ 可以求出

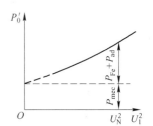

图 4-73 机械损耗的求法

$$Z_0 = \frac{U_{0\phi}}{I_{0\phi}} , \quad R_0 = \frac{P_0}{m_1 I_{0\phi}^2} , \quad X_0 = \sqrt{Z_0^2 - R_0^2}$$

由于电动机空载，$s \approx 0$，转子支路近似开路，则

$$X_0 = X_m + X_{1\sigma} \quad 或 \quad X_m = X_0 - X_{1\sigma}$$

式中，定子漏电抗 $X_{1\sigma}$ 将由短路试验测出。

在已知额定电压和铁耗 P_{Fe} 的情况下，励磁电阻

$$R_m = \frac{P_{Fe}}{m_1 I_{0\phi}^2}$$

4.4.3.2 短路试验

短路试验的目的是测定短路阻抗、转子电阻和定、转子漏抗。试验时将转子堵转，在定子端施加电压，从 $U_k(U_k = 0.4 U_{1N})$ 开始逐渐降低，记录定子绕组端电压 U_k、定子电流 I_k、定子端输入功率 P_k，作出异步电机的短路特性 $I_k = f(U_k)$，$P_k = f(U_k)$，如图 4-74 所示。

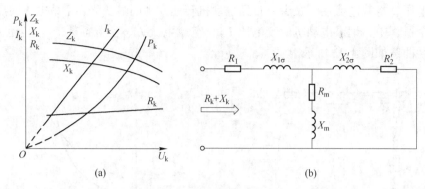

图 4-74　异步电机的短路试验

（a）短路特性；（b）等效电路

根据短路特性曲线，由额定相电流 $I_{k\phi}$ 对应的相电压 $U_{k\phi}$、短路损耗 P_k 可求得

$$Z_k = \frac{U_{k\phi}}{I_{k\phi}}, \quad R_k = \frac{P_k}{m_1 I_{k\phi}^2}, \quad X_k = \sqrt{Z_k^2 - R_k^2}$$

根据短路时的等效电路（图 4-74（b）），由于 $X_m \gg R_m$，忽略 R_m，并近似认为 $X_{1\sigma} = X_{2\sigma}'$，得

$$R_k + jX_k = R_1 + jX_{1\sigma} + \frac{jX_m(R_2' + jX_{2\sigma}')}{R_2' + j(X_m + X_{2\sigma})}$$

将上式实部、虚部分开

$$R_k = R_1 + R_2' \frac{X_m^2}{R_2'^2 + (X_m + X_{2\sigma})^2}$$

$$X_k = X_{1\sigma} + X_m \frac{R_2'^2 + X_{2\sigma}^2 + X_m X_{2\sigma}}{R_2'^2 + (X_m + X_{2\sigma})^2}$$

考虑到 $X_m = X_0 - X_{1\sigma}$，可以解出

$$R_2' = R_k - R_1 + R_2' \frac{X_0}{X_0 - X_k}$$

$$X_{1\sigma} = X_{2\sigma}' = X_0 - \sqrt{\frac{X_0 - X_k}{X_0}(R_2'^2 + X_0^2)}$$

对于大中型异步电机，由于 X_m 很大，励磁支路可以近似认为开路，这时

$$R_k = R_1 + R_2'$$

$$X_{1\sigma} = X_{2\sigma}' = \frac{1}{2} X_k$$

4.4.4　三相异步电机的运行特性

4.4.4.1　异步电动机的功率和转矩平衡方程

在异步电机 T 形等效电路（见图 4-75）中，当异步电动机以转速 n（转差率为 s）稳定运行时，从电源输入的功率为 P_1，且

$$P_1 = m_1 U_1 I_1 \cos\varphi_1$$

定子铜耗为

$$P_{\mathrm{Cu1}} = m_1 I_1^2 R_1 \tag{4-46}$$

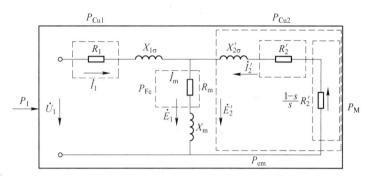

图 4-75　异步电机用 T 形等效电路表示的各种功率

在正常运行时异步电动机的转速接近同步转速，转子电流频率很低，$f_2 = 0.5 \sim 2\mathrm{Hz}$，故转子铁耗可以忽略，因此，电动机铁耗只有定子铁耗，即

$$P_{\mathrm{Fe}} = m_1 I_0^2 R_{\mathrm{m}} \tag{4-47}$$

P_1 在扣除掉定子铜耗 P_{Cu1}，定子铁耗 P_{Fe} 之后的功率则借助于气隙中旋转磁场由定子传递给转子，转子上这一功率是通过电磁感应而获得的，故称之为电磁功率 P_{em}，即

$$P_{\mathrm{em}} = P_1 + P_{\mathrm{Cu1}} + P_{\mathrm{Fe}} = m_1 I_2'^2 \frac{R_2'}{s} \tag{4-48}$$

转子绕组铜耗

$$P_{\mathrm{Cu2}} = m_1 I_2'^2 R_2' = s P_{\mathrm{em}} \tag{4-49}$$

电磁功率在扣除转子铜耗之后，就是模拟电阻 $\dfrac{1-s}{s} R_2'$ 上的电功率，它代表总机械功率，即由电功率转换而来的总机械功率为

$$P_{\mathrm{mec}} = P_{\mathrm{em}} - P_{\mathrm{Cu2}} = m_1 I_2'^2 \frac{1-s}{s} R_2'' = (1-s) P_{\mathrm{em}} \tag{4-50}$$

总机械功率在扣除机械损耗 P_{mec}、附加损耗 P_{ad} 之后，才是转轴输出的机械功率，即

$$P_2 = P_{\mathrm{mec}} - P_{\mathrm{mec}} - P_{\mathrm{ad}} \tag{4-51}$$

异步电机转轴上各种机械功率除以转子机械角速度 Ω 就得到相应的转矩。P_{mec} 是借助于气隙旋转磁场由定子传递到转子上的总机械功率，与之相对应的总机械转矩称为电磁转矩，即

$$T_{\mathrm{em}} = \frac{P_{\mathrm{mec}}}{\Omega}$$

其中，机械角速度

$$\Omega = \frac{2\pi n}{60} = \frac{2\pi(1-s)n_1}{60} = (1-s)\Omega_1$$

输出转矩

$$T_2 = \frac{P_2}{\Omega}$$

空载转矩

$$T_0 = \frac{P_{\mathrm{mec}} + P_{\mathrm{ad}}}{\Omega}$$

于是，转矩平衡方程为

$$T_{\mathrm{em}} = T_2 + T_0 \tag{4-52}$$

综上，还可以得到一个重要的关系式，即

$$T_{\mathrm{em}} = \frac{P_{\mathrm{mec}}}{\Omega} = \frac{P_{\mathrm{mec}}}{(1-s)\Omega_1} = \frac{P_{\mathrm{em}}}{\Omega_1} \tag{4-53}$$

式中，Ω_1 为同步角速度。

式（4-53）说明，电磁转矩等于电磁功率除以同步角速度，也等于总机械功率除以转子机械角速度。

4.4.4.2　电磁转矩的三种表达方式

A　物理表达式

异步电机电磁转矩的物理表达式描述了电磁转矩与主磁通、转子有功电流的关系。根据式（4-48）和图 4-74，电磁转矩

$$T_{\mathrm{em}} = \frac{P_{\mathrm{em}}}{\Omega_1} \Omega_1 m_1 I_2'^2 \frac{R_2''}{s} = \frac{p}{2\pi f_1} m_1 E_2' I_2'^2 \cos\varphi_2' \tag{4-54}$$

折算到定子方的转子相电动势为

$$E_2' = \sqrt{2}\,\pi f_1 N_1 k_{N1} \Phi_{\mathrm{m}}$$

考虑到 $I_2 = k_i I_2'$ 于是式（4-54）变为

$$T_{\mathrm{em}} = \left(\frac{pm_1 N_1 k_{N1}}{\sqrt{2}}\right) \Phi_{\mathrm{m}} I_2' \cos\varphi_2' = C_{\mathrm{m}} \Phi_{\mathrm{m}} I_2 \cos\varphi_2 \tag{4-55}$$

式中，$C_{\mathrm{m}} = \dfrac{pm_2 N_2 k_{N2}}{\sqrt{2}}$。对于制成的异步电机，$C_{\mathrm{m}}$ 是常数。考虑到 $I_2 \cos\varphi_2$ 是转子电流的有功分量，异步电机电磁转矩计算公式与直流电机的公式形式完全相同。

B　参数表达式

异步电机电磁转矩的参数表达式描述了电磁转矩与参数的关系，其推导过程如下。

由简化等效电路（见图 4-76），有

$$I_2' = \frac{U_1}{\sqrt{\left(R_1 + \dfrac{R_2'}{s}\right)^2 + (X_{1\sigma} + X_{2\sigma}')^2}}$$

电磁功率

$$P_{\mathrm{em}} = m_1 I_2'^2 \frac{R_2'}{s} = \frac{m_1 U_1^2 \dfrac{R_2'}{s}}{\left(R_1 + \dfrac{R_2'}{s}\right)^2 + (X_{1\sigma} + X_{2\sigma}')^2} \tag{4-56}$$

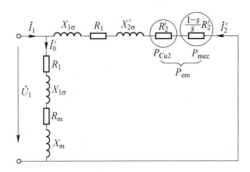

图 4-76　异步电机用简化等效电路表示的各种功率

电磁转矩

$$T_{em} = \frac{P_{em}}{\Omega_1} = \frac{m_1 p U_1^2 \dfrac{R_2'}{s}}{2\pi f_1 \left[\left(R_1 + \dfrac{R_2'}{s} \right)^2 + (X_{1\sigma} + X_{2\sigma}')^2 \right]} \tag{4-57}$$

其中

$$\Omega_1 = \frac{2\pi f_1}{p}$$

在电压 U_1、频率 f_1 为常数时，电机的参数可以认为是常数，电磁转矩仅与 s 有关，其关系曲线 $T_{em} = f(s)$ 如图 4-77 所示。

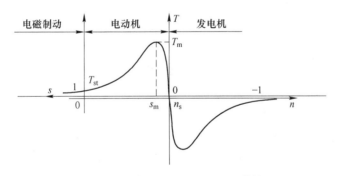

图 4-77　异步电机的 $T_{em} = f(s)$ 曲线

当 $s=0$，$n=n_1$，旋转磁场相对于转子静止，$T_{em}=0$。

当 s 从零开始增大时，在开始部分 $\dfrac{R_2'}{s}$ 远大于其余各项值（例如 R_1、$X_{1\sigma}$、$X_{2\sigma}$ 等），

故随着 s 增大，T_{em} 近似成正比增大。当 s 较大时，$\dfrac{R_2'}{s}$ 相对变小，并且由于 $X_{1\sigma} + X_{2\sigma}' \gg$

$R_1 + R_2'$，s 继续增大而 T_{em} 增大变慢，并且达到一个最大值 T_{max} 之后，随 s 增大，T_{em} 反而减小，一直到 $s=1$，$n=0$，电磁转矩 T_{em} 降至启动转矩 T_{st}。

当 $s>1$，电机则运行于电磁制动状态，其 T_{em}-s 曲线是电动机状态曲线的延伸。

当 $s<0$，电机运行于发电机状态，其电磁转矩变为负值，对原动机起制动作用，其曲

线形状与电动机状态时相似。

为了求得最大电磁转矩，对式（4-57）求导，并令

$$\frac{\mathrm{d}T_{em}}{\mathrm{d}s} = 0$$

得到发生最大电磁转矩时转差率、最大电磁转矩分别为

$$s_m = \pm \frac{R_2'}{\sqrt{R_1^2 + (X_{1\sigma} + X_{2\sigma}')^2}}$$

$$T_{max} = \pm \frac{m_1 p U_1^2}{4\pi f_1 [\pm R_1 + \sqrt{R_1^2 + (X_{1\sigma} + X_{2\sigma}')^2}]}$$

式中，正号用于电动机状态，负号用于发电机状态。

通常 $R_1^2 \ll (X_{1\sigma} + X_{2\sigma}')^2$，故 R_1^2 可以略去，于是上式可以简化为

$$s_m = \pm \frac{R_2'}{X_{1\sigma} + X_{2\sigma}'} \tag{4-58}$$

$$T_{max} = \pm \frac{m_1 p U_1^2}{4\pi f_1 (X_{1\sigma} + X_{2\sigma}')} \tag{4-59}$$

由式（4-58）、式（4-59）可知，电磁转矩最大值 T_{max} 有以下特点：

（1）在给定频率下，T_{max} 与 U_1 成正比；

（2）最大电磁转矩与转子电阻无关，但发生最大电磁转矩的转差率 s_m 与 R_2' 有关，故当转子回路电阻增加（如绕线型转子串入附加电阻）时，T_{max} 虽然不变，但 s_m 增大，整个 $T_{em} = f(s)$ 曲线向左移动，如图 4-78 所示；

（3）在频率 f_1 一定时，$X_{1\sigma} + X_{2\sigma}'$ 越大，T_{max} 越小。

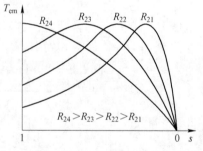

图 4-78 转子回路串电阻对 $T_{em} = f(s)$ 曲线的影响

异步电动机的过载能力（亦称为最大转矩倍数）定义为

$$k_M = \frac{T_{max}}{T_N}$$

过载能力是异步电动机重要的性能指标之一。对于一般异步电动机，$k_M = 1.6 \sim 2.5$。最大转矩越大，其短时过载能力越强。

由式（4-59），令 $s = 1$，得

$$T_{st} = \pm \frac{m_1 p U_1^2 R_2'}{2\pi f_1 [(R_1 + R_2')^2 + (X_{1\sigma} + X_{2\sigma}')^2]}$$

若要求启动时，电磁转矩达到最大，可令式（4-58）中 $s_m = 1$，则转子回路电阻增加为

$$R_2' + R_{st}' = X_{1\sigma} + X_{2\sigma}'$$

这就是说，对于绕线式异步电动机，当转子回路串入启动电阻 R_{st}，且满足 $R_2' + R_{st}' = X_{1\sigma} + X_{2\sigma}'$ 时，启动转矩就等于最大电磁转矩。

通常用启动转矩倍数 k 来描述启动性能，即

$$k_{st} = \frac{T_{st}}{T_N}$$

对于一般异步电动机，$k_{st} = 0.9 \sim 1.3$。

C 实用表达式

在设计电力拖动系统的过程中，设计者往往希望不用电机参数而只用产品铭牌中提供的数据（P_N，n_N，k_M）来获得 T_{em} 与 s 的关系。由式（4-58）得

$$X_{1\sigma} + X'_{2\sigma} = \frac{R'_2}{s_m} \tag{4-60}$$

将上式代入式（4-59），得

$$T_{max} = \frac{m_1 p U_1^2}{4\pi f_1 \dfrac{R'_2}{s_m}}$$

将式（4-60）代入式（4-57），忽略 R_1，得

$$T_{em} = \frac{m_1 p U_1^2 \dfrac{R'_2}{s}}{2\pi f_1 \left[\left(\dfrac{R'_2}{s} \right)^2 + \left(\dfrac{R'_2}{s_m} \right)^2 \right]}$$

4.4.4.3 异步电动机的工作特性

异步电动机的工作特性是指在额定电压和额定频率下，异步电动机的转速 n、效率 η，功率因数 $\cos\varphi_1$、输出转矩 T_2、定子电流 I_1 与输出功率 P_2 的关系曲线。异步电动机的工作特性可以用计算方法获得。在已知等效电路各参数、机械损耗、附加损耗的情况下，给定一系列的转差率 s，可以由计算得到 n、I_1、T_{em}、T_2、P_2、η、$\cos\varphi_1$，从而得到工作特性，对于已制成的异步电动机，其工作特性也可以通过试验求得。用测功机作为负载测取不同转速下的输出转矩 T_2，同时测取 I_1、$\cos\varphi_1$，从而可算出 P_2、η，也可得到工作特性。

A 转差率特性

转差率特性表达式为 $s = f(P_2)$。在空载运行时，$P_2 = 0$，$s \approx 0$，$n \approx n_1$。

在 $s = [0, s_m]$ 区间，近似有 $T_2 \approx T_{em} \propto s$、$P_2 \propto T_2 n \propto sn \propto s(1 - s)$，故在此区间，随 P_2 增大，s 随之增大，而转速 n 呈下降趋势。这和并励直流电动机相似，转差率特性表达式 $s = f(P_2)$，如图 4-79 所示。

B 效率特性

效率特性表达式为 $\eta = f(P_2)$。电动机的效率为

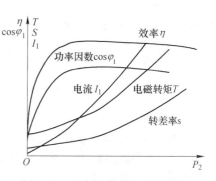

图 4-79 异步电动机的工作特性

$$\eta = \frac{P_2}{P_1} = \left(1 - \frac{\sum P}{P_1}\right) \times 100\%$$

式中，$\sum P$ 为电动机总损耗，$\sum P = P_{cu1} + P_{cu2} + P_{Fe} + P_{mec} + P_{ad}$。

在空载运行时，$P_2 = 0$，$\eta = 0$。从空载到额定负载运行，由于主磁通变化很小，故铁耗认为不变，在此区间转速变化很小，故机械损耗认为不变。上述两项损耗称为不变损耗。而定、转子铜耗与各自电流的平方成正比，附加损耗也随负载的增加而增加，这三项损耗称为可变损耗。当 P_2 从零开始增加时，总损耗 $\sum P$ 增加较慢，效率上升很快，在可变损耗与不变损耗相等时（即 $P_{cu1} + P_{cu2} + P_{ad} = P_{Fe} + P_{mec}$），$\eta$ 达到最大值；当 P_2 继续增大，由于定、转子铜耗增加很快，效率反而下降，如图 4-79 所示。对于普通中小型异步电动机，效率在 $(1/4 \sim 3/4)P_N$ 时达到最大。

C 功率因数特性

功率因数特性表达式为 $\cos\varphi_1 = f(P_2)$。异步电动机必须从电网吸收滞后的电流来励磁，其功率因数永远小于 1。空载运行时，异步电机的定子电流基上是励磁电流 I_0，因此，空载时功率因数很低，通常小于 0.2。随着 P_2 的增大，定子电流的有功分量增加，$\cos\varphi_1$ 增大，在额定负载附近，$\cos\varphi_1$ 达到最大值。当 P_2 继续增大时，转差率 s 变大，使转子回路阻抗角 $\varphi_2 = \arctan\left(\dfrac{sX_{2\sigma}}{R_2}\right)$ 变大，$\cos\varphi_2$ 下降，从而使 $\cos\varphi_1$ 下降。功率因数曲线如图 4-79 所示。

D 转矩特性

转矩特性表达式为 $T_2 = f(P_2)$。异步电动机的轴端输出转矩 $T_2 = \dfrac{P_2}{\Omega}$，其中 $\Omega = \dfrac{2\pi n}{60}$ 为机械角速度。从空载到额定负载，转速 n 变化很小，所以 $T_2 = f(P_2)$ 可以近似地认为是一条过零点得斜线，该曲线还通过点 $P_2^* = 1$、$T_2^* = 1$，如图 4-77 所示。

E 定子电流特性

定子电流特性表达式为 $I_2 = f(P_2)$。异步电动机定子电流 $\dot{I}_1 = \dot{I}_0 + (-\dot{I}_2')$，空载运行时，$\dot{I}_2' \approx 0$，定子电流 $\dot{I}_1 = \dot{I}_0$ 是励磁电流。随 P_2 增大，转子电流 $\dot{I}_2'$ 增大，与之平衡的定子电流 $\dot{I}_1$ 也增大。当 $P_2^* = 1$，$I_1^* = 1$，定子电流特性曲线如图 4-79 所示。

习 题

4-1 主磁通既连着电枢绕组又连着励磁绕组，为什么却只在电枢绕组里产生感应电动势？

4-2 计算下列电枢绕组的节距，并绘出绕组展开图和并联支路图：单叠短距绕组：$2p = 4$，$q = s = k = 22$。

4-3 一台直流电机的极对数 $p = 3$，单叠绕组，并联支路数 $a = 26$，电枢总导体数 $Z = 398$ 匝，气隙每极磁通 $\Phi = 2.1 \times 10^{-2}$ Wb，当转速分别为 1500 r/min 和 500 r/min 时，求电枢感应电动势的大小。若电枢电流 $I_a = 10$ A，磁通不变，电磁转矩是多大？

4-4 一台他励直流电动机的额定数据为：$P_N = 6$ kW，$U_N = 220$ V，$n_N = 1000$ r/min，$P_{Cua} = 500$ W，$P_{Cuf} = 100$ W，$p_0 = 395$ W。计算额定运行时电动机的 T_0、T_N、P_e、η_N。

4-5 一台他励直流电动机的额定数据为：$P_N = 7.5\text{kW}$，$U_N = 220\text{V}$，$I_N = 40\text{A}$，$n_N = 1000\text{r/min}$，$r_a = 0.5\Omega$。拖动 $T_L = 0.5T_N$ 恒转矩负载运行时电动机的转速及电枢电流是多大？

4-6 一台 96kW 的并励直流电动机，额定电压为 440V，额定电流为 255A，额定励磁电流为 5A，额定转速为 500r/min，电枢回路总电阻为 0.078Ω（包括电刷接触电阻），不计电枢反应，试求：

（1）电动机的额定输出转矩；

（2）额定电流时的电磁转矩；

（3）电动机的空载转速。

4-7 一台四极 82kW、230V、970r/min 的并励直流发电机，$r_a = 0.0259\Omega$，$r_f = 26.5\Omega$，一对电刷接触压降为 2V，$P_{Fe} + P_{mec} = 4.3\text{kW}$，$P_{ad} = 0.005P_N$，求额定负载时发电机的输入功率、电磁功率、电磁转矩和效率。

4-8 设有一台 50Hz、8 极的三相感应电动机，额定转差率，该电动机的同步转速是多少？额定转速是多少？当该电动机运行在 700r/min 时，转差率是多少？当该电动机在起动时，转差率是多少？

5 磁传感器

磁传感器是对磁场参量敏感的元器件或装置，具有把磁学物理量转换为电信号的功能。磁场参量主要包括磁场强度、磁感应强度、磁通、磁矩、磁化强度，磁导率等，传感器种类繁多，本章将分别介绍霍尔磁传感器、磁阻传感器、SQUID磁传感器的工作原理和应用。

5.1 霍尔磁传感器

1879 年，美国物理学家霍尔在研究金属的导电机制时发现，当电流垂直于外磁场通过导体时，载流子会发生偏转，在垂直于电流和磁场的方向产生一附加电场，从而在导体的两端产生电势差，这一现象就是著名的霍尔效应，这个电势差称为霍尔电动势。由于当时金属材料的霍尔效应十分微弱，致使很长一段时间来没有实用化，直到 20 世纪 30 年代末，随着三、五价化合物半导体材料的开发，人们才找到了电子迁移率非常大的材料如锑化铟（InSb）、砷化铟（InAs）、砷化镓（CaAs）等，为霍尔元件制造提供了良好材料，从而使霍尔元件进入了广泛的应用时代。随着半导体生产工艺的飞跃发展，目前集成霍尔元件水平大大提高，并发展到单晶、多晶薄膜化和硅霍尔集成化阶段。

5.1.1 霍尔效应

如图 5-1 所示，在与磁场垂直的半导体薄片（又称霍尔片）上通一电流 I，设磁感应强度为 B，半导体内的运动载流子便受磁场的洛仑兹力 F_L 的作用而向垂直于电流和磁场的某一侧面偏转，使该侧面上形成载流子的积累。若霍尔片为 N 型半导体材料，载流子为带负电荷的电子，则会聚集在图中的"–"一侧，而在另一侧面上形成正电荷的积累，如图中所示"+"的一侧，由此在两侧面之间形成电场 E，该电场阻止电子继续向侧面偏移，当电子受到的洛仑兹力 F_L 与电场力 F_E 相等时，电子的积累达到动态平衡，从而在两个侧面之间建立一个稳定电场 E_H，相应的电动势称为霍尔电动势 U_H。

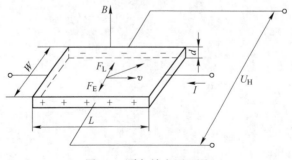

图 5-1 霍尔效应原理图

设霍尔片的长度为 L，宽度为 W，厚度为 d。又设电子以均匀的速度 v 运动，则在垂直方向施加的磁感应强度 B 的作用下，它受到的洛仑兹力为

$$F_{\mathrm{L}} = qvB \tag{5-1}$$

式中，q 为电子电荷量；v 为电子运动速度。

同时，作用于电子的电场力可表示为

$$F_{\mathrm{E}} = qE_{\mathrm{H}} = qU_{\mathrm{H}}/W \tag{5-2}$$

当达到动态平衡时，有

$$q\boldsymbol{v}B = qU_{\mathrm{H}}/W \tag{5-3}$$

由物理学可知：

$$I = jWd = -nqvWd \tag{5-4}$$

式中，j 为电子的电流密度；n 为电子浓度。

由式（5-4）可得

$$v = -I/(nqWd) \tag{5-5}$$

将式（5-5）代入式（5-3）得

$$U_{\mathrm{H}} = -IB/(nqd) \tag{5-6}$$

如果霍尔材料是 P 型半导体，则它的空穴浓度为 p，于是用同样的方法可得

$$U_{\mathrm{H}} = IB/(pqd) \tag{5-7}$$

为简单起见，只考虑多数载流子的漂移和在磁场中的偏转，此时，用 R_{H} 表示霍尔系数，则 N 型和 P 型半导体的霍尔系数可表示为

$$\begin{cases} R_{\mathrm{H}} \approx -\dfrac{1}{qn}（\text{N 型}) \\[2mm] R_{\mathrm{H}} \approx \dfrac{1}{pq}（\text{P 型}) \end{cases} \tag{5-8}$$

由式（5-6）~式（5-8）可知，霍尔电动势 U_{H} 与 I、B 的乘积成正比，而与 d 成反比。霍尔电动势 U_{H} 可表示为

$$U_{\mathrm{H}} = R_{\mathrm{H}} \frac{IB}{d} \tag{5-9}$$

式中，R_{H} 为霍尔系数，m^3/C；I 为控制电流，A；B 为磁感应强度，T；d 为霍尔元件厚度，m。

设 $K_{\mathrm{H}} = R_{\mathrm{H}}/d$，则有

$$U_{\mathrm{H}} = K_{\mathrm{H}}IB \tag{5-10}$$

式中，K_{H} 为霍尔元件的乘积灵敏度，为霍尔元件的一个主要参数，它表示霍尔元件在单位磁感应强度和单位控制电流作用下霍尔电动势的大小，其单位是 $\mathrm{V}/(\mathrm{A} \cdot \mathrm{T})$。

霍尔元件的厚度越薄，灵敏度 K_{H} 越大。故而制作霍尔元件时，常采用减小厚度 d 的办法来增加灵敏度，也就是说，霍尔元件薄膜化是提高灵敏度的一个途径。但是值得注意的一点是，不能简单地认为 d 越薄越好，因为越薄越会增加霍尔元件的输入和输出阻抗，从而增加功耗。

如果磁感应强度 B 的方向与霍尔元件的平面法线成某角度时（见图 5-2），则实际作用于霍尔元件上的有效磁场是其法线方向的分量，即 $B\cos\theta$，这时霍尔电动势应为

$$U_H = K_H IB\cos\theta \qquad (5\text{-}11)$$

由式（5-11）可知，当控制电流或磁场方向改变时，霍尔电动势方向也随之换向。若电流和磁场同时改变方向时，霍尔电动势并不改变原来的方向。这就是说，霍尔元件的电流控制极和霍尔电动势输出极具有对称性。

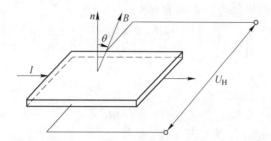

图 5-2　霍尔电动势 U_H 与磁场 B 间角度关系示意图

5.1.2　霍尔磁传感器（霍尔元件）基本特性

实际使用时，元件输入信号可以是 I 或 B，或者 IB，而输出可以正比于 I 或 B，或者正比于其积 IB。

假设霍尔片厚度 d 均匀，电流 I 和霍尔电场的方向分别平行于长、短边界，则控制电流 I 和霍尔电动势 U_H 的关系为

$$U_H = \frac{R_H}{d}BI = K_1 I \qquad (5\text{-}12)$$

同样，若给出控制电压 U，由于 $U = R_1 I$，可得控制电压和霍尔电动势的关系为

$$U_H = \frac{R_H}{R_1 d}BU = \frac{K_1}{R_1}U = K_U U \qquad (5\text{-}13)$$

式（5-12）和式（5-13）是霍尔元件的基本公式。

由式（5-12）和式（5-13）可见，输入电流或输入电压和霍尔电动势完全呈线性关系。如果输入电流或电压中任一项固定时，磁感应强度和霍尔电动势之间也完全呈线性关系。

霍尔元件的主要特性如下。

5.1.2.1　直线性

所谓直线性是指霍尔元件的输出电动势 U_H 分别和基本参数 I、U、B 之间呈线性关系。在推导式（5-12）和式（5-13）时，是假设半导体内各处载流子做平行直线运动，且在 L/W 很大条件下推导出的。也就是说，在控制电极对霍尔电动势无影响时这两式才成立。但这一点实际中是做不到的，因为它受许多因素影响。

影响直线性的参数主要有元件几何尺寸（L/W）的大小、霍尔电极的位置和大小、磁场的强弱、结晶取向的程度等因素。

在实际工作中，应根据对直线性的具体要求，采取具体办法，同时对各影响因素进行综合考虑来选取符合要求的线性度。

5.1.2.2 灵敏度

霍尔元件的灵敏度一般可以用乘积灵敏度或磁场灵敏度以及电流灵敏度、电动势灵敏度表示。根据式（5-12）可写出

$$U_H = K_H IB \qquad (5-14)$$

比例系数 K_H 就是乘积灵敏度，它表示霍尔电动势 U_H 与磁感应强度 B 和控制电流 I 乘积之间的比值，通常以 mV/(mA·0.1T) 表示。因为元件的输出电压要由两个输入量的乘积来确定，故称为乘积灵敏度。

若控制电流值固定，式（5-14）可改写成

$$U_H = K_B B \qquad (5-15)$$

比例系数 K_B 称为磁场灵敏度，通常以额定电流为标准。因此，磁场灵敏度等于元件额定电流时每单位磁感应强度对应的霍尔电动势值，常用于磁场测量等情况。

实际使用霍尔元件时，对于一定的磁感应强度，总希望得到较大的霍尔电压输出。此时，用加大控制电流的办法是可行的。但增大控制电流将使元件温度提高，因此，元件的允许温升规定着一个最大控制电流，这就是所谓额定电流。

为了提高元件的乘积灵敏度，需用霍尔系数大的半导体材料，并且元件的厚度越薄越好。因此，采用高纯度锗、硅就可得到乘积灵敏度高的元件。从提高磁场灵敏度观点出发，应选用高纯度、高迁移率的半导体材料较好，元件的厚度亦同样是越薄越好。因此，锑化铟被广泛地用作霍尔元件的材料。

5.1.2.3 负载特性

在线性特性中所述的霍尔电动势，是指霍尔电极间开路或测量仪表阻抗为无限大情况下测得的霍尔电动势。但是，当霍尔电极间串接有负载 R_a 时，因为流过霍尔电流，故在其内阻 R_1 上将产生压降，实际的霍尔电动势要比理论值小。因此，由于霍尔电极间内阻和磁阻效应的影响，霍尔电动势和磁感应强度之间便失去了线性关系。图5-3示出了霍尔电动势随负载电阻值而改变的情况。

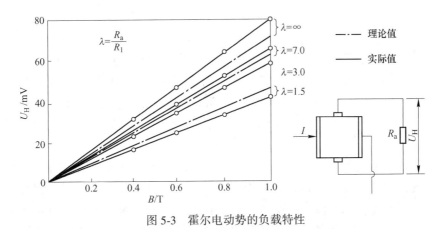

图 5-3　霍尔电动势的负载特性

5.1.2.4 温度特性

一般讲，温度对半导体的各种特性均有很大影响，霍尔元件也不例外。霍尔元件的温

度特性是指霍尔电动势或灵敏度的温度特性，以及输入阻抗和输出阻抗的温度特性。它们
可归结为霍尔系数和电阻率（或电导率）与温度的关系。

在使用霍尔元件时，总希望它受温度影响小。图 5-4（a）表示 InAs、InSb 两种材料
的霍尔系数与温度间的变化关系，图 5-4（b）表示 InAs、InSb 的电阻率与温度间的关系。

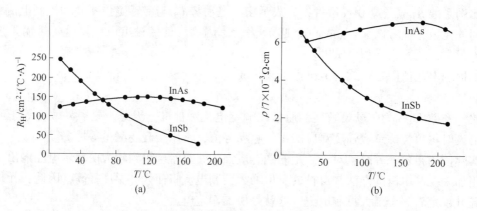

图 5-4 霍尔材料的温度特征

（a）R_H 与温度的关系；（b）ρ 与温度的关系

5.1.2.5 工作温度范围

U_H 的表达式中含有电子浓度，当元件温度过高或过低时，U_H 将大幅度变大或变小，
使元件不能正常工作。锑化铟的正常工作温度范围为 0 ~ +40℃，锗为 -40 ~ +75℃，硅为
-60 ~ +150℃。

5.1.2.6 频率特性

元件的频率特性可分为两种情况：一种是磁场恒定，而通过传感器的电流是交变的；
另一种是磁场交变。

第一种情况下，元件的频率特性很好，到 10kHz 时交流输出还同直流情况一样，其
输出不受频率的影响。

第二种情况下，霍尔电动势不仅与频率有关，还与元件的电导率、周围介质的磁导率
及磁路参数（特别是气隙宽度）等有关。这是由于在交变磁场作用下，元件与导体都会
在其内部产生涡流。图 5-5 所示为涡流的分布情况。由于元件电流极的短路作用，涡流可
分解成上、下两部分，即大小相等而方向相反的电流流动，该涡流的频率与外加磁场频率
相同，相移为 π/2。

涡流的存在会影响霍尔输出，这是因为：一方面涡流本身可感应出附加磁场（其频
率与原磁场的相同，但相移为 π/2）作用于元件上，该磁场与控制电流作用产生一个附加
的霍尔电动势（与原霍尔电动势同频，但相移 π/2）；另一方面，如果元件被置于具有狭
气隙的导磁材料中，由本身控制电流引起的感应磁场，也要对涡流产生霍尔作用（见图
5-6），使涡流上、下两部分的霍尔效应互相增强，结果也产生一附加霍尔电动势（其频率
与原磁场相同，并叠加到总霍尔电动势上）。由于上述电、磁相互作用，必然使总的霍尔
电动势增加。

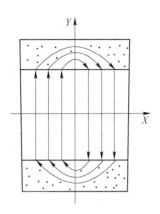

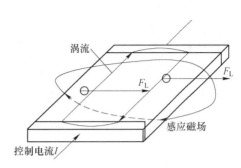

图 5-5 交变磁场作用下霍尔
元件的涡流分布

图 5-6 控制电流周围磁场
引起的霍尔效应

需要指出的是，涡流磁效应的电流与磁场频率成正比，当磁场频率变化不大时（0~10kHz），涡流不大，故可以不考虑附加霍尔电动势的作用；但是当磁场频率增加到数百千赫时，情况就不同了。

5.1.2.7 不等位电势 U_0

霍尔元件在额定控制电流下，无外磁场时，两个霍尔电极之间的开路电势差称为不等位电势 U_0。一般来说，在 $B=0$ 时，应有 $U_H=0$，但是在工艺制备上，使两个霍尔电极的位置精确对准很难，以致在 $B=0$ 时，这两个电极并不在同一等电位面上，从而出现电位差 U_0。显然，这并不是磁场产生的霍尔电动势。在 $B \neq 0$ 时，U_0 将叠加在 U_H 上，使 U_H 的示值出现误差。因此，要求 U_0 越小越好，一般要求 $U_0 < 1\text{mV}$。

在直流控制电流的情况下，不等位电势的大小和极性与控制电流的大小和方向有关。在交流控制电流的情况下，不等位电势的大小和相位随着交流控制电流变化。另外，不等位电势与控制电流之间并非线性关系，而且它还随温度而变化，故使用四端霍尔元件进行高精度检测时，需要进行补偿。

5.1.3 霍尔磁敏传感器（霍尔元件）

5.1.3.1 霍尔磁敏传感器的符号与基本电路

霍尔元件的结构简单，由霍尔片、引线和壳体组成。霍尔片是一块矩形半导体薄片，两个端面上焊上两根控制电流端线（电流极），在元件短边的中间以点的形式焊上两根霍尔输出端引线（霍尔电极），在焊接处要求接触电阻小，而且半导体具有纯电阻性质。霍尔片一般用非磁性金属、陶瓷或环氧树脂封装。图 5-7 为霍尔元件的外形，图 5-8 为霍尔元件符号。

若霍尔端子间连接负载，则称这个负载为霍尔

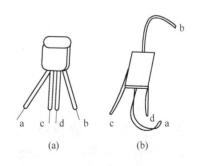

图 5-7 霍尔元件的外形
（a）外形 1；（b）外形 2

负载电阻或霍尔负载。霍尔端子间的电阻称为输出电阻或霍尔侧内部电阻，与此相反，电流电极间的电阻称为输入电阻或控制内阻。

为叙述方便起见，习惯上采用下列名称和符号：控制电流 I，霍尔电动势 U_H，控制电压 U，输出电阻 R_2，输入电阻 R_1，霍尔负载电阻 R_3，霍尔电流 I_H。

霍尔元件的基本电路如图 5-9 所示。图中控制电流 I 由电源 E 供给，RP 为调节电位器，保证元件内所需控制电流 I。霍尔输出端接负载 R_3，R_3 可以是一般电阻或是放大器的输入电阻或表头内阻等。磁感应强度 B 垂直通过元件，在磁场与控制电流作用下，由负载 R_3 上获得电压。因此常使用霍尔元件检测磁场的参量或检测流过霍尔元件的电流。

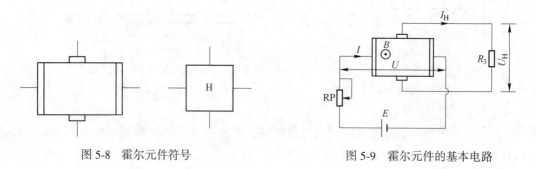

图 5-8　霍尔元件符号　　　　　　　　图 5-9　霍尔元件的基本电路

5.1.3.2　霍尔线性集成传感器

霍尔线性集成传感器的输出电压与外加磁场成线性比例关系。这类传感器一般由霍尔元件和放大器组成，当外加磁场时，霍尔元件产生与磁场成线性比例变化的霍尔电压，经放大器放大后输出。在实际电路设计中，为了提高传感器的性能，往往在电路中设置稳压、电流放大输出级、失调调整和线性度调整等电路。霍尔线性集成传感器有单端输出和双端输出两种，图 5-10 所示是单端输出传感器的电路结构框图。

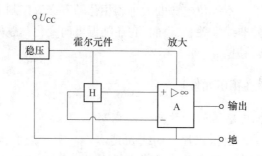

图 5-10　单端输出传感器的电路结构框图

单端输出的霍尔线性集成传感器是一个三端器件，它的输出电压对外加磁场的微小变化能作出线性响应，通常将输出电压连接到外接放大器，将输出电压放大到较高的电平。图 5-11 是单端输出的霍尔线性集成传感器输出特性曲线示意图。从图中可见，输出电压随磁感应强度的变化而变化，在一定的范围内呈线性关系，即

$$U_H = K_B B \tag{5-16}$$

式中，K_B 为磁场灵敏度，V/T，等效于式（5-10）的 $K_H I$。

其典型产品是 SL3500 系列，具有如下特点：（1）输出与磁感应强度呈线性关系，线性度好；（2）功耗低；（3）灵敏度高；（4）输出电阻小；（5）温度性能好。

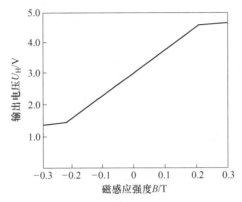

图 5-11　线性霍尔传感器的输出特性曲线

它是由霍尔元件、差分放大器、输出级等组成的集成电路，采用射极输出或差分输形式。输入为线性变化的磁感应强度，得到与磁感应强度呈线性关系的输出电压。这种传感器可用于磁场测量、非接触测距、测速调速、黑色金属检测、缺口传感、无刷直流电动机及远传仪表等。主要技术参数见表 5-1。

表 5-1　SL 系列霍尔线性集成传感器的主要技术参数

型号	U_{CC}/V	线性范围	工作温度/℃	灵敏度 K_B/mV·mT^{-1}			静态输出电压 U_H/V		
				min	typ	max	min	typ	max
CS3501	8~12	+/−100	−20~+85	3.5	7.0	—	2.5	3.6	5.0
CS3503	4.5~6	+/−80	−20~+85	7.5	13.5	30.0	2.25	2.5	2.75

5.1.3.3　霍尔开关集成传感器

霍尔开关集成传感器是利用霍尔效应与集成电路技术结合而制成的一种磁敏传感器。它能感知与磁信息有关的物理量，并以开关信号形式输出。霍尔开关集成传感器具有使用寿命长、无触点磨损、无火花干扰、无转换抖动、工作频率高、温度特性好、能适应恶劣环境等优点。

A　结构及工作原理

霍尔开关集成传感器是以硅为材料，利用硅平面工艺制造的。硅材料制作霍尔元件是不够理想的，但霍尔开关集成传感器由于 N 型硅的外延层材料很薄，可以提高霍尔电压 U_H。如果应用硅平面工艺技术将差分放大器、施密特触发器及霍尔元件集成在一起，可以大大提高传感器的灵敏度。

图 5-12 是霍尔开关集成传感器的内部结构框图。它主要由稳压电路、霍尔元件、放大器、整形电路、开路输出五部分组成。稳压电路可使传感器在较宽的电源电压范围内工作，开路输出可使传感器方便地与各种逻辑电路接口。

霍尔开关集成传感器的原理及工作过程可简述如下：当有磁场作用在传感器上时，根

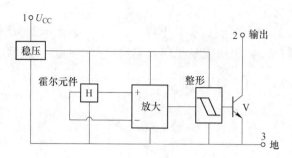

图 5-12   霍尔开关集成传感器内部结构框图

据霍尔效应原理，霍尔元件输出霍尔电压 U_H，该电压经放大器放大后，送至施密特整形电路。当放大后的 U_H 电压大于"开启"阈值时，施密特整形电路翻转，输出高电平，使晶体管 V 导通，且具有吸收电流的负载能力，这种状态称为开状态。当磁场减弱时，霍尔元件输出的 U_H 电压很小，经放大器放大后其值也小于施密特整形电路的"关闭"阈值，施密特整形器再次翻转，输出低电平，使晶体管 V 截止，这种状态称为关状态。这样，一次磁感应强度的变化，就使传感器完成了一次开关动作。图 5-13 是霍尔开关集成传感器的外形及典型应用电路。

    B   工作特性曲线

    霍尔开关集成传感器的工作特性曲线如图 5-14 所示。从工作特性曲线上可以看出，工作特性有一定的磁滞 B_H，这对开关动作的可靠性非常有利。图中的 B_{OP} 为工作点"开"的磁感应强度，B_{RP} 为释放点"关"的磁感应强度。

    霍尔开关集成传感器的工作特性曲线反映了外加磁场与传感器输出电平的关系。当外加磁感应强度高于 B_{OP} 时，输出电平由高变低，传感器处于开状态。当外加磁感应强度低于 B_{RP} 时，输出电平由低变高，传感器处于关状态。

    UGN-3075 霍尔开关集成传感器是一种双稳态型传感器，又称为锁键型传感器。它的工作特性曲线如图 5-14 所示。当外加磁感应强度超过工作点时，其输出为导通状态。而在磁场撤消后，输出仍保持不变，必须施加反向磁场并使之超过释放点，才能使其关断。

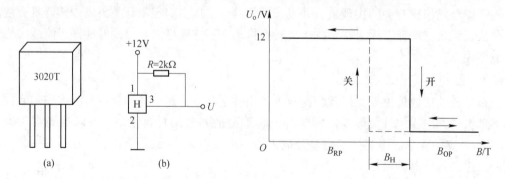

图 5-13   霍尔开关集成传感器的外形及应用电路   图 5-14   霍尔开关集成传感器的工作特性曲线
（a）外形；（b）应用电路

表 5-2 列出了一些霍尔开关集成传感器的技术参数。

表 5-2 部分霍尔开关集成传感器的技术参数

型号	工作电压	磁感应强度	输出截止电压	输出导通电流	工作温度	贮存温度	工作点
	U_{CC}/V	B/T	U_o/V	I_{ol}/mA	$T_a/℃$	$T_s/℃$	B_{OP}/T
UGN-3020	4.5~25	不限	≤25	≤25	0~70	-60~150	0.022~0.035
UGN-3030	4.5~25	不限	≤25	≤25	-20~85	-60~150	0.016~0.025
UGN-3075	4.5~25	不限	≤25	≤50	-20~85	-60~150	0.002~0.025

型号	释放点	磁滞	输出低电平	输出漏电流	电源电流	上升时间	下降时间
	B_{RP}/T	B_H/T	U_{ol}/mV	$I_{oh}/\mu A$	I_{oc}/mA	t_r/ns	t_f/ns
UGN-3020	0.005~0.0165	0.002~0.0055	<0.04	<2.0	5~9	15	100
UGN-3030	-0.025~-0.011	0.002~0.005	<0.04	<1.0	2.5~5	100	500
UGN-3075	-0.025~-0.005	0.01~0.02	<0.04	<1.0	3~7	100	200

5.1.4 霍尔传感器的应用

5.1.4.1 霍尔线性集成传感器的应用

利用霍尔电动势与外加磁通密度成比例的特性，可借助于固定元件的控制电流，对磁场参量以及其他可转换成磁场参量的电量、机械量和非电量等进行测量和控制。应用这类特性制作的器具有磁通计、位移计、电流计、磁读头、速度计、振动计、罗盘等。利用霍尔磁敏传感器制作的仪器具有体积小，结构简单，坚固耐用、无可动部件，无磨损，无摩擦热、噪声小、装置性能稳定、寿命长、可靠性高，频率范围宽，从直流到微波范围均可应用、霍尔元件载流子惯性小，装置动态特性好等许多优点。

A　弱磁场计

弱磁场计是可以测量磁感应强度大小和方向的仪器。如图 5-15 所示，霍尔磁敏传感器放在待测磁场中，元件的控制电流由电池 E 供给，调节电位器 RP 来电流保持不变，这时的霍尔输出就反映了磁场的大小。霍尔输出用电流表或电位差计指示。控制电流使用直流或交流电源。用交流时，对于恒定磁场的霍尔输出亦为交流，便于放大，同时温差电动势的影响亦可略去不计。

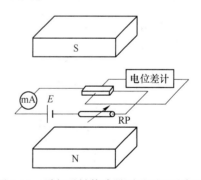

图 5-15　霍尔磁敏传感器测磁原理示意图

假如磁场方向未知，用霍尔元件测量也很方便。若霍尔元件平面的垂线与磁场的方向线成 φ 角斜交，则元件的霍尔电动势应为

$$U_H = K_H I B \cos\varphi \qquad (5-17)$$

对于一定的控制电流，若旋转元件的平面可使霍尔输出达到最大值；与此同时，把磁通密度值测定出来，即可按式（5-17）求得 φ 值。

对于地磁场这样的微弱磁场的测量，在上述原理的基础上，还必须采用高磁导率的集束器以增强磁场。

集束器就是两根同轴放置的细长圆柱体磁棒，它是用坡莫合金等一类高磁导率的材料制成，能起到聚集磁力线的作用。

168

图 5-16 为磁通集束器的原理图，图中 L_i 为集束器的总长度，L_a 为集束器中部的空隙距离，霍尔元件就插入其中。磁隙中的磁通密度 B_a 比外部磁通密度 B_0 约增强 L_i/L_a 倍。有趣的是霍尔元件与磁通集束器两者在磁场中都有明显的方向性，它们的磁方向图形准确相似。

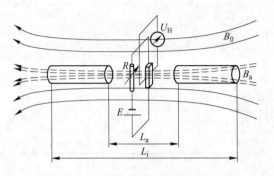

图 5-16　磁通集束器的原理图

图 5-17 为均匀磁场中使用磁通集束器（实线）和不使用磁通集束器（用虚线表示）时的磁方向图。这无疑给元件的设计和测量带来方便。对于无限场时，方向图是两个相切的球面，并且不受增益、几何关系或靠近霍尔元件的任何磁场干扰的影响。φ 为集束器轴线同被测磁场方向的夹角。显然，当 $\varphi = 0$ 时，所测量到的 U_H 最大；当 $\varphi = \pi/2$ 时，$U_H = 0$。

B　位移测量

霍尔传感器在位置检测和位移测量中也有广泛的应用。霍尔传感器在位移测量中，需要构造一个梯度均匀的磁场，使霍尔传感器的输出电压与位移成正比。图 5-18 为人为构造的磁场与位移的关系示意图，图中磁感应强度 B 在一定的范围内与位置成正比。

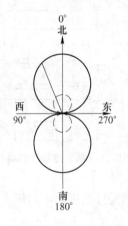
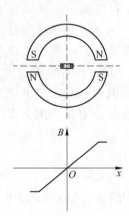

图 5-17　磁方向图　　　　　图 5-18　人为构造的磁场与位移的关系图

若保持霍尔传感器的控制电流（或控制电压）恒定不变，设 K' 为沿 x 方向构造磁场的变化率，单位为 T/m。由图 5-18 可知：

$$B = K'x \tag{5-18}$$

将式（5-18）代入式（5-10）得

$$U_H = K_H IB = K_H IK'x = Kx \tag{5-19}$$

式中，K 为霍尔传感器的位移灵敏度。

对于霍尔线性集成传感器，有

$$U_H = K_B B = K_B K'x = Kx \tag{5-20}$$

式（5-19）、式（5-20）说明，霍尔电动势 U_H 与位移量 x 呈线性关系，理想情况下，霍尔电动势的大小变化反映了霍尔传感器在磁场中的位置和移动方向。磁场梯度越大，灵敏度越高；磁场越均匀，输出线性越好。

利用构造磁场的方法，采用线性输出的霍尔传感器可以测量其他能转换成位移量的非电量，如质量、力、压力、振动、速度等。其特点是响应速度快，非接触测量。

5.1.4.2 霍尔开关集成传感器的应用

霍尔开关集成传感器的输出为开关信号，只有两种状态即高电平和低电平，所以经常应用在以下一些领域：转速、里程测定，位置及角度的检测，机械设备的限位开关，按钮开关，点火系统，保安系统等。

在使用霍尔开关集成传感器时，也需要构造一个磁场或者与磁铁配合使用。给传感器施加磁场的方式经常使用以下几种：（1）加磁力集中器的移动激励方式；（2）推拉式；（3）双磁铁滑近式；（4）翼片遮挡式；（5）偏磁式等。

下面结合图 5-19 介绍霍尔开关集成传感器在转速检测中的应用。

首先需要构造一个磁场，在与转动轴连接的圆盘上固定一个或多个磁钢，本例中设置了 8 个磁钢。磁钢的数量应根据检测精度要求设置。固定磁钢时需注意磁钢的极性应该一致。其次，将霍尔传感器固定在圆盘上方的支架上，靠近磁钢。霍尔传感器的典型电路图见图 5-13（b）。

当带有磁钢的圆盘随被测转动轴转动时，霍尔传感器的输出信号 U_0 将周期变化，如图 5-20 所示，通过对 U_0 进行测频即可得到圆盘的转速。

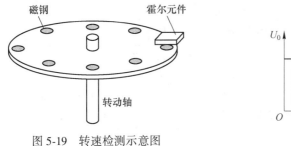

图 5-19 转速检测示意图　　　　　图 5-20 U_0 输出信号波形

5.2 磁阻传感器

磁阻传感器是一种电阻随磁场变化而变化的磁敏元件，也称 MR 元件。它是根据磁性材料的磁阻效应制成的。

5.2.1 磁阻效应

若给通以电流的金属或半导体材料的薄片加以与电流垂直的外磁场，则其电阻值就增加。这种现象称为磁致电阻变化效应，简称为磁阻效应。

5.2.1.1 几何磁阻效应

在磁场中，电流的流动路径会因磁场的作用而加长，使得材料的电阻率增加。若某种金属或半导体材料的两种载流子（电子和空穴）的迁移率十分悬殊，则主要由迁移率较大的一种载流子引起电阻率变化，它可表示为

$$\frac{\rho - \rho_0}{\rho_0} = \frac{\Delta\rho}{\rho_0} = 0.275\mu^2 B^2 \tag{5-21}$$

式中，B 为磁感应强度；ρ 为材料在磁感应强度为 B 时的电阻率；ρ_0 为材料在磁感应强度为 0 时的电阻率；μ 为载流子的迁移率。

当材料中仅存在一种载流子时，磁阻效应几乎可以忽略，此时霍尔效应更为强烈。若在电子和空穴都存在的材料（如 InSb）中，磁阻效应很强。

磁阻效应还与材料的形状、尺寸密切相关。这种与材料形状、尺寸有关的磁阻效应称为几何磁阻效应。

长方形磁阻器件只有在 L（长度）$<W$（宽度）的条件下，才表现出较高的灵敏度。把 $L<W$ 的扁平元件串联起来，就会形成零磁场电阻值较大、灵敏度较高的磁阻元件。

图 5-21（a）是没有栅格的情况，电流只在电极附近偏转，电阻增加很小。

在 $L>W$ 长方形磁阻材料上面制作许多平行等间距的金属条（即短路栅格），以短路霍尔电动势，这种栅格磁阻元件（见图 5-21（b））就相当于许多扁条状磁阻串联。所以，栅格磁阻元件既增加了零磁场电阻值，又提高了磁阻元件的灵敏度。

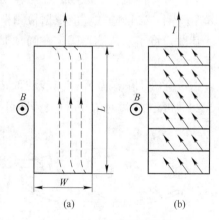

5.2.1.2 各向异性磁阻效应

各向异性磁阻（AMR）效应是指铁磁金属或合金中，磁场平行电流和垂直电流方向电阻率发生变化的效应。

各向异性磁阻传感器的基本单元是用一种长而薄的坡莫（Ni-Fe）合金用半导体工艺沉积在硅衬底上制成的，沉积时薄膜以条带的形式排布，形成一个平面的线阵以增加磁阻的感应磁场的面积。外

图 5-21　几何磁阻效应

（a）无格；（b）有格

加磁场使得磁阻内部的磁场指向发生变化，进而与电流的夹角 θ 发生变化，就表现为磁阻电阻各向异性的变化，其服从：

$$R(\theta) = R_\perp \sin^2\theta + R_{/\!/} \cos^2\theta \tag{5-22}$$

式中，$R_\perp$ 为电流方向与磁化方向垂直时的电阻值；$R_{/\!/}$ 为电流方向与磁化方向平行时的电阻值。

磁阻灵敏度随磁场与电流夹角变化的关系曲线如图 5-22 所示，当电流方向与磁化方

向平行时，传感器灵敏度最高。而一般磁阻都工作在图中 45°线性区附近，这样可以实现输出的线性特性。

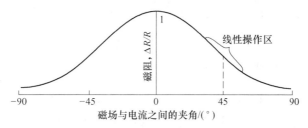

图 5-22　磁阻灵敏度随磁场与电流夹角变化的关系曲线

5.2.1.3 巨磁阻效应

巨磁阻（GMR）效应是指磁性材料的电阻率在有外磁场作用时较之无外磁场作用时存在巨大变化的现象，在 1988 年由法国科学家阿尔贝·费尔和德国科学家彼得·格林贝格尔分别独立发现的。巨磁阻效应是由于金属多层膜中电子自旋相关散射造成的，来自载流电子的不同自旋状态与磁场的作用不同，因而导致电阻值的变化。这种效应只有在纳米尺度的薄膜结构中才能观测出来。

巨磁阻效应产生机理如图 5-23 所示。在多层膜 $(Fe/Cr)_N$ 中，在不加外磁场（$H=0$）情况下，两个相邻铁磁层会产生反铁磁耦合，即一层中原子磁矩基本沿同一方向排列，而相邻层原子的磁矩反平行排列，如图 5-23（a）所示。两种电子所受到的总电阻 $R_a = (R + R_0)/2$，R 是自旋取向电子在受到相同方向磁矩散射时的电阻总和，R_0 是受到反方向磁矩散射时的电阻总和。当加入外磁场 H 后，与外磁场反向的磁矩将趋向外磁场方向，当外磁场达到一定值时，所有铁磁层中的磁矩方向变得基本一致，如图 5-23（b）所示。则自旋方向与磁矩方向相同的电子受到的电阻很小（为 $2R_0$），反之电阻很大（为 $2R$），并联后的总电阻为 $R_a' = 2RR_0/(R + R_0)$，此时的总电阻比 $H=0$ 时小得多，于是在外磁场作用下，产生了巨磁阻效应。相对于各向异性磁阻，巨磁电阻的阻值特别大。一般材料的磁阻变化通常小于 1%，而巨磁电阻则可达到百分之几十，甚至高出一到两个数量级，导致磁阻变化因素的微小变化，即可使材料的电阻值产生大的改变，从而能够探测到微弱的磁场信息。

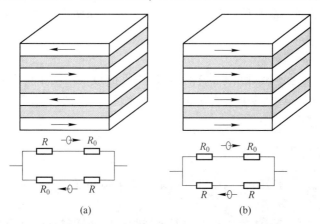

图 5-23　多层膜结构及巨磁阻效应产生机理

（a）无外磁场；（b）有外磁场

巨磁阻传感器芯片是利用具有巨磁阻效应的磁性纳米金属多层薄膜材料通过半导体集成工艺制成的一种集成芯片,因此可以将传感器芯片的体积做得很小。巨磁阻传感器芯片将四个巨磁电阻构成惠斯通电桥结构,该结构可以减少外界环境对传感器输出稳定性的影响,增加传感器灵敏度。

5.2.2　磁阻元件的主要特性

5.2.2.1　磁场-电阻特性

图 5-24 是半导体磁阻元件的磁场-电阻特性曲线。由图 5-24(a)可以看出,磁阻元件的电阻值与磁场的极性无关,它只随磁感应强度的增加而增加。图 5-24(b)为图 5-24(a)中曲线的 N 极方向的电阻变化率特性。从图中可以看出,在 0.1T 以下的弱磁场中,曲线成二次方特性,而超过 0.1T 后呈现线性。

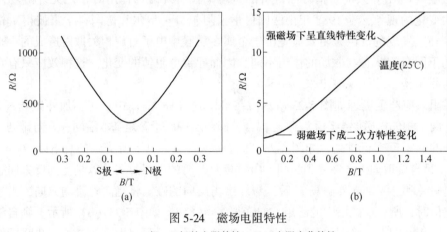

图 5-24　磁场电阻特性
(a)S 极、N 极的电阻特性;(b)电阻变化特性

5.2.2.2　灵敏度特性

磁阻元件的灵敏度特性是用在一定磁感应强度下的电阻变化率来表示的,即磁场-电阻特性的斜率,常用 K 表示,单位为 mV/mA · 0.1T,即 Ω · 0.1T。在运算时常用 R_b/R_0 来求 K,R_0 表示无磁场情况下磁阻元件的电阻值,R_b 为在施加 0.3T 磁感应强度时磁阻元件表现出来的电阻值。

5.2.2.3　电阻温度特性

图 5-25 是一般半导体磁阻元件的电阻-温度特性曲线。从图中可以看出,半导体磁阻元件的温度特性不好。图中的电阻值在 35℃ 的变化范围内减小了 1/2。因此,在应用时一般都要设计温度补偿电路。

5.2.3　磁阻传感器的应用

利用磁阻元件做成的磁阻传感器可以用来作为电流传感器、磁敏接近开关、角速度/角位移传感器、磁场传感器等。

常用的磁阻元件在半导体集成器件内部已经制作成半桥或全桥以及有单轴、双轴、三轴等多种形式。

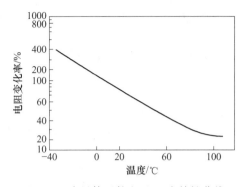

图 5-25　半导体元件电阻-温度特性曲线

5.2.3.1　各向异性磁阻传感器的应用

霍尼韦尔（Honeywell）公司的 HMC 系列磁阻传感器就在其内部集成了由 AMR 磁阻元件构成的惠斯顿电桥以及磁置位/复位等部件，图 5-26 是 HMC1001 单轴磁阻传感器的引脚和内部结构示意图。

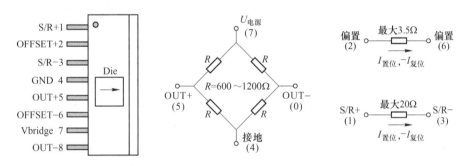

图 5-26　HMC1001 单轴磁阻传感器的引脚和内部结构示意图

磁阻传感器具有如下优点：

（1）灵敏度高，使传感器可距被测铁磁物体一段较长的距离。

（2）内阻小，使其对电磁噪声和干扰不敏感。

（3）尺寸小，对被测磁场影响小。

（4）由于是固态器件，无转动部件使它具有高的可靠性。

磁阻传感器经常用于检测磁场的存在、测量磁场的大小、确定磁场的方向或测定磁场的大小或方向是否有改变，可根据物体的磁性信号的特征支持对物体的识别，这些特性可用于如武器等的安全系统或收费公路上车辆的检测。它特别适用于货币鉴别、跟踪系统（如在虚拟现实设备和固态电子定向罗盘中），也可用于检测静止的或如汽车、卡车或火车等运动的铁磁物体门或闩锁的关闭，如飞机货舱门及旋转运动物体的部位等。

图 5-27 中的电路是磁阻传感器 HMC1001 的简单应用。该电路起到接近传感器的作用，并在距传感器 5~10mm 范围内放置磁铁时，点亮 LED。放大器起到一个简单比较器的作用，它在 HMC1001 传感器的电路输出超过 30mV 时切换到低位。磁铁必须具有强的磁场强度（0.02T），其中的一个磁极指向应顺着传感器的敏感方向。该电路可用来检测门开/门关的情况或检测有无铁磁性物体存在的情况。

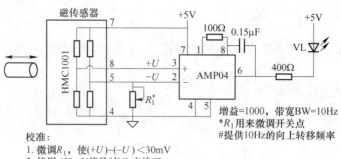

校准：
1. 微调 R_1，使 $(+U)-(-U)<30\mathrm{mV}$
2. 使用 $<30\mathrm{mV}$ 信号时 VL 应熄灭
3. 使用 $>30\mathrm{mV}$ 信号时 VL 应点亮

图 5-27　磁接近开关

5.2.3.2　巨磁阻传感器的应用

巨磁阻传感器具有集成度高、体积小、灵敏度高、抗干扰能力强、对工作环境要求不高等优点，目前已在电流互感器、汽车电子的转速测量、地磁场检测、金属材料无损检测以及电子罗盘中得到广泛应用。

电力系统的电能输送过程中，电力主管部门需要对电力线的电流、电压、频率和相位等参数进行实时测量。尤其现在的智能输电时代，实时准确测量以上参数，保证电力网络的安全运行和故障的实时监测、及时有效处理，对于继电保护和电力网的智能化发展意义重大。在该领域巨磁阻传感器以其灵敏度高、测量范围大、恶劣条件下具有较高的工作可靠性、相比传统的线圈式电流互感器体积小等优点，广泛应用于电流参数的测量。

图 5-28 为巨磁阻传感器制成的电流互感器结构示意图，聚磁环用于传导输电线中电流产生的磁场，巨磁阻传感器测量聚磁环缺口处的漏磁场，计算得到输电线中的电流。该电流互感器为非接触式测量方式，具有体积小、稳定性高、重量轻、安装方便等优点。

图 5-28　巨磁阻传感器制成的电流互感器结构示意图

5.3　SQUID 磁传感器

超导量子干涉器（superconducting quantum interference device，SQUID）磁传感器是 20世纪 60 年代中期发展起来的一种新型的灵敏度极高的磁传感器。它是以约瑟夫逊

（Jo-sePhson）效应为理论基础，用超导材料制成的在超导状态下检测外磁场变化的一种新型磁测装置。

SQUID 磁传感器灵敏度极高，可达 10^{-15} T 量级。它测量范围宽，可从零场测量到数千特斯拉；其响应频率可从零响应到几千兆赫。这些特性均是其他磁传感器所望尘莫及的。

由 SQUID 磁传感器制成的磁测设备，应用极为广泛。在研究深部地球物理时，用带有 SQUID 磁传感器的大地电磁测深仪进行大地电磁测深，效果甚好。SQUID 在地磁考古、测井、重力勘探及预报天然地震中，也具有重要作用。

在生物医学方面，应用 SQUID 磁测仪器可测量心磁图、脑磁图等，从而出现了神经磁学、脑磁学等新兴学科，为医学研究开辟了新的领域。

在固体物理、生物物理、宇宙空间的研究中，SQUID 可用来测量极微弱的磁场，如美国国家航空宇航局用 SQUID 磁测仪器测量了阿波罗飞行器带回的月球样品的磁矩。此外，QUID 技术还可用于制作电流计、基准电压、计算机中存储器、通信电缆等；在超导电动机、超导输电、超导磁流体发电、超导磁悬浮列车等方面均有应用。

SQUID 磁测仪器要求在低温条件下工作，需要昂贵的液氦和制冷设备，这给 SQUID 磁测技术的广泛应用带来了许多困难。20 世纪 80 年代末，在研究高温超导材料热潮的推动下，出现了钡钇铜氧等高温超导材料，使超导临界温度有了突破性的提高，使 SQUID 磁传感器在比较容易获得的液氮中即可正常工作。可以预计，SQUID 超导技术将会在许多领域中得到更广泛的应用。

5.3.1　SQUID 磁传感器的物理基础

从固体物理学中可知，某些物质（如锡、铅等 27 种元素）和许多合金（如铌、钛等），在温度降到一定数值以下时，它们的电阻率不是按一定规律均匀地减小而趋近于零，而是骤降到零，如图 5-29（b）所示。在某一温度 T_c 以下电阻率突然消失的现象叫作超导电性，具有超导电性的物体叫作超导体。

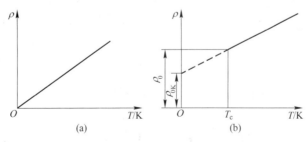

图 5-29　电阻率随温度变化曲线
（a）正常导体；（b）超导体

超导体从具有一定电阻值的正常态转变为电阻值突然为零时所对应的温度，称作临界温度（T_c），其值一般为 3.4~18K。

近几年出现的钡钇铜氧等高温超导材料，临界温度 T_c 高达 100K 以上。

现代物理学家研究发现，在超导体中，自由电子之间存在着微弱的吸引力。在超低温条件下，其能量超过无规则的热运动。自旋相反、动量矩相反的两个电子，在特殊吸引力作用下，形成束缚电子对（即所谓库伯对）。电子对在超导体中，运动不受阻碍，由它产生超导现象，决定了超导体的性质。研究表明，每一电子对的两个电子相互间的距离较大，在它所占的空间范围内又同时重叠着 $n×10^7$ 个超导电子对，如此巨大数量的超导电子对重叠在一起，彼此相互关联。如果要改变一个电子对的状态，必然要影响到其他电子对的状态。它们是集体动作的，故可产生"超导现象"，使超导体具有"理想导电性""完全逆磁性"和"磁通量子化"特性。

所谓理想导电性，亦称零电阻特性，其形成过程如图 5-30 所示。若将一超导环置于外磁场中，然后使其降温至临界温度以下，再撤掉外加磁场，此时发现超导环内有一感应电流 I，如图 5-30（c）所示。由图中可以看出，由于处于超低温的超导状态，超导环内无电阻消耗能量，此电流将永远维持下去，经观察数年后，未发现电流有什么变化。这种电流是由超导电子对集体移动形成的。由于超导环只能承载一定大小的电流（只在临界电流以下），故超导环内有电流而无电压（因无电阻），可维持正常工作。

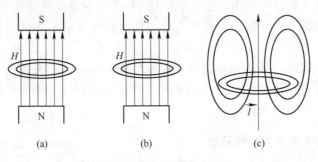

图 5-30　理想导电性实验

（a）$T>T_c$，$H≠0$；（b）$T<T_c$，$H≠0$；（c）$T<T_c$，$H=0$

完全逆磁性，亦称迈斯纳（Meissner）效应，或排磁效应，其形成过程如图 5-31 所示。由图 5-31 可以看出，超导体不管在有无外磁场存在情况下，一旦进入超导状态，其内部磁场均为零。就是说磁场不能进入超导体内部而具有排磁性，亦称为迈斯纳效应。

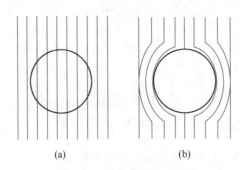

图 5-31　迈斯纳效应示意图

（a）正常态时，超导体内部磁场分布；（b）在超导态时，超导体内部磁场分布

根据迈斯纳效应，把磁体放在超导盘上方，或在超导环上方放一超导球（见图 5-32）

时，由图 5-32（a）可知，超导盘和磁铁之间有排斥力，能把磁铁浮在超导盘的上面；图 5-32（b）中由于超导球有磁屏蔽作用，结果可使超导球悬浮起来。这种现象便称为磁悬浮现象。超导悬浮列车、超导重力仪、超导陀螺仪等都是根据磁悬浮现象的原理制作成的。

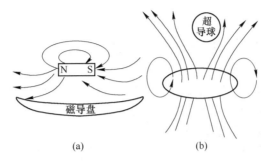

图 5-32 磁悬浮现象示意图

假定有一中空圆筒形超导体（见图 5-33），并按下列步骤进行：（1）在常态（$T > T_c$）时，让磁场 H 穿过圆筒的中空部分；（2）在超导状态（$T < T_c$）时，筒的中空部分有磁场；（3）在超导状态（$T < T_c$），撤掉磁场 H，圆筒的中空部分仍有磁场，并使磁场保持不变。这种现象称为冻结磁通现象。

超导圆筒在超导态时，中空部分的磁通量是量子化的，并且只能取 $\varphi_0 = \dfrac{h}{2e} = 2 \times 10^{-7} G \cdot cm^2$ 的整数倍，而不能取任何别的值。式中 h 为普朗克常数；e 为电子电荷；φ_0 称为磁通量量子，作为磁通量自然单位。$\varphi = (n + 1)\varphi_0$ 表示中空部分通过的总磁通量。

图 5-34 所示为超导结示意图。它是两块超导体中间隔着一厚度仅 1~3nm 的绝缘介质层而形成的"超导体—绝缘层—超导体"的结构，通常称这种结构为超导弱连结，也称约瑟夫逊结。中间的薄层区域称为结区。这种超导隧道结具有特殊而有用的性质。

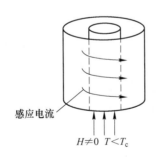

图 5-33 冻结磁通示意图

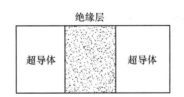

图 5-34 超导结示意图

超导电子能通过绝缘介质层，表现为电流能够无阻挡地流过，这表明夹在两超导体之间的绝缘层很薄且具有超导性。在介质层两端没有电压，绝缘介质层能够承受的超导电流一般是几十微安到几十毫安，超过了就会出现电压，烧坏隧道结。约瑟夫逊结能够通过很小超导电流的现象，称为超导隧道结的约瑟夫逊效应，也称直流约瑟夫逊效应。

直流约瑟夫逊效应表明，超导隧道结的介质层具有超导体的一些性质，但不能认为它是临界电流很小的超导体，它还有一般超导体所没有的性质。

实验证明，当结区两端加上直流电压时，结区会出现高频的正弦电流，其频率正比于所加的直流电压 U，即

$$f = KU \qquad (5-23)$$

式中，$K = \dfrac{2e}{h} = 483.6 \times 10^{6}\,\mathrm{Hz/\mu V}$。

根据电动力学理论可知，高频电流会从结区向外辐射电磁波。通过实验，已观测到这种电磁波。正如一根天线一样也能接收电磁波，同样，结区在直流电压的作用下，也能吸收相应频率的外来电磁波。吸收电磁波后所产生的物理效果亦已被实验观测到。

综合上述分析可归结为：弱连结在直流电压作用下可产生交变电流，从而辐射和吸收电磁波。这种特性称为交流约瑟夫逊效应。

显然，约瑟夫逊的直流效应受着磁场的影响。而临界电流 I_c 对磁场亦很敏感，即随着磁场的加大临界电流 I_c 逐渐变小，如图 5-35 所示。图 5-35 是超导结的典型 I_c-H 关系曲线，临界电流 I_c 随外磁场 H 的逐渐加大而周期地起伏变小。没有磁场时，超导结的临界电流 I_c 最大，随着外磁场的增加，结的临界电流下降到零；以后又随磁场 H 增大，临界电流又恢复到极大值（小于 $H=0$ 时的 I_c 极大值）。磁场 H 再增大时，I_c 又下降到零值。如此依次下去，磁场 H 越大，I_c 起伏的次数越多，I_c 的幅值也越来越小。

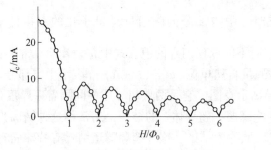

图 5-35　超导结的 I_c-H 曲线

根据量子力学理论分析，不难得到在外磁场作用下，超导结允许通过的最大超导电流 $I_{\max}$ 与 Φ 的关系式为

$$I_c(\Phi) = I_c(0) \left| \frac{\sin \dfrac{\Phi}{\Phi_0}\pi}{\dfrac{\Phi}{\Phi_0}\pi} \right| \qquad (5-24)$$

式中，Φ 为沿介质层及其两侧超导体边缘透入超导结的磁通量；Φ_0 为磁通量子；$I_c(0)$ 为没有外磁场作用时，超导结的临界电流。

式（5-24）说明，临界电流 $I_c(\Phi)$ 是透入超导结的磁通量 Φ 的周期函数，周期是磁通量量子 Φ_0。当 $\Phi = 0, \dfrac{3}{2}\Phi_0, \dfrac{5}{2}\Phi_0, \cdots, \dfrac{2n+1}{2}\Phi_0$ 时，临界电流达到的最大值一个比一个低。当 $\Phi = \Phi_0, 2\Phi_0, 3\Phi_0, \cdots, n\Phi_0$ 时，临界电流等于零。上述分析表明，临界电流随外磁场周期起伏变化，这是由于在一定磁场作用下，超导结各点的超导电流具有确定的相位，相位相反的电流互相抵消，相位相同的电流互相叠加，位相状态随着磁场的变

化而变化，如图 5-35 所示。

这种情况非常类似于光的干涉，由此可表明超导电流与相位相关，具有相干性。

通过一系列的理论分析得知，超导结临界电流随外加磁场而周期起伏变化的原理，完全可用于测量磁场中。例如图 5-34 中，若在超导结的两端接上电源，电压表无显示时，电流表所显示的电流为超导电流；电压表开始有电压显示时，则电流表所显示的电流为临界电流 I_c，此时，加入外磁场后，临界电流将有周期性的起伏，且其极大值逐渐衰减；振荡的次数 n 乘以磁通量子 Φ_0，可得到透入超导结的磁通量 $\Phi = n\Phi_0$。而磁通量 Φ 和磁场 H 成正比关系，如果能求出 Φ，磁场 H 即可求出。同理，若外磁场 H 有变化，则磁通量 Φ 亦随之变化，在此变化过程中，临界电流的振荡次数 n 乘以 Φ_0 即得到磁通量 Φ 的大小，亦即反映了外磁场变化的大小。因而，可利用超导技术测定外磁场的大小及其变化。

测量外磁场的灵敏度与测定振荡的次数 n 的精度及 Φ 的大小有关。设 n 可测准至一个周期的 1/100，则测得 Φ 最小的变化量应为 $\Phi_0/100 = 2 \times 10^{-11} \mathrm{T \cdot cm^2}$。

若假设磁场在超导结上的透入面积为 Ld（L 是超导结的宽度，一般为 0.1mm 左右；d 是磁场在介质层及其两侧超导体中透入的深度），如对 Sn-SnO-Sn 结来说，锡的穿透深度 $\lambda = 50\mathrm{nm}$，亦即 $d = 2\lambda = 100\mathrm{nm}$，于是，$Ld = 0.01 \times 1 \times 10^{-5}\mathrm{cm^2} = 1 \times 10^{-7}\mathrm{cm^2}$。这里临界电流的起伏周期是磁通量子 Φ_0，$\Phi_0 = 2 \times 10^{-11}\mathrm{T \cdot cm^2}$，对于透入面积 Ld 为 $1 \times 10^{-7}\mathrm{cm^2}$ 的锡结而言，临界电流的起伏周期是

$$\frac{\Phi_0}{L_d} = \frac{2 \times 10^{-11}\mathrm{T \cdot cm^2}}{1 \times 10^{-7}\mathrm{cm^2}} = 2 \times 10^{-4}\mathrm{T} \tag{5-25}$$

如果想办法准确测量到一个周期的 1/100，也不过只能达到 $0.02 \times 10^{-4}\mathrm{T}$ 的灵敏度。很明显，测量磁场灵敏度太低，没有实用价值，灵敏度不高的原因是磁场透入超导结的有效面积 L_d 太小，只检测了很小一部分磁通量，要使磁测灵敏度提高，必须设法扩大磁场透入超导结的有效面积。

5.3.2 SQUID 磁传感器的工作原理

由上述分析可知，外磁场对弱连结临界电流是有调制作用的。但如果只用上述方法测量外磁场，尤其对弱磁场的测量则是远远不够的。为提高测磁灵敏度，必须扩大磁场的有效作用面积。

目前使用的超导量子干涉器件（SQUID），能够用来扩大磁场的有效面积，并使测磁灵敏度高达 $10^{-15}\mathrm{T}$ 量级，使超导技术得到实际应用。

超导量子干涉器（SQUID）是指由超导弱连结和超导体组成的闭合环路。其临界电流是环路中外磁通量的周期函数，其周期则为磁通量子 Φ_0，它具有宏观干涉现象。

超导量子干涉器件有两种类型：射频超导量子干涉器（RF SQUID）和直流超导量子干涉器（DC SQUID）。

5.3.2.1 RF SQUID

RF SQUID 是含有一个弱连结的超导环，当超导环被适当大小的射频电流偏置后，会呈现一种宏观量子干涉效应，即弱连结两端的电压是通过超导环外磁通量变化的周期性函数，周期为一个 Φ_0。RF SQUID 传感器结构如图 5-36 所示。超导环工作时，需要一个谐

振电路通过互感向其提供能量，同时反映外部磁通变化的电压信号也通过该谐振电路输出。

　　超导环不发生磁通量跃迁时，不消耗能量，处于稳定状态，谐振电路不向超导环提供能量，谐振电路两端的电压幅度随着电流幅度的增大而增大。若超导环发生磁通量跃迁，谐振电路则向超导环提供其消耗的能量，此时，谐振电路两端电压幅度不随电流幅度的增大而增大，基本保持一水平状态。超导环的特性表现在谐振电路的 U_{rf}-I_{rf} 特性曲线上，如图 5-37 所示。

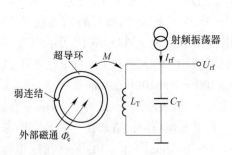

图 5-36　RF SQUID 结构示意图

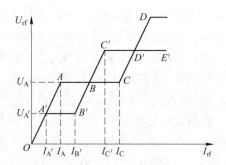

图 5-37　谐振电路的 U_{rf}-I_{rf} 特性曲线

　　设射频电流幅度 I_{rf} 从 0 开始增大，超导环内射频磁通量幅度 $\Phi_{rf} = MQI_{rf}$、射频电压幅度 $U_{rf} = Q\omega L_T I_{rf}$ 也从 0 开始增大，这时超导环中感应电流 I_s 产生的感应磁通量 $L_s I_s$ 起到抵消作用，使得总磁通量 Φ 缓慢增大，在感应电流小于超导环临界电流 I_c 之前，超导环不发生磁通量跃迁，谐振电路处于稳定状态，U_{rf} 随着 I_{rf} 线性增大，形成图 5-37 中的 OA 段。在 A 点处，I_{rf} 继续增加，超导环因发生磁通量跃迁而消耗能量，消耗的能量通过互感从谐振电路获得，此时 U_{rf} 和 I_{rf} 值发生振荡，但振荡的幅度很小，U_{rf} 基本维持为一个常数，表现在图 5-37 中的 AC 段。在 C 点处，谐振电路能量得到补充，U_{rf} 将继续上升，重复 OA 段的步骤。以此类推，U_{rf}-I_{rf} 特性曲线就会形成一个个台阶。如果 $\Phi_e = (n + 1/2)\Phi_0$，发生第一次跃迁时，所需的射频偏置电流 I_{rf} 就会减小，台阶提前出现，表现在图 5-37 中的 $OA'B'C'E'$ 段。

　　若选择一射频电流的幅值 I_{rf}，使得 I_{rf} 在 I_A 和 $I_{B'}$ 之间，则当 Φ_e 发生变化时，U_{rf} 便在 U_A 和 $U_{A'}$ 之间变化，出现一周期性变化的三角波曲线，三角波周期为一个磁通量子 Φ_0，如图 5-38 所示。RF SQUID 工作时，选择合适的射频偏置电流，将待测的外界磁场信号变化为电压信号，并以适当的方式读出该电压信号，从而计算被测磁场值。

　　U_{rf}-Φ_e 三角波振幅称为电压调制深度，表示为

$$\Delta U = U_A - U_{A'} = \frac{\omega L_T}{M} \frac{\Phi_0}{2} \tag{5-26}$$

　　U_{rf}-Φ_e 三角波斜率即磁通量灵敏度，表示为

$$\frac{\Delta U_{rf}}{\Delta \Sigma \Phi_e} = \frac{\pm \Delta U}{\Phi_0/2} = \pm \frac{\omega L_T}{M} = \pm \sqrt{\frac{L_T}{L_s}} \tag{5-27}$$

式中，k 为谐振电路线圈和超导环之间的耦合系数。

　　要提高磁通量灵敏度需要提高射频频率，需增加谐振电路线圈电感，减小超导环自感

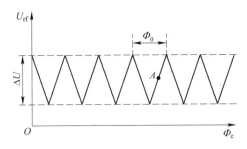

图 5-38 谐振电路的 U_{rf}-Φ_e 特色曲线

和谐振电路线圈与超导环之间的耦合系数 k。采用典型的 LC 谐振电路制作的 RF SQUID 器件，谐振频率约 20MHz，超导环自感约 0.2μH，谐振线圈电感为 10^{-9}H，耦合系数为 0.2，磁通量灵敏度仅为 15μV/Φ_0。而目前采用超导共面谐振器制作的 RF SQUID 器件，谐振频率为 500MHz~1GHz，超导环自感约为 150pH，超导共面谐振器电感和耦合系数非常小，磁通量灵敏度可达 230mV/Φ_0 以上，磁通量灵敏度明显优于 LC 谐振电路制作的 RF SQUID 器件。

5.3.2.2 DC SQUID

直流超导量子干涉器（DC SQUID）是在一块超导体上由两个超导隧道结构成的超导环。超导环中存在超导量子干涉效应，测量时用直流电流进行偏置。

图 5-39 所示为 DC SQUID 结构示意图，在超导环中含有两个弱连结 a 和 b，设穿过超导环的外磁通量 Φ_e 为一个定值，当超导环被适当大小的直流电流 I 偏置后，会呈现宏观量子干涉效应，使得通过超导环的电流 I 和结两端的电压 U 呈现如图 5-40（a）所示的关系曲线，称为 I-U 特性曲线。当外加磁通 $\Phi_e = n\Phi_0$（n 为整数）时，I-U 特性曲线为上限位置，此时临界电流为最大 $I_{c(max)}$。当外加磁通 $\Phi_e = (n+1/2)\Phi_0$ 时，I-U 特性曲线

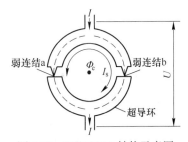

图 5-39 DC SQUID 结构示意图

为下限位置，对应的临界电流为最小 $I_{c(min)}$。当外加磁通 Φ_e 为其他值时，I-U 特性曲成为上、下限之间的某一位置。如果选择某一固定的偏置电流 I_b，则超导结两端的电压 U 随着外磁场呈周期性变化，周期为一个磁通量子 Φ_0，如图 5-40（b）所示，该曲线称为 U-Φ 特性曲线。周期性变化的电压 U 的幅度 $\Delta U = U_{max} - U_{min}$ 为 DC SQUID 的电压调制深度，与偏置电流 I_b 的选取密切相关。DC SQUID 工作时，选择合适的偏置电流 I_b，将待测的外界磁场信号变化为电压信号，并以适当的方式读出该电压信号，从而计算被测磁场值。

5.3.3 SQUID 磁传感器的检测方法

无论是 RF SQUID 还是 DC SQUID，理论上都可以对其输出的磁通量子进行计数来得到外界被测磁场值，但由于一个磁通量子 Φ_0 对应的磁场值较大，利用该方法难以发挥 SQUID 高灵敏度的优势。因此，为了提高磁测灵敏度和输出信号的线性度，一般都采用磁通锁定环技术（flux-locked loop，FLL）。下面分别对两种类型的 SQUID 传感器采用的 FLL 读出电路进行讲解。

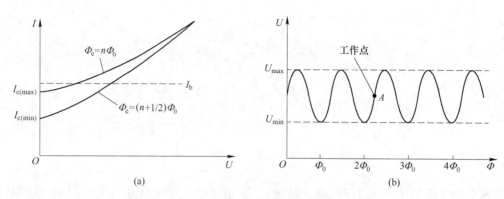

图 5-40   DC SQUID 的 $I\text{-}U$ 特性曲线及 $U\text{-}\Phi$ 特性曲线

5.3.3.1   RF SQUID 读出电路

在 RF SQUID 的 $U_{rf}\text{-}\varphi_e$ 特性曲线上选一点 A 作为工作点（见图 5-38），若此刻外磁通量发生变化，超导环内则会产生一个磁通量偏移量 $\Delta\varphi$，相应地在特性曲线上出现偏移电压 $\Delta U = U_\varphi \Delta\varphi$，其中 $U_\varphi = \Delta U_{rf}/\delta_{dc}$ 为磁通量灵敏度。偏移工作点的电压 ΔU 经过放大、积分以后再经过反馈电阻 R_f 反馈到与超导环耦合的谐振电路，补偿掉磁通量偏移量 $\Delta\varphi$，使工作点重新回到 A 处，通过测量反馈电压 U_f 即可算出被测的外界磁通量。

RF SQUID 读出电路结构框图如图 5-41 所示。射频信号发生器和可调衰减器在 RF SQUID 谐振电路线圈中产生用于其工作的射频偏置电流。当 RF SQUID 检测到外磁通量变化时，加在与其耦合谐振电路线圈上的射频信号被调制，被调制的信号经过定向耦合器，经由射频放大器放大后进入混频器，与射频信号发生器产生的本振信号进行相敏检波，检波后得到解调后的低频信号，经过低频放大器进一步放大后进入积分器，积分后输出一个与外磁通变化量成比例的电压信号。该电压经过反馈电路后形成反馈电流通入 RF SQUID 谐振电路耦合线圈上，在 RF SQUID 内产生一个与外磁通变化量大小相等、方向相反的磁场以抵消超导环内的外磁通变化，使得 RF SQUID 始终处于零磁通锁定状态。这样，积分器输出的电压值经过标定即可得到 RF SQUID 测定的磁场值。

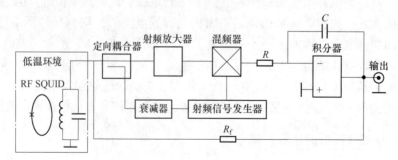

图 5-41   RF SQUID 读出电路结构框图

5.3.3.2   DC SQUID 读出电路

在 DC SQUID 的 $U\text{-}\Phi$ 特性曲线上选择一个工作点 A（见图 5-40（b）），采用零磁通锁定原理进行信号读出，读出电路如图 5-42 所示。电流源产生恒定电流作为 SQUID 的偏置电流，当有外界磁场变化时，SQUID 输出电压信号，该电压信号经过放大后由积分器进行积分，并经过反馈电阻形成反馈电流通入与 SQUID 耦合的一个反馈线圈中，反馈线圈产生的磁场用于补偿 SQUID 中外磁场的变化，使得 SQUID 中的总磁通量变化为零，即工作点始终处于 A 处，这样外磁场变化即可通过积分器输出的电压信号经过标定来获得。

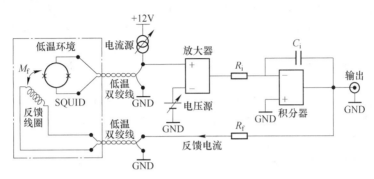

图 5-42　DC SQUID 读出电路结构框图

5.3.4　SQUID 磁传感器的应用

　　应用超导量子干涉器（SQUID）可构成各种测磁仪器。例如，用于磁测量的超导磁力仪、超导磁力梯度仪、超导岩石磁力仪、超导磁化率仪等，用于电测量的超导检流计、超导微伏计、超导电位计等，用于重力测量的超导重力仪、超导加速仪、超导重力梯度仪等，用于辐射测量的超导辐射检测器等，用于磁共振测量的超导核磁共振仪、超导核磁共振磁力仪、超导核磁共振测井仪等。

　　超导磁力仪由 SQUID 传感器、杜瓦（用于盛放冷却 SQUID 的制冷剂，一般为液氦或液氮）、SQUID 信号读出电路、测控系统等几部分组成。美国 TRISTAN 公司研制的高温超导磁力仪灵敏度可达 20fT，磁测范围为+5μT，可以进行地面磁测或作为瞬变电磁法的接收探头使用。由于其在低频段仍具有很高的磁测灵敏度，因此在瞬变电磁法的晚期也能获得高信噪比的信号，从而有效提高其探测深度。此外，利用多个 SQUID 传感器按照一定方式组合成阵列式探头，可以进行航空三分量磁测和全张量磁梯度测量，是目前地球物理磁测领域研究的热点。

习　题

5-1　霍尔集成电路有哪几种类型，它们各自有什么特点？
5-2　利用霍尔传感器设计一个齿轮转速检测装置，画出其工作电路框图并进行分析。
5-3　磁阻传感器有何优点，磁阻传感器有哪些应用实例？
5-4　超导量子干涉器件有几种类型，其原理如何？
5-5　SQUID 磁传感器有哪些应用实例？

参 考 文 献

［1］周洁敏，赵修科，陶思钰．开关电源磁性元件理论及设计［M］．北京：北京航空航天大学出版社，2014．

［2］苏桦，唐晓莉，张怀武．软磁铁氧体器件设计及应用［M］．北京：科学出版社，2014．

［3］Marian K Kazimierczuk．高频磁性器件［M］．钟智勇，唐晓莉，张怀武，译．北京：电子工业出版社，2012．

［4］Colonel Wm．T．Mclyman．变压器与电感器设计手册［M］．4版．周京华，龚绍文，译．北京：中国电力出版社，2014．

［5］宛德福，马兴隆．磁性物理学［M］．北京：电子工业出版社，1999．

［6］刘传彝．电力变压器设计计算方法与实践［M］．沈阳：辽宁科学技术出版社，2002．

［7］胡启凡．变压器试验技术［M］．北京：中国电力出版社，2010．

［8］乌曼．电机学［M］．刘新正，苏少平，高琳，译．北京：电子工业出版社，2014．

［9］沙欣．费利扎德．电机及其传动系统［M］．杨立永，译．北京：机械工业出版社，2015．

［10］张志勇，王雪文，翟春雪，等．现代传感器原理及应用［M］．北京：电子工业出版社，2014．

［11］程德福，凌振宝，赵静，等．传感器原理及应用［M］．北京：机械工业出版社，2019．